U0342923

编审委员会

中国科学技术大学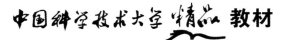精品 教材

组合数学引论

ZUHE SHUXUE YINLUN

第 2 版

许胤龙　孙淑玲　编著

中国科学技术大学出版社

内 容 简 介

本书以组合计数问题为重点,介绍了组合数学的基本原理和思想方法.全书共分 10 章:鸽巢原理,排列与组合,二项式系数,容斥原理,生成函数,递推关系,特殊计数序列,Pólya 计数理论,相异代表系,组合设计.取材的侧重点在于体现组合数学在计算机科学特别是在算法分析领域中的应用.每章后面都附有一定数量的习题,供读者练习和进一步思考.

本书可作为计算机专业、应用数学专业研究生和高年级本科生的教材或教学参考书,也可供从事这方面工作的教学、科研和技术人员参考.

图书在版编目(CIP)数据

组合数学引论/许胤龙,孙淑玲编著. —2 版. —合肥:中国科学技术大学出版社,2010.4(2022.7 重印)

"十一五"国家重点图书

(中国科学技术大学精品教材)

安徽省高等学校"十一五"省级规划教材

ISBN 978-7-312-02665-2

Ⅰ.组… Ⅱ.①许… ②孙… Ⅲ.组合数学—高等学校—教材 Ⅳ.O157

中国版本图书馆 CIP 数据核字(2010)第 048844 号

中国科学技术大学出版社出版发行

安徽省合肥市金寨路 96 号,230026

http://press.ustc.edu.cn

https://zgkxjsdxcbs.tmall.com

安徽省瑞隆印务有限公司印刷

全国新华书店经销

开本:710×960 1/16　印张:19.5　插页:2　字数:366 千

1999 年 2 月第 1 版　2010 年 4 月第 2 版

2022 年 7 月第 17 次印刷

定价:42.00 元

总　　序

2008 年是中国科学技术大学建校五十周年.为了反映五十年来办学理念和特色,集中展示教材建设的成果,学校决定组织编写出版代表中国科学技术大学教学水平的精品教材系列.在各方的共同努力下,共组织选题 281 种,经过多轮、严格的评审,最后确定 50 种入选精品教材系列.

1958 年学校成立之时,教员大部分都来自中国科学院的各个研究所.作为各个研究所的科研人员,他们到学校后保持了教学的同时又作研究的传统.同时,根据"全院办校,所系结合"的原则,科学院各个研究所在科研第一线工作的杰出科学家也参与学校的教学,为本科生授课,将最新的科研成果融入到教学中.五十年来,外界环境和内在条件都发生了很大变化,但学校以教学为主、教学与科研相结合的方针没有变.正因为坚持了科学与技术相结合、理论与实践相结合、教学与科研相结合的方针,并形成了优良的传统,才培养出了一批又一批高质量的人才.

学校非常重视基础课和专业基础课教学的传统,也是她特别成功的原因之一.当今社会,科技发展突飞猛进、科技成果日新月异,没有扎实的基础知识,很难在科学技术研究中作出重大贡献.建校之初,华罗庚、吴有训、严济慈等老一辈科学家、教育家就身体力行,亲自为本科生讲授基础课.他们以渊博的学识、精湛的讲课艺术、高尚的师德,带出一批又一批杰出的年轻教员,培养了一届又一届优秀学生.这次入选校庆精品教材的绝大部分是本科生基础课或专业基础课的教材,其作者大多直接或间接受到过这些老一辈科学家、教育家的教诲和影响,因此在教材中也贯穿着这些先辈的教育教学理念与科学探索精神.

改革开放之初,学校最先选派青年骨干教师赴西方国家交流、学习,他们在带回先进科学技术的同时,也把西方先进的教育理念、教学方法、教学内容等带回到中国科学技术大学,并以极大的热情进行教学实践,使"科学与技术相结合、理论与实践相结合、教学与科研相结合"的方针得到进一步深化,取得了非常好的效果,培养的学生得到全社会的认可.这些教学改革影响深远,直到今天仍然受到学生的欢迎,并辐射到其他高校.在入选的精品教材中,这种理念与尝试也都有充分的体现.

中国科学技术大学自建校以来就形成的又一传统是根据学生的特点,用创新的精神编写教材.五十年来,进入我校学习的都是基础扎实、学业优秀、求知欲强、勇于探索和追求的学生,针对他们的具体情况编写教材,才能更加有利于培养他们的创新精神.教师们坚持教学与科研的结合,根据自己的科研体会,借鉴目前国外相关专业有关课程的经验,注意理论与实际应用的结合,基础知识与最新发展的结合,课堂教学与课外实践的结合,精心组织材料、认真编写教材,使学生在掌握扎实的理论基础的同时,了解最新的研究方法,掌握实际应用的技术.

这次入选的 50 种精品教材,既是教学一线教师长期教学积累的成果,也是学校五十年教学传统的体现,反映了中国科学技术大学的教学理念、教学特色和教学改革成果.该系列精品教材的出版,既是向学校五十周年校庆的献礼,也是对那些在学校发展历史中留下宝贵财富的老一代科学家、教育家的最好纪念.

2008 年 8 月

第 2 版前言

本书第 1 版自 1999 年出版以来,成为了多所高校计算机与数学等相关专业的教材与教学参考书,在使用中深受广大师生的欢迎和好评.

经过十年来的使用,通过一些读者的反馈意见以及作者本人在中国科学技术大学的教学体会,在原书第 1 版的基础上,本书内容得以重新组织,并修订成第 2 版.在第 2 版的撰写过程中,作者尽最大的努力,使得教材的内容能够充分反映组合数学的基本原理、基本方法以及相关的应用背景,强调数学是描述物理现象的一种工具,而数学定理、公式只是世间物理规律的总结;修正了第 1 版中的错误,增加了一些例子与解释,使得第 2 版更加通俗易懂,也增加了一些习题,供读者们练习.

具体的修订内容有:

(1) 第 1 版中的第 2 章太长,在第 2 版中,将二项式定理等相关内容作为独立的一章.

(2) 第 1 版第 2 章中,正整数的分拆数以及第二类 Stirling 数的部分内容要用到生成函数,所以在第 2 版中将这些内容重新整理,放到生成函数这一章之后的其他章节.

(3) 由于生成函数是求解递推关系的重要手段,所以在第 2 版中将生成函数这一章放在递推关系这一章的前面.

(4) 在 Pólya 计算理论与相异代表系这两章,增加了一些基础知识的介绍以及一些例子,增强这两章的可读性.

在中国科学技术大学计算机科学与技术学院以及学校相关部门的关怀与支持下,本书第 2 版非常荣幸地作为中国科学科学技术大学 50 周年校庆精品教材出版.在此对关心此书的领导、同仁以及相关学生表示衷心的感谢!

本书第 2 版的编写工作由许胤龙完成.由于作者水平有限,书中难免存在不足与错误,恳请读者批评指正.

作　者

2009 年 12 月于中国科大

第1版前言

组合数学主要研究一组离散对象满足一定条件的安排的存在性,以及这种安排的构造、枚举计数及优化等问题,它是整个离散数学的一个重要组成部分.

人们对组合数学的兴趣可以追溯到很早的年代,例如,四千多年前我国古代的《河图》、《洛书》中就已给出了3阶幻方问题的解答.历史上,组合数学的发展与数论及概率计算有着密切的联系,有些问题最初是以数学游戏的形式出现的,后来在实际背景的刺激下获得了新的生命力和发展.近几十年来,计算机科学、数字通信、规划和实验设计等理论和应用学科的发展,特别是20世纪50年代末以来计算机科学的飞速发展,一方面对离散数据结构的设计与研究提出了迫切的要求,另一方面又对大型数据结构的研究和求解提供了现实的可能性,因此,为许多离散对象的安排问题提供数学模型和研究方法的组合数学也获得了极大的发展.目前,组合数学不仅已成为数学中的一个重要分支,而且还是计算机科学、管理科学及其他许多学科中一些分支的数学基础.

组合数学与计算机科学有着十分密切的关系.用计算机求解一个问题时,总要涉及设计离散数据结构并对其进行运算,算法所需的运算次数及存储单元量是评价一个算法的两个基本标准,即所谓的时间复杂度和空间复杂度,组合数学为其提供了实用的分析方法和技巧.因此,国内外许多高等学校都把组合数学作为计算机系的一门基础理论课.

本书以组合计数问题为重点,介绍了组合数学的基本原理和思想方法.全书共分8章:鸽巢原理,排列与组合,容斥原理,递推关系,生成函数,Pólya 计数理论,相异代表系,组合设计.取材的侧重点在于体现组合数学在计算机科学特别是在算法分析领域中的应用.每章后面都附有一定数量的习题,供读者练习和进一步思考.本书可作为计算机专业、应用数学专业研究生和高年级本科生的教材或教学参考书,也可供从事这方面工作的教学、科研和技术人员参考.

本书是作者总结对计算机系高年级本科生和研究生教学的实践经验,在原有讲义的基础上修改整理而成的.孙淑玲编写第 5~8 章,许胤龙编写绪论及第 1~4 章.

在本书编写过程中,得到了中国科学技术大学计算机系领导和老师们的支持与帮助,在此谨致谢意.

由于作者水平有限,书中难免存在缺点和错误,恳请读者批评指正.

作　者
1998 年 4 月于中国科大

目　　次

绪　　论

　　许多组合问题经常出现在我们的日常工作、生活及娱乐中,相信本书的读者在此之前一定接触过组合问题,例如:

　　(1) n 个队之间的循环赛总共有多少场比赛?

　　(2) 如何设计一个学校的课程表,使得同一间教室、同一个班级以及同一位教员在同一时间内没有安排两门课程?

　　(3) 一位旅客要去 n 个城市旅游,如何安排其行程,使得总的行程最短、花费最少?

　　组合数学也称为组合学或组合分析,它是一门既古老又年轻的数学分支.说其古老,是因为它所研究的有些问题可以追溯到很久很久以前,组合学在 17 和 18 世纪与数论、概率计算交叉地发展,特别是在数学游戏中有着较深的根源,以往只是它的娱乐性及高雅性吸引人们去研究它.近几十年来,计算机科学、数字通信理论、规划论和试验设计等理论和应用学科的发展促进了组合学的飞速发展,特别是 20 世纪 50 年代末以来计算机科学的飞速发展,又使这门古老的数学分支焕发了新的生机.计算机惊人的计算速度,使得其可以解决以前难以想象的大规模计算问题,但计算机是不能独立工作的,它所执行的只是人编写的程序,这些程序中经常包含了许多组合问题的求解算法.现在,组合学不仅在理论科学,而且在应用科学中也产生了很大的作用,它的"思想"和"技巧"在物理学、生物学乃至社会科学中都有应用.

　　组合学所研究的中心问题是"按照一定的规则(模式)来安排有限多个对象",它提出的问题有如下 4 类:

　　1. 安排的存在性(存在性问题)

　　如果人们想把有限多个对象按照它们所应满足的条件来进行安排,当符合要求的安排并非显然存在或显然不存在时,首要的问题就是要证明或否定它的存在.

　　例如,某校外语教研室有 4 位教员 A,B,C,D,下学期要开设英语、日语、德语、法语 4 门外语课. 设 A 与 B 都能教英语、日语，C 能教英语、德语、法语，D 能教德语. 问能否设计一种工作安排方案，使得每位教员在下学期教且仅教一门外语课？

在平面上将每位教员和每门外语课分别用一个点来表示，若教员 x 能教外语课 y，则在相应的两点间连一条边. 如此构造出图 1，将原问题变为在图 1 中找出 4 条边，使这 4 条边两两之间无公共端点.

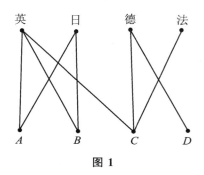

图 1

从图 1 可以看出，有两种不同的工作安排方案：A 教英语、B 教日语、C 教法语、D 教德语，或者 A 教日语、B 教英语、C 教法语、D 教德语. 但如果 A, B, C, D 能教的语种分别为英语与日语、德语与法语、英语、日语，就不存在一种每位教员教且仅教一门外语课的工作安排.

从上例可以看出，满足一定条件的安排并不总是存在的，这就给我们提出了这样一个问题：在什么样的条件下这种安排是存在的？这也是安排的存在性所研究的中心问题.

2. 安排的枚举和分类（计数问题）

如果所要求的安排存在，则可能有多种不同的安排. 这又经常给人们提出这样的问题：有多少种可能的安排方案？如何对安排的方案进行分类？

例如，对正三角形的 3 个顶点进行红、蓝两色着色，如图 2 所示，共有 $2^3 = 8$ 种方案.

在图 2 中，如果我们将经旋转后互相重合的两种方案看成是同类的，则图中的每一列就是一类着色方案，共有 4 类着色方案.

对于一般的计数问题，我们需要给出两个分配方案是否属于同一类的数学模型，表明判定同类分配方案的数学方法，进而给出计算分配方案分类的计算公式.

虽然任何组合问题中都包含存在性问题和计数问题，但通常来说，若一组合问题的存在性问题需作大量研究的话，则其计数问题的难度是难以想象的. 然而，若一组合问题已有一特定解,则还是有可能计算出其解的个数或对其进行分类的.

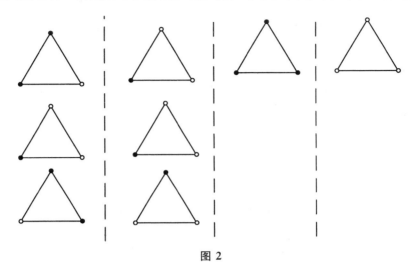

图 2

3. 构造性问题

在实际应用中,仅仅判定分配方案是否存在或给出可能的分配方案个数常常是不够的,很多应用都需要给出具体的分配方案,因而需要给出求其某一特定解的算法,这就是所谓的构造性问题.

例 幻方问题.

将 $1,2,\cdots,n^2$ 共 n^2 个整数填入 $n \times n$ 的棋盘中,使每行、每列及两条对角线上的元素之和均相等.满足上述条件的一个安排称为一个 n 阶幻方.图 3 中的(a) 和(b) 分别是一个 3 阶幻方和一个 4 阶幻方.

8	1	6
3	5	7
4	9	2

(a)

16	3	2	13
5	10	11	8
9	6	7	12
4	15	14	1

(b)

图 3

一个 n 阶幻方中,所有整数的和为

$$1 + 2 + \cdots + n^2 = \frac{n^2(n^2 + 1)}{2},$$

因为每行、每列的和相等,共有 n 行和 n 列,所以每行或每列的和均为 $\dfrac{n(n^2+1)}{2}$.

组合学所研究的是 n 取何值时 n 阶幻方存在,并且要找出构造 n 阶幻方的一般方法. 容易证明2阶幻方是不存在的,但对其余所有的正整数 n,n 阶幻方都可以构造出来. 有许多构造 n 阶幻方的方法,这里我们给大家介绍 de la Loubére 构造奇数阶幻方的方法:首先将1放入第一行的中间位置上;若 i 已填入,则除了以下几种特殊情况外,将 $i+1$ 填入 i 所在位置的右边一列的上一行:

(1) 若 i 在第一行,则将 $i+1$ 填入 i 所在位置的右边一列的底行;

(2) 若 i 在最后一列,则将 $i+1$ 填入 i 的上一行的第一列;

(3) 若 i 在第一行的最后一列或 $i+1$ 该填的位置已被填上,则 $i+1$ 直接填入 i 所在位置的正下方.

利用 de la Loubére 方法构造的5阶幻方如图4所示.

17	24	1	8	15
23	5	7	14	16
4	6	13	20	22
10	12	19	21	3
11	18	25	2	9

图 4

4. 优化问题

很多的应用问题都有多种分配方案,不同分配方案所需的成本或所带来的效益等方面是不同的. 在实际应用中,当然希望最小化成本或最大化效益,此类问题是在一定的条件下找出一个(或几个)最优或近乎最优的安排方案.

例如,产地 $A_1,A_2,\cdots,A_m$ 生产某种产品的产量分别为 $a_1,a_2,\cdots,a_m$,销地 $B_1,B_2,\cdots,B_n$ 对该种产品的需求量分别为 $b_1,b_2,\cdots,b_n$. 假设从产地 A_i 到销地 B_j 的单位运费为 c_{ij},产和销是平衡的,即

$$\sum_{i=1}^{m} a_i = \sum_{j=1}^{n} b_j.$$

现问应怎样合理安排该种产品的运输方案,使其总运费最少?

设从 A_i 到 B_j 的运量为 x_{ij},则原问题即求解方程

$$\min Z = \sum_{i=1}^{m} \sum_{j=1}^{n} c_{ij} x_{ij},$$

并满足约束条件：

(i) $\sum_{j=1}^{n} x_{ij} \leqslant a_i$, $\sum_{i=1}^{m} x_{ij} \geqslant b_j$, $x_{ij} \geqslant 0$ $(1 \leqslant i \leqslant m, 1 \leqslant j \leqslant n)$；

(ii) $\sum_{i=1}^{m} \sum_{j=1}^{n} x_{ij} = \sum_{i=1}^{m} a_i = \sum_{j=1}^{n} b_j$.

　　本书作为组合学的一本基础教材，只涉及前3类问题，并且以计数问题为重点来介绍组合学的基本理论和方法．由于组合优化的应用越来越广泛，形成了许多求解组合优化问题的数学方法．至于上面所提到的优化问题，有兴趣的读者可参考运筹学等方面的教材．

第 1 章　鸽 巢 原 理

鸽巢原理(又叫抽屉原理)指的是一件简单明了的事实:为数众多的一群鸽子飞进不多的巢穴里,则至少有一个巢穴飞进了两只或更多的鸽子.

这个原理并无深奥之处,其正确性也是显而易见的,但利用它可以解决许多有趣的组合问题,得到一些很重要的结论,它在数学发展的历史上起了很重要的作用.

1.1　鸽巢原理的简单形式

鸽巢原理的简单形式可以描述为:

定理 1.1.1　如果把 $n+1$ 个物品放入 n 个盒子中,那么至少有一个盒子中有两个或更多的物品.

证明　如果每个盒子中至多有一个物品,那么 n 个盒子中至多有 n 个物品,而我们共有 $n+1$ 个物品,矛盾.故定理成立.

鸽巢原理只断言存在一个盒子,该盒中有两个或两个以上的物品,但它并没有指出是哪个盒子,要想知道是哪一个盒子,则只能逐个检查这些盒子.所以,这个原理只能用来证明某种安排的存在性,而对于找出这种安排却毫无帮助.

例 1　共有 12 个属相,今有 13 个人,则必有两人的属相相同.

以上这个例子非常简单,读者很容易看出该例中的"鸽子"与"鸽巢",可用鸽巢原理来证明该结论.但从后面的例子中读者可以看到,鸽巢原理只用在了安排的存在性证明中某一步,更重要的是构造具体例子中的"鸽子"与"鸽巢",而这也是应用鸽巢原理的困难所在.

例 2　在边长为 1 的正方形内任取 5 点,则其中至少有两点,它们之间的距离不超过 $\dfrac{\sqrt{2}}{2}$.

证明　把边长为 1 的正方形分成 4 个边长为 $\dfrac{1}{2}$ 的小正方形,如图 1.1.1 所示.

在大正方形内任取 5 点,则这 5 点分别落在 4 个小正方形中.由鸽巢原理知,至少有两点落在某一个小正方形中,从而这两点间的距离小于或等于小正方形对角线的长度 $\dfrac{\sqrt{2}}{2}$.

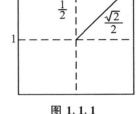

图 1.1.1

例 3　给定 m 个整数 $a_1,a_2,\cdots,a_m$.证明:必存在整数 $k,l\ (0\leqslant k<l\leqslant m)$,使得
$$m\mid(a_{k+1}+a_{k+2}+\cdots+a_l).$$

证明　构造部分和序列
$$s_1=a_1,$$
$$s_2=a_1+a_2,$$
$$\cdots,$$
$$s_m=a_1+a_2+\cdots+a_m,$$

则有如下两种可能:

(i) 存在整数 $h\ (1\leqslant h\leqslant m)$,使得 $m\mid s_h$.此时,取 $k=0,l=h$ 即满足题意.

(ii) 对任一整数 i,均有 $m\nmid s_i\ (1\leqslant i\leqslant m)$.令 $r_i\equiv s_i\pmod m$,则有 $1\leqslant r_i\leqslant m-1\ (1\leqslant i\leqslant m)$,这样,$m$ 个余数均在 1 到 $m-1$ 之间.由鸽巢原理知,存在整数 $k\neq l\ (1\leqslant k,l\leqslant m)$,使得 $r_k=r_l$.不妨设 $l>k$,则
$$a_{k+1}+a_{k+2}+\cdots+a_l=(a_1+\cdots+a_k+a_{k+1}+\cdots+a_l)-(a_1+\cdots+a_k)$$
$$=s_l-s_k$$
$$\equiv(r_l-r_k)\pmod m$$
$$=0\pmod m.$$

综合(i)和(ii),即知题设结论成立.

在例 3 中,序列 $a_{k+1}+a_{k+2}+\cdots+a_l$ 具有两个下标 k 和 l,使得问题相对较难处理.通过构造部分和序列 $s_1,s_2,\cdots,s_m$,使得该序列仅有一个下标,相对较容易分析.下面的例 4 用的也是类似的方法.

例 4　一个棋手有 11 周时间准备锦标赛,他决定每天至少下一盘棋,一周中

下棋的次数不能多于 12 次.证明:在此期间的连续一些天中他正好下棋 21 次.

证明 令 $b_1, b_2, \cdots, b_{77}$ 分别为这 11 周期间他每天下棋的次数,并作部分和

$$a_1 = b_1,$$
$$a_2 = b_1 + b_2,$$
$$\cdots,$$
$$a_{77} = b_1 + b_2 + \cdots + b_{77}.$$

根据题意,有

$$b_i \geqslant 1 \quad (1 \leqslant i \leqslant 77),$$

且

$$b_i + b_{i+1} + \cdots + b_{i+6} \leqslant 12 \quad (1 \leqslant i \leqslant 71),$$

所以有

$$1 \leqslant a_1 < a_2 < a_3 < \cdots < a_{77} \leqslant 12 \times 11 = 132. \tag{1.1.1}$$

考虑数列

$$a_1, a_2, \cdots, a_{77}; a_1 + 21, a_2 + 21, \cdots, a_{77} + 21,$$

它们都在 1 与 $132 + 21 = 153$ 之间,共有 154 项.由鸽巢原理知,其中必有两项相等.由式(1.1.1)知 $a_1, a_2, \cdots, a_{77}$ 这 77 项互不相等,从而 $a_1 + 21, a_2 + 21, \cdots, a_{77} + 21$ 这 77 项也互不相等,所以一定存在 $1 \leqslant i < j \leqslant 77$,使得

$$a_j = a_i + 21.$$

因此

$$21 = a_j - a_i$$
$$= (b_1 + b_2 + \cdots + b_i + b_{i+1} + \cdots + b_j) - (b_1 + b_2 + \cdots + b_i)$$
$$= b_{i+1} + b_{i+2} + \cdots + b_j.$$

这说明从第 $i+1$ 天到第 j 天这连续 $j - i$ 天中,他刚好下了 21 盘棋.

例 5 从 1 到 200 的所有整数中任取 101 个,则这 101 个整数中至少有一对数,其中的一个一定能被另一个整除.

证明 设 $a_1, a_2, \cdots, a_{101}$ 是被选出的 101 个整数.对任一正整数 a_i,都可以唯一地写成如下的形式

$$a_i = 2^{s_i} \times r_i \quad (i = 1, 2, \cdots, 101),$$

其中,s_i 为非负整数,r_i 为奇数.例如

$$72 = 2^3 \times 9, \quad 64 = 2^6 \times 1.$$

由于 $1 \leqslant a_i \leqslant 200$,所以 $r_i (1 \leqslant i \leqslant 101)$ 只能取 $1, 3, 5, \cdots, 199$ 这 100 个奇数,而 $r_1, r_2, \cdots, r_{101}$ 共有 101 项,由鸽巢原理知,存在 $1 \leqslant i \neq j \leqslant 101$,使得

$$r_i = r_j.$$

不妨设 $s_i < s_j$，则

$$\frac{a_j}{a_i} = \frac{2^{s_i} \times r_j}{2^{s_i} \times r_i} = 2^{s_j - s_i} = \text{整数},$$

即 a_j 能被 a_i 整除.

例 6（中国余数定理）　设 m, n 为两个互素的正整数，a, b 是满足 $0 \leqslant a \leqslant m - 1, 0 \leqslant b \leqslant n - 1$ 的整数.证明：存在正整数 x，使得 x 除以 m 的余数为 a，除以 n 的余数为 b，即存在 p, q，使得

$$x = pm + a, \quad x = qn + b.$$

证明　考虑以下 n 个整数

$$a, m + a, 2m + a, \cdots, (n - 1)m + a,$$

这 n 个整数除以 m 的余数都是 a.若这 n 个数中存在两个数除以 n 的余数相同，设为 r.设这两个数为 $im + a$ 和 $jm + a$，其中 $0 \leqslant i < j \leqslant n - 1$.则存在整数 q_i, q_j，使得

$$im + a = q_i n + r \tag{1.1.2}$$

和

$$jm + a = q_j n + r \tag{1.1.3}$$

同时成立.将式（1.1.3）减去式（1.1.2），就可以得到

$$(j - i)m = (q_j - q_i)n. \tag{1.1.4}$$

从式（1.1.4）可以看出，n 是 $(j - i)m$ 的一个因子.而由题设条件可知，m, n 互素，它们的最大公因子为 1.因此，n 是 $j - i$ 的因子.由前面的推导过程有 $0 \leqslant i < j \leqslant n - 1$，所以 $0 < j - i \leqslant n - 1$，$n$ 不可能是 $j - i$ 的因子，矛盾.所以

$$a, m + a, 2m + a, \cdots, (n - 1) \cdot m + a$$

这 n 个数除以 n 的余数互不相等.而所有的整数除以 n 的余数只有 $0, 1, \cdots, n - 1$ 这 n 个数.所以 $a, m + a, 2m + a, \cdots, (n - 1) \cdot m + a$ 除 n 的余数取遍 $0, 1, \cdots, n - 1$ 这 n 个数.所以，对于 $0 \leqslant b \leqslant n - 1$，存在 $0 \leqslant p \leqslant n - 1$，使得 $x = pm + a$ 除以 n 的余数为 b，即存在整数 q，使得

$$x = qn + b.$$

综上所述，$x = pm + a, x = qn + b$ 满足例题中要证明的结论.

从上面的几个例子可以看出，尽管鸽巢原理很简单，但它却能解决一些看似很复杂的组合问题.在将其应用到具体的组合问题时，需要一定的技巧去构造具体问题中的"鸽子"与"鸽巢".

1.2　鸽巢原理的加强形式

将上一节的鸽巢原理推广到一般情形,可得如下的加强形式:

定理 1.2.1　设 $q_1, q_2, \cdots, q_n$ 都是正整数,如果把
$$q_1 + q_2 + \cdots + q_n - n + 1$$
个物品放入 n 个盒子,那么或者第1个盒子中至少有 q_1 个物品,或者第2个盒子中至少有 q_2 个物品,……,或者第 n 个盒子中至少有 q_n 个物品.

证明　若对所有的 i $(1 \leqslant i \leqslant n)$,第 i 个盒子至多只有 $q_i - 1$ 个物品,则 n 个盒子中至多有
$$(q_1 - 1) + (q_2 - 1) + \cdots + (q_n - 1) = (q_1 + q_2 + \cdots + q_n) - n$$
个物品,而我们现在有 $q_1 + q_2 + \cdots + q_n - n + 1$ 个物品,矛盾.故定理成立.

在定理 1.2.1 中,令 $q_1 = q_2 = \cdots = q_n = 2$,则变成了鸽巢原理的简单形式.在定理 1.2.1 中,令 $q_1 = q_2 = \cdots = q_n = r$,则得到如下的 3 个推论.这 3 个推论反映的道理是相同的,只不过表现形式不同罢了.

推论 1.2.1　若将 $n(r-1)+1$ 个物品放入 n 个盒子中,则至少有一个盒子中有 r 个物品.

推论 1.2.1 也可以叙述成如推论 1.2.2 所描述的另一种形式:

推论 1.2.2　设 $m_1, m_2, \cdots, m_n$ 是 n 个整数,而且
$$\frac{m_1 + m_2 + \cdots + m_n}{n} > r - 1,$$
则 $m_1, m_2, \cdots, m_n$ 中至少有一个数不小于 r.

推论 1.2.3　若将 m 个物品放入 n 个盒子中,则至少有一个盒子中有不少于 $\left\lceil \frac{m}{n} \right\rceil$ 个物品.其中,$\left\lceil \frac{m}{n} \right\rceil$ 是不小于 $\frac{m}{n}$ 的最小整数.

下面我们通过几个例子来看看鸽巢原理的加强形式的应用.

例 1　设有大小两只圆盘,每个都划分成大小相等的 200 个小扇形,在大盘上任选 100 个小扇形漆成黑色,其余的 100 个小扇形漆成白色,而将小盘上的 200 个小扇形任意漆成黑色或白色.现将大小两只圆盘的中心重合,转动小盘使小盘上的每个小扇形含在大盘上的小扇形之内.证明:有一个位置使小盘上至少有 100 个小

扇形同大盘上相应的小扇形同色.

证明　如图 1.2.1 所示,使大小两盘中心重合,固定大盘,转动小盘,则有 200 个不同的位置使小盘上的每个小扇形含在大盘上的小扇形中. 由于大盘上的 200 个小扇形中有 100 个漆成黑色,100 个漆成白色,所以小盘上的每个小扇形无论漆成黑色或白色,在 200 个可能的重合位置上恰好有 100 次与大盘上的小扇形同色,因而小盘上的 200 个小扇形在 200 个重合位置上共同色 $100 \times 200 = 20\,000$ 次,平均每个位置同色 $20\,000 \div 200 = 100$ 次. 由鸽巢原理知,存在着某个位置,使同色的小扇形数大于或等于 100 个.

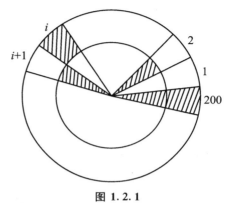

图 1.2.1

例 2　任意 $n^2 + 1$ 个实数
$$a_1,\ a_2,\ a_3,\ \cdots,\ a_{n^2+1} \qquad (1.2.1)$$
组成的序列中,必有一个长为 $n + 1$ 的递增子序列,或必有一个长为 $n + 1$ 的递降子序列.

在证明本例子之前,我们先来解释一下子序列的概念. 设 $b_1, b_2, \cdots, b_m$ 是一个序列,$1 \leqslant i_1 < i_2 < \cdots < i_k \leqslant m$,则称 $b_{i_1}, b_{i_2}, \cdots, b_{i_k}$ 是 $b_1, b_2, \cdots, b_m$ 的子序列. 若 $b_{i_1} \leqslant b_{i_2} \leqslant \cdots \leqslant b_{i_k}$,则称该序列是递增的. 我们来先看一个具体的例子,对于序列($n = 3$)
$$5,\ 3,\ 16,\ 10,\ 15,\ 14,\ 9,\ 11,\ 6,\ 7,$$
从中可以选出如下几个递增子序列
$$5,16;\quad 5,10,15;\quad 3,9,11;\quad 3,6,7;\quad \cdots.$$
也可以选出如下几个递降子序列
$$5,3;\quad 16,10,9,6;\quad 16,15,14,11,7;\quad \cdots.$$

注　若假定序列中各元素互不相等,则本例中的递增(递降)就是严格递增(递降);若允许序列中元素相等,则严格来说,递增就是非降的,递降就是非增的.

证明　**方法 1**　假设长为 $n^2 + 1$ 的实数序列(1.2.1)中没有长度为 $n + 1$ 的递增子序列,下面证明其必有一长度为 $n + 1$ 的递降子序列.

令 m_k 表示从 a_k 开始的最长递增子序列的长度,因为实数序列(1.2.1)中没有长度为 $n + 1$ 的递增子序列,所以有
$$1 \leqslant m_k \leqslant n \qquad (k = 1,2,\cdots,n^2 + 1).$$
这相当于把 $n^2 + 1$ 个物品 $m_1, m_2, \cdots, m_{n^2+1}$ 放入 n 个盒子 $1,2,\cdots,n$ 中,由鸽巢原

理知,必有一盒子 i 里面至少有 $n+1$ 个物品,即存在

$$k_1 < k_2 < \cdots < k_{n+1} \quad 及 \quad 1 \leqslant i \leqslant n,$$

使得

$$m_{k_1} = m_{k_2} = \cdots = m_{k_{n+1}} = i. \tag{1.2.2}$$

对应于这些下标的实数序列必满足

$$a_{k_1} \geqslant a_{k_2} \geqslant \cdots \geqslant a_{k_{n+1}}, \tag{1.2.3}$$

它们构成一长为 $n+1$ 的递降子序列. 否则,若有某个 j $(1 \leqslant j \leqslant n)$,使得 $a_{k_j} < a_{k_{j+1}}$,那么由从 $a_{k_{j+1}}$ 开始的最长递增子序列加上 a_{k_j},就得到一个从 a_{k_j} 开始的长度为 $m_{k_{j+1}} + 1$ 的递增子序列. 由 m_{k_j} 的定义知

$$m_{k_j} \geqslant m_{k_{j+1}} + 1,$$

这与式(1.2.2)矛盾. 因此式(1.2.3)成立,从而定理的结论成立.

    方法 2   对应于实数序列(1.2.1)中的每个 a_i,定义一个有序偶

$$(l_i, m_i),$$

其中,l_i 为从 a_i 开始的最长递增子序列的长度,m_i 为从 a_i 开始的最长递降子序列的长度. 则对应于序列(1.2.1),有以下的有序偶序列

$$(l_1, m_1), (l_2, m_2), \cdots, (l_{n^2+1}, m_{n^2+1}). \tag{1.2.4}$$

若实数序列(1.2.1)中既没有长为 $n+1$ 的递增子序列,也没有长为 $n+1$ 的递降子序列,则有

$$1 \leqslant l_i \leqslant n, \quad 1 \leqslant m_i \leqslant n \quad (i = 1, 2, \cdots, n^2 + 1). \tag{1.2.5}$$

满足条件(1.2.5)的有序偶最多只有 n^2 个,由鸽巢原理知,序列(1.2.4)中至少有两个有序偶相同. 即存在 $1 \leqslant i \neq j \leqslant n^2 + 1$,使得

$$(l_i, m_i) = (l_j, m_j), \quad 即 \ l_i = l_j, \ m_i = m_j.$$

不妨设 $i < j$,由方法1的分析知,若 $a_i \leqslant a_j$,则 $l_i > l_j$,与 $l_i = l_j$ 矛盾;若 $a_i > a_j$,则 $m_i > m_j$,与 $m_i = m_j$ 矛盾. 所以,实数序列(1.2.1)中必有一长为 $n+1$ 的递增子序列,或有一长为 $n+1$ 的递降子序列.

    例 3   将 1 到 16 这 16 个正整数任意分成三部分,其中必有一部分中的一个元素是该部分某两个元素之差(三个元素不一定互不相同).

    证明   用反证法. 设将 1 到 16 的 16 个整数任意分成 P_1,P_2 和 P_3 三个部分. 若这三部分中无一具有问题所指的性质,即其中一个元素是其中某两个元素之差,由此我们来导出矛盾,从而证明问题的结论是正确的.

    (1) 将 1 到 16 的整数任意分成三部分,由鸽巢原理知,其中必有一部分至少有

$$\left\lceil \frac{16}{3} \right\rceil = 6$$

个元素. 不妨设 P_1 中含有 6 个元素, 为

$$a_1 < a_2 < a_3 < a_4 < a_5 < a_6.$$

令 $A = P_1 = \{a_1, a_2, a_3, a_4, a_5, a_6\}$, 若 A 中存在一个元素是某两个元素之差, 则 P_1 满足问题的要求. 否则, 令

$$b_1 = a_2 - a_1,$$
$$b_2 = a_3 - a_1,$$
$$b_3 = a_4 - a_1,$$
$$b_4 = a_5 - a_1,$$
$$b_5 = a_6 - a_1.$$

并令 $B = \{b_1, b_2, b_3, b_4, b_5\}$. 显然, $1 \leqslant b_i \leqslant 16 \, (1 \leqslant i \leqslant 5)$, 即 B 中的元素仍是 1 到 16 的整数. 根据假设, b_1, b_2, b_3, b_4, b_5 无一属于 P_1. 否则, 与 P_1 中不存在一元素等于某两元素之差矛盾. 所以, B 中元素属于 P_2 或 P_3.

（2）与（1）类似, 不妨设 B 中至少有

$$\left\lceil \frac{5}{2} \right\rceil = 3$$

个元素属于 P_2, 设为

$$c_1 < c_2 < c_3,$$

并令 $C = \{c_1, c_2, c_3\}$. 由假设, C 中不存在一元素是某两个元素之差. 令

$$d_1 = c_2 - c_1, \quad d_2 = c_3 - c_1,$$

并令 $D = \{d_1, d_2\}$. 显然, D 中元素不属于 P_2, 否则, 与 P_2 中不存在一元素是某两个元素之差矛盾, 且 $1 \leqslant d_1 \leqslant d_2 \leqslant 16$. 下面再证明 D 中元素不属于 P_1.

设 $c_i = b_{j_i} \, (i = 1, 2, 3; \, 1 \leqslant j_i \leqslant 5)$, 则

$$\begin{aligned}
d_1 &= c_2 - c_1 \\
&= b_{j_2} - b_{j_1} \\
&= (a_{j_2+1} - a_1) - (a_{j_1+1} - a_1) \\
&= a_{j_2+1} - a_{j_1+1},
\end{aligned}$$

同理

$$d_2 = a_{j_3+1} - a_{j_1+1}.$$

若 d_1 或 d_2 属于 P_1, 则 P_1 中有一元素是另两个元素之差, 所以, d_1, d_2 均不属于 P_1. 因此, D 中元素属于 P_3.

（3）根据假设, 在 P_3 中不存在一元素是另两个元素之差, 所以 $d_1 \neq d_2 - d_1$, 令

$$e = d_2 - d_1.$$

与(1)类似,e 不属于 P_3;同(2)可以证明 e 也不属于 P_1 和 P_2.即存在一整数 $1 \leqslant e \leqslant 16$,它不属于 P_1,P_2 和 P_3 中的任何一个,这与将 1 到 16 间的整数任意分成三个部分的假设矛盾.

1.3 Ramsey 问题与 Ramsey 数

1.3.1 Ramsey 问题

1958 年 6 ~ 7 月号美国《数学月刊》上登载着这样一个有趣的问题:"任何 6 个人的聚会,其中总会有 3 人互相认识或 3 人互相不认识".这就是著名的 Ramsey 问题.

在平面上任取 n 个不同的点.每两点之间连一条线段,称为 n 个顶点的完全图,其中,每个点称为图的一个顶点,每条线段称为图的一条边.以 6 个顶点分别代表 6 个人,如果两人相识,则在相应的两顶点间连一红边,否则在相应的两顶点间连一蓝边,则上述的 Ramsey 问题等价于下面的命题:

命题 1.3.1 对 6 个顶点的完全图 K_6 任意进行红、蓝两色边着色,都存在一个红色三角形或一个蓝色三角形.

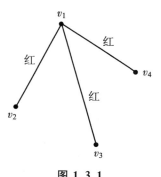

图 1.3.1

证明 设 v_1,v_2,v_3,v_4,v_5,v_6 是 K_6 的 6 个顶点,v_1 与 v_2,v_3,v_4,v_5,v_6 所连的 5 条边着红色或蓝色.由鸽巢原理知,其中至少有 $\left\lceil \dfrac{5}{2} \right\rceil = 3$ 条边同色,不妨设 v_1 与 v_2,v_3,v_4 所连的 3 条边均为红色,如图 1.3.1 所示.若 v_2,v_3,v_4 间有一条红边,不妨设为 $v_2 v_3$,则 $\triangle v_1 v_2 v_3$ 是一红色三角形.否则,v_2,v_3,v_4 间均为蓝边,即 $\triangle v_2 v_3 v_4$ 是一蓝色三角形.故命题成立.

类似于命题 1.3.1,还有如下的命题 1.3.2 ~ 命题 1.3.4:

命题 1.3.2 对 6 个顶点的完全图 K_6 任意进行红、蓝两色边着色,都至少有两个同色三角形.

证明　设 $v_1, v_2, v_3, v_4, v_5, v_6$ 是 K_6 的 6 个顶点. 由命题 1.3.1 知, 对 K_6 任意进行红、蓝两色边着色都有一个同色三角形, 不妨设 $\triangle v_1 v_2 v_3$ 是红色三角形. 以下分各种情况来讨论:

(1) 若 $v_1 v_4, v_1 v_5, v_1 v_6$ 均为蓝边, 如图 1.3.2 所示, 则若 v_4, v_5, v_6 之间有一蓝边, 不妨设为 $v_4 v_5$, 则 $\triangle v_1 v_4 v_5$ 为蓝色三角形; 否则, $\triangle v_4 v_5 v_6$ 为红色三角形.

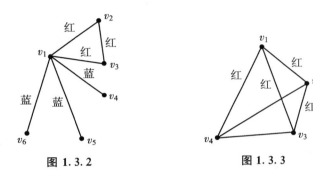

图 1.3.2　　　　　　　　　　图 1.3.3

(2) 若 $v_1 v_4, v_1 v_5, v_1 v_6$ 中有一红边, 不妨设 $v_1 v_4$ 为红边, 此时若边 $v_2 v_4$, $v_3 v_4$ 中有一条红边, 不妨设 $v_3 v_4$ 是红边, 则 $\triangle v_1 v_3 v_4$ 是一红色三角形, 见图 1.3.3.

以下就 $v_2 v_4, v_3 v_4$ 均为蓝边的情况对与 v_4 相关联的边的颜色进行讨论:

(i) 若 $v_4 v_5, v_4 v_6$ 中有一蓝边, 不妨设 $v_4 v_5$ 为蓝边, 如图 1.3.4 所示. 此时, 若 $v_2 v_5, v_3 v_5$ 均为红边, 则 $\triangle v_2 v_3 v_5$ 是红色三角形; 否则, $\triangle v_2 v_4 v_5$ 或 $\triangle v_3 v_4 v_5$ 是蓝色三角形.

(ii) 若 $v_4 v_5, v_4 v_6$ 均为红边, 见图 1.3.5. 此时, 若 v_1, v_5, v_6 之间有一条红边, 不妨设 $v_1 v_5$ 为红边, 则 $\triangle v_1 v_4 v_5$ 为红色三角形; 否则, $\triangle v_1 v_5 v_6$ 为蓝色三角形.

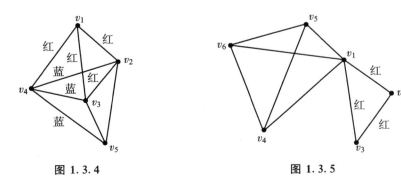

图 1.3.4　　　　　　　　　　图 1.3.5

由以上对各种情况的讨论知,对 K_6 的任意红、蓝两色边着色均有两个同色三角形.

命题 1.3.3 对 10 个顶点的完全图 K_{10} 任意进行红、蓝两色边着色,都或者有一红色 K_4,或者有一蓝色 K_3.

证明 设 a 是 K_{10} 的一个顶点,与 a 相关联的 9 条边用红、蓝两色边着色,由鸽巢原理知,这 9 条边中要么有 6 条红边,要么有 4 条蓝边.类似于前面两个命题的分析证明过程可以得出结论,具体分析过程见图 1.3.6.在图 1.3.6 中,为了方便起见,实线代表红边,虚线代表蓝边.

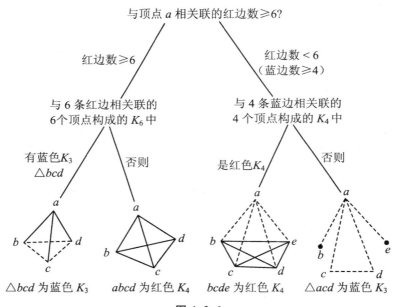

图 1.3.6

命题 1.3.4 对 9 个顶点的完全图 K_9 任意进行红、蓝两边两色着色,都或者有一个红色 K_4,或者有一蓝色 K_3.

证明 在 K_9 中,如果与每个顶点关联的红边均为 5 条,因为一条红边连着两个顶点,所以 K_9 中应有 $\frac{5 \times 9}{2} = \frac{45}{2}$ 条红边,它不是整数,所以不成立.故必有一个顶点关联的红边数不为 5,设此顶点为 a,则与 a 关联的红边数至少为 6 或至多为 4.

以下可以用与命题 1.3.3 中完全相同的分析过程来证明 K_9 中必有一红色 K_4 或一蓝色 K_3.

1.3.2　Ramsey 数

从 1.3.1 小节的讨论中可以归纳出如下的一般性定义:对于任意给定的两个正整数 a 和 b,如果存在最小的正整数 $r(a,b)$,使得当 $N \geqslant r(a,b)$ 时,对 K_N 任意进行红、蓝两色边着色,K_N 中均有红色 K_a 或蓝色 K_b,则称 $r(a,b)$ 为 Ramsey 数.

由命题 1.3.1 知 $r(3,3) \leqslant 6$;在 K_5 中按图 1.3.7 的方式进行红、蓝两色边着色(实线为红边,虚线为蓝边),则既无红色 K_3 也无蓝色 K_3,所以 $r(3,3) > 5$.从而得知 $r(3,3) = 6$.

由命题 1.3.4 知 $r(4,3) \leqslant 9$;在 K_8 中按图 1.3.8 的方式进行红、蓝两色边着色,则既无红色 K_4 也无蓝色 K_3,所以 $r(4,3) > 8$.从而得知 $r(4,3) = 9$.

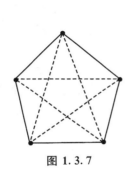

图 1.3.7　　　　　　　　　　　　　图 1.3.8

Ramsey 于 1930 年证明了,对于任给的整数 a 和 b,Ramsey 数 $r(a,b)$ 的存在性.但是,Ramsey 数的确定却是一个非常难的问题,以至于至今 $r(5,5)$ 尚不为世人所知.表 1.3.1 中列出了目前所知的一些 Ramsey 数.

表 1.3.1

$r(a,b)$ $\diagdown$ b	a 2	3	4	5	6	7	8	9
2	2	3	4	5	6	7	8	9
3	3	6	9	14	18	23	28	36
4	4	9	18	25				
5	5	14	25					
6	6	18						
7	7	23						
8	8	28						
9	9	36						

易证(留作习题):

$$r(a,b) = r(b,a);\qquad\qquad (1.3.1)$$

$$r(a,2) = a.\qquad\qquad (1.3.2)$$

定理 1.3.1 对任意的正整数 $a \geqslant 3, b \geqslant 3$,有

$$r(a,b) \leqslant r(a-1,b) + r(a,b-1).$$

若 $r(a-1,b)$ 与 $r(a,b-1)$ 都是偶数,则上面不等式严格成立.

证明 令 $N = r(a-1,b) + r(a,b-1)$,对 K_N 任意进行红、蓝两色边着色.设 x 是 K_N 的一个顶点,在 K_N 中与 x 相关联的边共有 $r(a-1,b) + r(a,b-1) - 1$ 条,这些边要么为红色,要么为蓝色.由鸽巢原理知,与 x 相关联的这些边中,要么至少有 $r(a-1,b)$ 条红边,要么至少有 $r(a,b-1)$ 条蓝边.

(1) 这些边中有 $r(a-1,b)$ 条红边.在以这些红边与 x 相关联的 $r(a-1,b)$ 个顶点构成的完全图 $K_{r(a-1,b)}$ 中,必有一个红色 K_{a-1} 或一个蓝色 K_b.若有红色 K_{a-1},则该红色 K_{a-1} 加上顶点 x 以及 x 与 K_{a-1} 之间的红边,即构成一个红色 K_a;否则,就有一个蓝色 K_b.

(2) 这些边中有 $r(a,b-1)$ 条蓝边.在以这些蓝边与 x 相关联的 $r(a,b-1)$ 个顶点构成的完全图 $K_{r(a,b-1)}$ 中,必有一个红色 K_a 或一个蓝色 K_{b-1}.若有一个蓝色 K_{b-1},则该 K_{b-1} 加上顶点 x 以及 x 与 K_{b-1} 之间的蓝边,即构成一个蓝色 K_b;否则,就有一个红色 K_a.

综合(1) 和(2),知 $r(a,b) \leqslant N$.

若 $r(a-1,b)$ 和 $r(a,b-1)$ 是偶数,则 $N-1 = r(a-1,b) + r(a,b-1) - 1$ 就是奇数.对 K_{N-1} 任意进行红、蓝两色边着色,若 K_{N-1} 中每个顶点都关联奇数条红边,则所有顶点关联的边数之和为奇数(注:是关联的边数之和,不是总边数),而 K_{N-1} 中每条红边关联两个顶点,图中红边数应该是所有顶点关联的边数之和的一半,不是整数,矛盾.所以 K_{N-1} 中必有一个顶点,设为 x,x 关联的红边数为偶数.

由于 $r(a-1,b) - 1$ 为奇数,x 关联的红边数不等于 $r(a-1,b) - 1$.由鸽巢原理知,在 x 所关联的 $r(a-1,b) + r(a,b-1) - 2$ 条边中,要么至少关联 $r(a-1,b)$ 条红边;要么至多关联 $r(a-1,b) - 2$ 条红边.若 x 至多关联 $r(a-1,b) - 2$ 条红边,则至少关联 $r(a,b-1)$ 条蓝边.

通过以上的分析,再利用与前面完全相同的证明方法可知,当 $r(a-1,b)$ 与 $r(a,b-1)$ 都是偶数时,定理中的不等号严格成立.

由定理 1.3.1 及等式(1.3.2)容易归纳出对于任意的正整数 a 和 $b,r(a,b)$ 的存在性.关于 $r(a,b)$,还有定理 1.3.2 所述的不等式成立.

定理 1.3.2　对任意的正整数 $a \geqslant 2, b \geqslant 2$, 有

$$r(a,b) \leqslant \binom{a+b-2}{a-1} = \frac{(a+b-2)!}{(a-1)!(b-1)!}.$$

证明　对 $a+b$ 作归纳.

当 $a+b \leqslant 5$ 时, $a=2$ 或 $b=2$, 由等式 (1.3.2) 知定理成立.

假设对一切满足 $5 \leqslant a+b < m+n$ 的 a,b, 定理成立, 由定理 1.3.1 及归纳假设, 有

$$r(m,n) \leqslant r(m, n-1) + r(m-1, n)$$
$$\leqslant \binom{m+n-3}{m-1} + \binom{m+n-3}{m-2}$$
$$= \binom{m+n-2}{m-1}.$$

所以, 对于任意的正整数 $a \geqslant 2, b \geqslant 2$, 定理的结论成立.

1.4　Ramsey 数的推广

将 1.3 节中的红、蓝两色推广到任意 k 种颜色, 对 N 个顶点的完全图 K_N, 用 $c_1, c_2, \cdots, c_k$ 共 k 种颜色任意进行 k 边着色, 它或者出现 c_1 颜色的 K_{a_1}, 或者出现 c_2 颜色的 K_{a_2}, ……, 或者出现 c_k 颜色的 K_{a_k}. 满足上述性质的 N 的最小值记为 $r(a_1, a_2, \cdots, a_k)$, 称为广义 Ramsey 数.

定理 1.4.1　对任意的正整数 $a_1, a_2, \cdots, a_k$, 有
$$r(a_1, a_2, \cdots, a_k) \leqslant r(a_1, r(a_2, \cdots, a_k)).$$

证明　留作习题.

类似于定理 1.3.1 和定理 1.3.2, 有如下的结论:

定理 1.4.2　对任意的正整数 $a_1 \geqslant 2, a_2 \geqslant 2, \cdots, a_k \geqslant 2$, 有
$$r(a_1, a_2, \cdots, a_k) \leqslant r(a_1 - 1, a_2, \cdots, a_k) + r(a_1, a_2 - 1, \cdots, a_k)$$
$$+ \cdots + r(a_1, a_2, \cdots, a_k - 1) - n + 2.$$

证明　类似于定理 1.3.1 的证明.

定理 1.4.3　对任意的正整数 $a_1, a_2, \cdots, a_k$, 有

$$r(a_1 + 1, a_2 + 1, \cdots, a_k + 1) \leqslant \frac{(a_1 + a_2 + \cdots + a_k)!}{a_1! a_2! \cdots a_k!}.$$

证明 类似于定理 1.3.2 的证明.

利用广义 Ramsey 数,我们来讨论一类集合划分问题.

考虑集合 $\{1, 2, \cdots, 13\}$ 的一个划分

$$\{\{1, 4, 10, 13\}, \{2, 3, 11, 12\}, \{5, 6, 7, 8, 9\}\}.$$

可以看出,在上面的划分的每一块中,都不存在三个数 x, y, z(不一定不同)满足方程

$$x + y = z. \tag{1.4.1}$$

然而,无论将集合 $\{1, 2, \cdots, 14\}$ 划分成哪三个子集合*,总有一个子集合中有三个数满足方程(1.4.1). Schur 于 1916 年证明了,对任意的正整数 n,都存在一个整数 f_n,使得无论将集合 $\{1, 2, \cdots, f_n\}$ 划分成哪 n 个子集合,总有一个子集合中有三个数满足方程(1.4.1). 下面我们用 Ramsey 数来证明这个结论.

定理 1.4.4 设 $\{S_1, S_2, \cdots, S_n\}$ 是集合 $\{1, 2, \cdots, r_n\}$ 的任一划分,即 $\bigcup\limits_{i=1}^{n} S_n = \{1, 2, \cdots, r_n\}$,且 $S_i \bigcap S_j = \varnothing \ (i \neq j, 1 \leqslant i, j \leqslant n)$,则存在某一个 i,S_i 中有三个数 x, y, z(不一定不同),满足方程 $x + y = z$. 其中

$$r_n = r(\underbrace{3, 3, \cdots, 3}_{n \text{个}}).$$

证明 将完全图 K_{r_n} 中的 r_n 个顶点分别用 $1, 2, \cdots, r_n$ 来标记. 对 K_{r_n} 的边进行 n 着色如下:设 u, v 是 K_{r_n} 的任意两个顶点,若 $|u - v| \in S_j$,则将边 uv 染成第 j 种颜色. 由广义 Ramsey 数 r_n 的定义知,一定存在同色三角形,即有三个顶点 a,b,c,使得边 ab, bc, ca 有相同的颜色,设为第 i 种颜色. 另不妨设 $a > b > c$,则有 $a - b, b - c, a - c \in S_i$. 令 $x = a - b, y = b - c, z = a - c$,则有 $x, y, z \in S_i$,且 $x + y = z$.

设 s_n 是满足下述性质的最小整数:将 $\{1, 2, \cdots, s_n\}$ 任意划分成 n 个子集合,总有一个子集合中含有三个数 x, y, z,满足方程(1.4.1). 容易证明,$s_1 = 2, s_2 = 5$,$s_3 = 14$(见本章习题24). 在本章的习题中,还列有一些关于 r_n 和 s_n 的上、下界的结论.

将前面的鸽巢原理和 Ramsey 数进一步推广,可以得到下面更一般的 Ramsey 定理:

---

* 在 1.2 节的例 3 中,给出的是关于 $\{1, 2, \cdots, 16\}$ 的类似的结论,稍容易一些.

定理 1.4.5(Ramsey 定理)　设 $q_1,q_2,\cdots,q_n,t$ 是正整数,且 $q_i \geqslant t$ $(1 \leqslant i \leqslant n)$,则必存在最小的正整数 $N(q_1,q_2,\cdots,q_n;t)$,使得当 $m \geqslant N(q_1,q_2,\cdots,q_n;t)$ 时,设 S 是一集合且 $|S| = m$,将 S 的所有 t 元子集任意分放到 n 个盒子里,那么,要么有 S 中的 q_1 个元素,它的所有 t 元子集全在第一个盒子里;要么有 S 中的 q_2 个元素,它的所有 t 元子集全在第二个盒子里;……;要么有 S 中的 q_n 个元素,它的所有 t 元子集全在第 n 个盒子里.

证明　略.

当 $t = 1$ 时,Ramsey 定理说明 $N(q_1,q_2,\cdots,q_n;1)$ 存在,使得对任何 $m \geqslant N(q_1,q_2,\cdots,q_n;1)$,把 m 个物体放入 n 个盒子里,或者有 q_1 个物体都在第一个盒子里;或者有 q_2 个物体都在第二个盒子里;……;或者有 q_n 个物体都在第 n 个盒子里.从 1.2 节中鸽巢原理的加强形式知

$$N(q_1,q_2,\cdots,q_n;1) = q_1 + q_2 + \cdots + q_n - n + 1.$$

当 $t = 2$ 时,可以设想 S 是一完全图的顶点集合,n 个盒子可以设想成 n 种颜色 $c_1,c_2,\cdots,c_n$,S 的 2 元子集就是图中连接两个顶点的边.此时,Ramsey 定理中的

$$N(q_1,q_2,\cdots,q_n;2) = r(q_1,q_2,\cdots,q_n).$$

特别地,当 $n = 2$ 时,由 1.3 节中的结论知

$$N(3,3;2) = r(3,3) = 6, \quad N(3,4;2) = r(3,4) = 9.$$

关于 $N(q_1,q_2,\cdots,q_n;t)$ 有以下平凡的定理 1.4.6.由于该问题固有的困难,很难得到一些非平凡的结果.

定理 1.4.6　$N(q_1,t;t) = q_1, N(t,q_2;t) = q_2.$

证明　若 S 中元素少于或等于 $q_1 - 1$ 个,则将 S 的所有 t 元子集全部放入第一个盒子里.这时,没有 S 的 q_1 元子集,它的所有 t 元子集全在第一个盒子里;而第二个盒子为空,也没有 t 元子集在第二个盒子里.矛盾.故 $N(q_1,t;t) \geqslant q_1$.

若 S 中恰有 q_1 个元素,把 S 的 t 元子集分放到两个盒子中.若第二个盒子非空,即盒中至少存在一个 t 元子集,该 t 元子集的 t 元子集在第二个盒子中(只有该 t 元子集自身);若第二个盒子为空,则 S 的所有 t 元子集全在第一个盒子里,且 $|S| = q_1$.无论哪种情况,均满足要求,故 $N(q_1,t;t) \leqslant q_1$.

综合以上分析,知

$$N(q_1,t;t) = q_1.$$

同理可证

$$N(t,q_2;t) = q_2.$$

习　题

1. 任何一组人中都有两个人,它们在该组内认识的人数相等.

2. 任取 11 个整数,求证其中至少有两个数,它们的差是 10 的倍数.

3. 任取 $n + 1$ 个整数,求证其中至少有两个数,它们的差是 n 的倍数.

4. 在 1.1 节例 4 中,证明存在连续的一些天,棋手恰好下了 k 盘棋($k = 1,2,$ $\cdots,21$).问是否可能存在连续的一些天,棋手恰好下了 22 盘棋?

5. 将 1.1 节例 5 推广成从 $1,2,\cdots,2n$ 中任选 $n + 1$ 个数的问题.

6. 从 $1,2,\cdots,200$ 中任取 100 个整数,其中之一小于 16,那么必有两个数,一个能被另一个整除.

7. 从 $1,2,\cdots,200$ 中取 100 个整数,使得其中任意两个数之间互相不能整除.

8. 任意给定 52 个数,它们之中有两个数,其和或差是 100 的倍数.

9. 在坐标平面上任意给定 13 个整点(即两个坐标均为整数的点),任意 3 个点不共线,则必有一个以它们中的三个点为顶点的三角形,其重心也是整点.

10. 上题中若改成 9 个整点,问是否有相同的结论?试证明你的结论.

11. 证明:一个有理数的十进制数展开式自某一位后必是循环的.

12. 证明:对任意的整数 N,存在着 N 的一个倍数,使得它仅由数字 0 和 7 组成 (例如,$N = 3$,我们有 $3 \times 259 = 777$;$N = 4$,有 $4 \times 1\,925 = 7\,700$;$N = 5$,有 $5 \times 14 = 70$;$\cdots\cdots$).

13. (1) 在一边长为 1 的等边三角形中任取 5 个点,则其中必有两点,该两点的距离至多为 $\frac{1}{2}$;

(2) 在一边长为 1 的等边三角形中任取 10 个点,则其中必有两点,该两点的距离至多为 $\frac{1}{3}$;

(3) 确定 m_n,使得在一边长为 1 的等边三角形中任取 m_n 个点,其中必有两点,它们之间的距离至多为 $\frac{1}{n}$.

14. 一位学生有 37 天时间准备考试,根据以往的经验,她知道至多只需要 60

个小时的复习时间,她决定每天至少复习 1 小时.证明:无论她的复习计划怎样,在此期间都存在连续的一些天,她正好复习了 13 个小时.

15. 从 $1,2,\cdots,2n$ 中任选 $n+1$ 个整数,则其中必有两个数,它们的最大公因子为 1.

16. 针对 1.1 节的例 6,当 m,n 不是互素的两个整数时,举例说明例中的结论不一定成立.

17. 证明:对于每对正整数 p,q,Ramsey 数 $r(p,q)$ 存在,并且
$$r(p,q)\leqslant \binom{p+q-2}{p-1}.$$

18. 用红、蓝两色着色 K_8 的边,使得既无蓝色三角形,也没有红色的完全四边形,从而证明 $N(3,4)>8$.

19. 一个国际社团的成员来自 6 个国家,共有成员 1978 名,用 $1,2,\cdots,1978$ 给每个人编号.试证明:该社团中至少有一名成员,他的编号等于他的两个同胞的编号之和,或者是他的一个同胞的编号的两倍.

20. 将从 1 到 67 的正整数任意分成四部分,则其中必有一部分至少有一个元素是该部分中某两个元素之差.

21. 令 q_3 和 t 是正整数,且 $q_3\geqslant t$,求 Ramsey 数 $N(t,t,q_3;t)$.

22. 平面上有 6 个点,任何三点都是一个不等边三角形的顶点,则这些三角形中,有一个三角形的最短边是另一个三角形的最长边.

23. 记 $r_n = r(\underbrace{3,3,\cdots,3}_{n\uparrow})$.证明:

(1) $r_n\leqslant n(r_n-1)+2$;　　(2) $r_n\leqslant \lceil n!e\rceil$;　　(3) $r_3\leqslant 17$.

24. 设 s_n 是满足下列条件的最小整数:把 $\{1,2,\cdots,s_n\}$ 划分成 n 个子集,总存在一个子集,其中有 $x+y=z$ 的解.证明:

(1) $s_1 = 2$;　　　　(2) $s_2 = 5$;　　　　(3) $s_3 = 14$.

25. s_n 的定义同习题 24.证明:

(1) $s_n\geqslant 3s_{n-1}-1$;

(2) $s_n\geqslant \frac{1}{2}(3^n+1)$.

26. 证明:在任意给出的 $n+1(n\geqslant 2)$ 个正整数中必有两个数,它们的差能被 n 整除.

27. 李先生 50 天里共服用了 70 个药丸,每天至少服 1 丸,证明:必有连续若干天,李先生在这几天共服用了 29 粒药丸.

28. 设三维空间中有9个格点(各坐标为整数的点).证明:在所有两点间连线的中点之中有一个点也是格点.

29. 证明

$$r(\underbrace{3,3,3,\cdots,3}_{k+1\text{个}}) \leqslant (k+1)[r(\underbrace{3,3,\cdots,3}_{k\text{个}}) - 1] + 2.$$

并利用该结果得出 $r(\underbrace{3,3,3,\cdots,3}_{n\text{个}})$ 的一个上界.

第 2 章　排列与组合

　　计数问题是组合学中研究得最多的内容,它出现在所有的数学分支中,而排列和组合是两种最基本的组合计数方式.事实上,差不多任何一门学科都要涉及计数问题.对于计算机学科来说,计数问题更具有它特殊的意义.计算机学科需要研究算法,必须对算法所需的运算量和存储量作出估计,即算法的时间复杂性和空间复杂性分析.在这一章里,我们先介绍两个一般性的原则 —— 加法原则和乘法原则,然后给出一般集合和多重集合的排列与组合,介绍组合数所满足的一些性质.

　　以后提到集合时,除特别声明外,都是指有限集合.

2.1　加法原则与乘法原则

　　在求解一个复杂的问题时,常用的方法就是将复杂问题分解成一些简单的子问题,求得子问题的解后,再综合子问题的解来得到原问题的解,加法原则与乘法原则是计数问题中两个最基本也是最常用的原则.通过加法原则与乘法原则可以分解一个复杂的问题,然后再求解.

　　以下假设 A 和 B 是两类不同、互不关联的事件.

2.1.1　加法原则

　　加法原则　设事件 A 有 m 种选取方式,事件 B 有 n 种选取方式,则选 A 或 B 共有 $m + n$ 种选取方式.

　　例如,大于 0 小于 10 的偶数有 4 个,即 2,4,6,8;大于 0 小于 10 的奇数有 5 个,即 1,3,5,7,9,则大于 0 小于 10 的整数有 9 个,即 1,2,3,4,5,6,7,8,9.这里,事件 A

指的是大于 0 小于 10 的偶数,事件 B 指的是大于 0 小于 10 的奇数.而大于 0 小于 10 的整数不外乎是偶数或奇数,即属于 A 或 B.

用集合论的语言可将加法原则叙述成下述定理:

定理 2.1.1 设 A,B 为有限集,且 $A \bigcap B = \varnothing$,则
$$|A \bigcup B| = |A| + |B|.$$

证明 当 A,B 中有一个是空集时,定理的结论是平凡的.

设 $A \neq \varnothing, B \neq \varnothing$,记
$$A = \{a_1, a_2, \cdots, a_m\}, \quad B = \{b_1, b_2, \cdots, b_n\},$$
并作映射
$$\varphi: a_i \to i \quad (1 \leqslant i \leqslant m),$$
$$b_j \to m + j \quad (1 \leqslant j \leqslant n).$$
因为 $A \bigcap B = \varnothing$,所以
$$a_i \neq b_j \quad (1 \leqslant i \leqslant m, 1 \leqslant j \leqslant n),$$
所以 φ 是从 $A \bigcup B$ 到集合 $\{1, 2, \cdots, m+n\}$ 上的一一映射,因而定理成立.

将定理 2.1.1 推广到 n 个集合,可得到下面的推论 2.1.1.

推论 2.1.1 设 n 个有限集合 $A_1, A_2, \cdots, A_n$ 满足
$$A_i \bigcap A_j = \varnothing \quad (1 \leqslant i \neq j \leqslant n),$$
则
$$\left| \bigcup_{i=1}^{n} A_i \right| = \sum_{i=1}^{n} |A_i|.$$

以下我们来给出几个例子说明加法原则的应用.

例 1 设某班级有 30 位男生,20 位女生,则班级共有 50 位学生.

例 2 在所有六位二进制数中,至少有连续 4 位是 1 的有多少个?

解 把所有满足要求的二进制数分成如下 3 类:

(i) 恰有 4 位连续的 1.它们可能是 ×01111,011110,11110×,其中,"×"可能取 0 或 1.故在此种情况下,共有 5 个不同的六位二进制数.

(ii) 恰有 5 位连续的 1.它们可能是 011111,111110,共有 2 个.

(iii) 恰有 6 位连续的 1.即 111111,只有 1 种可能.

综合以上分析,由加法原则知,共有 5+2+1 = 8 个满足题意要求的六位二进制数.

2.1.2 乘法原则

乘法原则 设事件 A 有 m 种选取方式,事件 B 有 n 种选取方式,那么选取 A 以后再选取 B 共有 $m \cdot n$ 种方式.

用集合论的语言可将上述乘法原则叙述成如下的定理:

定理 2.1.2　设 A, B 是两个有限集合,$|A| = m$,$|B| = n$,则

$$|A \times B| = |A| \times |B| = m \cdot n. \tag{2.1.1}$$

证明　若 $m = 0$ 或 $n = 0$,则等式 (2.1.1) 的两边均为零,故等式成立.

设 $m > 0$,$n > 0$,并且记

$$A = \{a_1, a_2, \cdots, a_m\}, \quad B = \{b_1, b_2, \cdots, b_n\}.$$

定义映射

$$\varphi : (a_i, b_j) \rightarrow (i-1)n + j \quad (1 \leqslant i \leqslant m, 1 \leqslant j \leqslant n),$$

则 φ 是 $A \times B$ 到集合 $\{1, 2, \cdots, mn-1, mn\}$ 上的一一映射,所以等式 (2.1.1) 成立.

将定理 2.1.2 推广到 n 个集合的情况,可得以下的推论 2.1.2.

推论 2.1.2　设 $A_1, A_2, \cdots, A_n$ 为 n 个有限集合,则

$$|A_1 \times A_2 \times \cdots \times A_n| = |A_1| \times |A_2| \times \cdots \times |A_n|.$$

以下通过几个例子来说明乘法原则的应用.

例 3　设从 A 到 B 有 3 条不同的道路,从 B 到 C 有 2 条不同的道路,如图 2.1.1 所示.则从 A 经 B 到 C 的道路数为

$$3 \times 2 = 6.$$

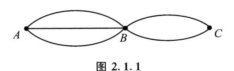

图 2.1.1

例 4　从 5 位先生、6 位女士、2 位男孩和 4 位女孩中选取 1 位先生、1 位女士、1 位男孩和 1 位女孩,共有 $5 \times 6 \times 2 \times 4 = 240$ 种方式 (由乘法原则). 而从中选取一个人的方式共有 $5 + 6 + 2 + 4 = 17$ 种方式 (由加法原则).

例 5　在 1 000 到 9 999 之间有多少个各位数字不同的奇数?

解　方法 1　如图 2.1.2 所示,第 4 位必须是奇数,可取 1,3,5,7,9,共有 5 种选择. 第 1 位不能取 0,也不能取第 4 位已选定的数字,所以在第 4 位选定后第 1 位有 8 种选择. 第 2 位不能取第 1 位和第 4 位已选定的数字,共有 8 种选择. 类似地,第 3 位有 7 种选择. 由乘法原则可知,满足题意的数共有 $5 \times 8 \times 8 \times 7 = 2\,240$ 个.

$$\begin{array}{cccc} \times & \times & \times & \times \\ 第 & 第 & 第 & 第 \\ 1 & 2 & 3 & 4 \\ 位 & 位 & 位 & 位 \end{array}$$

图 2.1.2

方法 2　把满足题意的数分成两类：

(i) 四位数中没有 0 出现.类似于方法 1 的分析,第 4 位数有 5 种选择,第 3 位数有 8 种选择,第 2 位数有 7 种选择,第 1 位数有 6 种选择.此类数共有 $6 \times 7 \times 8 \times 5 = 1\,680$ 个.

(ii) 四位数中有 0 出现.这里,0 只能出现在第 2 位或第 3 位上.现假设 0 在第 2 位上,则第 4 位照常有 5 种选择,第 3 位有 8 种选择,第 1 位有 7 种选择,共有 $7 \times 8 \times 5 = 280$ 个数.同理,若 0 出现在第 3 位上,也共有 280 个数.

由加法原则知,合乎题意的数共有

$$1\,680 + 280 \times 2 = 2\,240 \quad （个）.$$

注意　在方法 1 中,没有自右向左按自然顺序分析各位数选择的可能性,因为中间两位是否取 0 直接影响第 1 位的选择方式.在方法 2 中,对 0 作了特别处理,使从右向左能够顺利地进行分析.

从例 5 可以看出,对同一个问题用不同的分解方式,得到的子问题的求解难度不同,且综合子问题解的难度也不同.加法原则与乘法原则很简单,但同鸽巢原理一样,应用起来并不容易.

若求某个集合 A 中元素个数比较困难,有的时候可能容易求出某个包含 A 的集合 U 的元素个数,而且也容易求出 U 中不属于 A 的元素个数,通过两者的差可以求出 A 中的元素个数.这样,可以将前面的加法原则转化为下面的减法原则.

减法原则　设集合 A 是集合 U 的子集合,$\bar{A} = \{x \mid x \in U \text{ 且 } x \notin A\}$ 是 A 的补集合,则 $\bar{A}$ 中的元素个数为

$$|\bar{A}| = |U| - |A|.$$

例 6　设某省的汽车牌照是由英文大写字母和数字 $0,1,\cdots,9$ 构成的 6 位字符串构成的.问:其中出现重复字符的牌照共有多少个?

解　设不出现重复字符的牌照集合为 A,所有可能的牌照集合为 U,则 $\bar{A}$ 为出现重复字符的牌照集合.由乘法原则可知

$$|U| = 36^6 = 2\,176\,782\,336,$$
$$|A| = 36 \times 35 \times 34 \times 33 \times 32 \times 31 = 1\,402\,410\,240,$$

所以有

$$|\bar{A}| = |U| - |A| = 774\,372\,096 \quad （个）.$$

在例 6 中,若不利用减法原则,直接计算出现重复字符的牌照数还是很困难的.

同减法原则一样,将乘法原则的形式改变一下,可得到下面的除法原则.

除法原则　设 S 是一个有限集合,将 S 中元素分成 k 个不相交的子集合,且每个子集合中的元素个数相等,则每个子集合中的元素个数为 $|S|/k$.

例 7　4 个人打桥牌,52 张扑克牌平均分配到 4 个人手中,每人拿 13 张.

在本书的后续章节中,读者们将看到这些简单的原则的许多应用.在具体应用中,如何分解问题、求解子问题的解以及如何综合子问题的解是应用这些原则的关键.

2.2　集合的排列

n 元集合 S 的一个 r 排列是指先从 S 中选出 r 个元素,然后将其按次序排列.一般用 $P(n,r)$ 表示 n 元集合的 r 排列数.

例如,设 $S = \{a,b,c\}$,则

$$ab,\ ac,\ ba,\ bc,\ ca,\ cb$$

是 S 的所有 6 个 2 排列,所以 $P(3,2) = 6$.当 $r = n$ 时,称 n 元集合 S 的 n 排列为 S 的全排列,$P(n,n)$ 相应地称为 n 元集合的全排列数.若 $S = \{a,b,c\}$,则

$$abc,\ acb,\ bac,\ bca,\ cab,\ cba$$

是 S 的所有 6 个全排列,所以 $P(3,3) = 6$.

显然,有:

(1) $P(n,r) = 0\ (r > n)$;

(2) $P(n,1) = n\ (n \geqslant 1)$.

定理 2.2.1　对于满足 $r \leqslant n$ 的正整数 n 和 r,有

$$P(n,r) = n(n-1)\cdots(n-r+1) = \frac{n!}{(n-r)!}. \tag{2.2.1}$$

证明　要构造 n 元集合的一个 r 排列,我们可以在 n 个元素中任取一个作为第一项,有 n 种取法;在取定第一项后,第二项可以从剩下的 $n-1$ 个元素中任选一个,有 $n-1$ 种取法;……;同理,在前 $r-1$ 项取定后,第 r 项有 $n-r+1$ 种取法.由乘法原理知

$$P(n,r) = n(n-1)\cdots(n-r+1) = \frac{n!}{(n-r)!}.$$

由定理 2.2.1,n 元集合的全排列数 $P(n,n) = n!$.我们规定 $0! = 1$.

下面我们来给出一些例子,说明排列数的应用,这些例子大多要用到加法原则、乘法原则等.其中,例3还说明对这些原则的不同应用方法导致求解难度也不同.

例 1* 大家所熟知的"15 迷宫"是将标有数字 1 到 15 的 15 个可以滑动的小正方形装在一个 4×4 的正方形框架上,剩下一个小的空方块.游戏是将 15 个小方块从任一排列方式移动成如图 2.2.1 所示的初始位置.现在问:这 15 个小方块在 4×4 的框架上有多少种不同的排列方式?

解 原问题就是求将 $1,2,\cdots,15$ 放在 4×4 框架中的 16 个小方块上而剩下一个空方块的方式数.我们将空方块看作 16,则原问题就变为求将 $1,2,\cdots,16$ 放入 16 个小方块中的方式数,它等于 $\{1,2,\cdots,16\}$ 的全排列数.即有 $P(16,16) = 16!$ 种不同的排列方式.

1	2	3	4
5	6	7	8
9	10	11	12
13	14	15	

图 2.2.1

例 2 将 a,b,c,d,e,f 进行排列.问:

(1) 使得字母 b 正好在字母 e 的左邻的排列有多少种?

(2) 使得字母 b 在字母 e 的左边的排列有多少种?

解 (1) b 正好是 e 的左邻的排列形如

$$\times \cdots \times be \times \cdots \times,$$

其中,$\times \cdots \times \times \cdots \times$ 为 $\{a,c,d,f\}$ 的一个全排列.在这些排列中,将 be 看作一个整体,原问题就变成求集合 $\{a,c,be,d,f\}$ 的全排列数,共有 5! 种排列.

(2) 将 $\{a,b,c,d,e,f\}$ 的所有全排列分成如下两类:

$$A = \{\times \times \cdots \times \mid \text{其中 } b \text{ 在 } e \text{ 的左边}\},$$

---

* 将 $1,2,\cdots,15$ 随意放到 4×4 框架上,并不一定都能恢复到图 2.2.1 的形式.在所有可能的摆放方式中只有一半可以恢复到图 2.2.1 的方式,本例仅考虑不同的排列方法数,不考虑是否能恢复到图 2.2.1 的排列.

$$B = \{\times \times \cdots \times \mid \text{其中 } b \text{ 在 } e \text{ 的右边}\}.$$

显然有 $A \bigcap B = \varnothing, A \bigcup B = \{a, b, c, d, e, f\}$ 的全体全排列，$|A \bigcup B| = 6!$.
定义映射

$$f: A \to B,$$

使得

$$f(\cdots b \cdots e \cdots) = (\cdots e \cdots b \cdots),$$

即 f 将 A 中的任一排列的 b 与 e 的位置互换，保持其余字母位置不变，得到 B 中的一个排列. 显然，f 是一一映射，所以

$$|A| = |B| = \frac{1}{2} \times 6!.$$

例 3　从 $\{1, 2, \cdots, 9\}$ 中选出不同的 7 个数字组成七位数，要求 5 与 6 不相邻，问有多少种方法？

解　方法 1　9 元集合的 7 排列共有 $P(9, 7)$ 个，将其分成三类，分别记为 A，B, C，即：

(i) A 类：5 和 6 挨在一起，5 是 6 的左邻；

(ii) B 类：5 和 6 挨在一起，6 是 5 的左邻；

(iii) C 类：5 和 6 不挨在一起（包括不出现 5 或 6）.

则显然有 $P(9, 7) = |A| + |B| + |C|$，且 $|A| = |B|$. 我们要求的是 C 类七位数的个数. 为此，我们先计算 $|A|$.

我们如下构造 A 类排列：首先构造 7 元集合 $\{1, 2, 3, 4, 7, 8, 9\}$ 的一个 5 排列，如图 2.2.2 中"×"所示，共有 $P(7, 5)$ 个. 然后将 56 作为一个整体插入图 2.2.2 中"△"所示的 6 个位置中的任一位置，从而 A 中有 $6 \times P(7, 5)$ 个排列. 由例 2 知 $|A| = |B|$，所以

$$|C| = P(9, 7) - 2 \times |A| = 151\,200.$$

$$\triangle \quad \triangle \quad \triangle \quad \triangle \quad \triangle \quad \triangle$$
$$\times \quad \times \quad \times \quad \times \quad \times$$

图 2.2.2

方法 2　直接计算 $|C|$. 满足题意的七位数可分为如下四类：

(i) 七位数中 5, 6 均不出现，即为 7 元集合 $\{1, 2, 3, 4, 7, 8, 9\}$ 的全体全排列，共有 7! 个.

(ii) 七位数中只出现 5，不出现 6. 如图 2.2.3 所示，设 ×××××× 是集合 $\{1, 2, 3, 4, 7, 8, 9\}$ 的任意一个 6 排列，则 5 可以插入"△"所示的 7 个位置中的任一位置，

从而构成一个此类排列.所以,此类数共有 $7 \times P(7,6)$ 个.

（iii）七位数中只出现 6,不出现 5.同(ii),此类数共有 $7 \times P(7,6)$ 个.

<pre>
△   △   △   △   △   △   △
  ×   ×   ×   ×   ×   ×
</pre>

图 2.2.3

（iv）七位数中出现 5 和 6,但不相邻.我们如下构造此类排列:首先构造 7 元集合 $\{1,2,3,4,7,8,9\}$ 的一个 5 排列,如图 2.2.2 中的"×"所示;然后将 5 和 6 插入该图中 6 个"△"位置中的任意 2 个位置,此时 5 和 6 必定不相邻.所以,此类数共有 $P(7,5) \times P(6,2)$ 个.

综合上述分析,满足题意的七位数共有

$$P(7,7) + P(7,6) \times 7 \times 2 + P(7,5) \times P(6,2) = 151\,200 \quad （\text{个}）.$$

在求解例子的两种方法中,读者们可以发现,方法 2 明显难于方法 1.这说明如何分解问题和综合问题的解才是应用加法原则、乘法原则的关键.

前面考虑的排列是在直线上进行的,或者确切地说,是 r 线排列.若在圆周上进行排列,结果又如何呢?

在一个 r 圆排列的任意两个相邻元素之间都有一个位置,共有 r 个位置.从这 r 个位置处将该圆排列断开,并拉直成线排列,可以得到 r 个不同的 r 线排列.或者换个说法,将 r 个 r 线排列

$$a_1 a_2 \cdots a_{r-1} a_r,$$
$$a_2 a_3 \cdots a_r a_1,$$
$$\cdots,$$
$$a_r a_1 \cdots a_{r-2} a_{r-1}$$

的首尾相连围成圆排列,得到的是同一个 r 圆排列.因此,下面的定理成立:

定理 2.2.2 n 元集合的 r 圆排列数为

$$\frac{1}{r}P(n,r) = \frac{n!}{r(n-r)!}. \tag{2.2.2}$$

例如,集合 $S = \{1,2,3,4\}$ 的所有 6 个 4 圆排列如图 2.2.4 所示.

以后在不引起混淆的情况下,我们仍将"线排列"简单地说成"排列".

例 4 10 个男生和 5 个女生聚餐,围坐在圆桌旁,任意两个女生不相邻的坐法有多少种?

解 先把 10 个男生排成圆形,有 $\frac{1}{10} \times 10!$ 种方法.固定一个男生的排法,把 5 位女生插在 10 个男生之间,每两个男生之间只能插一个女生,而且 5 个女生之间还

存在着排序问题，故可有 $P(10,5)$ 种排法. 由乘法原则知，共有 $9! \times P(10,5)$ 种坐法.

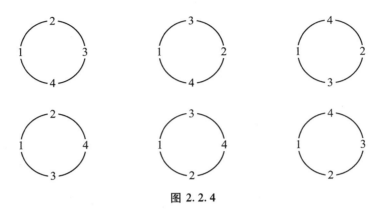

图 2.2.4

2.3　集合的组合

n 元集合 S 的 r 组合是指从 S 中取出 r 个元素的一种无序选择，其组合数记为 $\dbinom{n}{r}$ 或 C_n^r.

事实上，集合 S 的一个 r 组合可以看作是 S 的一个 r 元子集，所以 $\dbinom{n}{r}$ 也就是 S 的所有 r 元子集的个数. 例如，若 $S = \{a,b,c,d\}$，则

$$\{a,b,c\}, \{a,b,d\}, \{a,c,d\}, \{b,c,d\}$$

就是 S 的所有 3 组合.

显然，有：

(1) $\dbinom{n}{0} = 1$, $\dbinom{n}{n} = 1$;

(2) $\dbinom{n}{r} = 0\ (r > n)$.

定理 2.3.1　若 $0 \leqslant r \leqslant n$，则

$$\binom{n}{r} = \frac{P(n,r)}{r!} = \frac{n!}{r!(n-r)!}. \tag{2.3.1}$$

证明 设 S 是一 n 元集合,任取 S 的一个 r 组合,将该 r 组合中的 r 个元素进行排列,便可得到 $P(r,r) = r!$ 个 S 中的 r 排列.由不同的 r 组合所产生的 r 排列显然不同.而且 S 中的任一 r 排列都可恰好通过将 S 中的某一 r 组合排序而得到,故有

$$P(n,r) = r! \cdot \binom{n}{r},$$

即

$$\binom{n}{r} = \frac{P(n,r)}{r!} = \frac{n!}{r!(n-r)!}.$$

例 1 系里欲将 6 名保送研究生推荐给 3 个单位,每个单位 2 名,问有多少种方案?

解 推荐给某个单位的两名学生的顺序是无关紧要的,这是一个组合问题.我们先从 6 名学生中选出 2 名给第一个单位,有 $\binom{6}{2}$ 种选法.然后从余下的 4 名学生中选出 2 名给第二个单位,有 $\binom{4}{2}$ 种选法.余下的 2 名学生给第三个单位.每一步不同的选法对应着不同的方案,由乘法原则,共有

$$\binom{6}{4} \times \binom{4}{2} \times \binom{2}{2} = \frac{6!}{2!2!2!} = 90$$

种方案.

例 1 还可以看作多重集合的排列问题,参见 2.4 节的例 5.

例 2 从 $1, 2, \cdots, 100$ 中选出两个不同的数,使其和为偶数,问有多少种取法?

解 因为加法满足交换律,所以取两个数的和与两个数构成的子集合一一对应.集合 $\{1, 2, \cdots, 100\}$ 的所有 2 组合可以分成三类:两个数均为奇数;两个数均为偶数;两个数一奇一偶.我们要求的是前两类的组合数.第一类是集合 $\{1, 3, 5, \cdots, 99\}$ 的 2 组合的全体,共有 $\binom{50}{2}$ 个;第二类是 $\{2, 4, 6, \cdots, 100\}$ 的 2 组合的全体,共有 $\binom{50}{2}$ 个.由加法原则,总共有

$$2 \times \binom{50}{2} = 2\,450$$

种取法.

我们也可以用间接计数的方法,即从集合 $\{1, 2, \cdots, 100\}$ 的所有 2 组合中减去

上述的第三类 2 组合, 从而得到第一类与第二类组合之和. $\{1,2,\cdots,100\}$ 的 2 组合数为 $\binom{100}{2}$, 第三类 2 组合是从 $\{1,3,5,\cdots,99\}$ 中选一个, 再从 $\{2,4,6,\cdots,100\}$ 中选一个, 共有 $\binom{50}{1}\binom{50}{1}$ 种选法. 故总取法有

$$\binom{100}{2}-\binom{50}{1}\binom{50}{1}=2\,450 \quad (\text{种}).$$

例 3　在一个凸 n ($n\geqslant 4$) 边形 C 的内部, 如果没有三条对角线共点, 求其全部对角线在 C 内部的交点的个数.

解　将 C 的顶点按顺时针方向依次记为 P_1,P_2, $\cdots,P_n$. 设 X 是 C 的对角线在 C 内部的一个交点, 由于没有三条对角线共点, 故 X 恰为两条对角线 (记为 $P_{i_1}P_{i_3}$ 和 $P_{i_2}P_{i_4}$) 的交点, 如图 2.3.1 所示. 因 $P_{i_1}P_{i_3}$ 和 $P_{i_2}P_{i_4}$ 为两条相交的对角线, 故以 $P_{i_1},P_{i_2},P_{i_3},P_{i_4}$ 为顶点的四边形是一凸四边形, 其对角线正好是 $P_{i_1}P_{i_3}$ 和 $P_{i_2}P_{i_4}$. 不失一般性, 设 $i_1<i_2<i_3<i_4$. 反

图 2.3.1

之, 若任给四个顶点 $P_{j_1},P_{j_2},P_{j_3},P_{j_4}$, 且 $j_1<j_2<j_3<j_4$, 则四边形 $P_{j_1}P_{j_2}P_{j_3}P_{j_4}$ 为凸四边形, 故对角线相交于该四边形之内, 因而也在 C 内, 而这四点的其他连线的交点就是 $P_{j_1},P_{j_2},P_{j_3},P_{j_4}$ 自身. 所以, C 的对角线在 C 内部的交点数与 $P_1,P_2,\cdots,P_n$ 中任选四点的组合数相同, 为

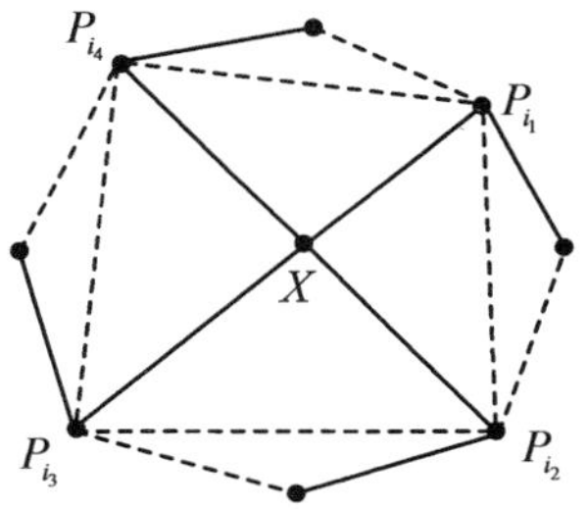

$$\binom{n}{4}=\frac{1}{24}n(n-1)(n-2)(n-3).$$

这个问题初看起来似乎与组合数无关, 自然也可不借助于组合方法来解决 (例如, 可用数学归纳法求解), 但要麻烦一些.

下面给出两个组合恒等式. 事实上, 关于 $\binom{n}{r}$ 的恒等式, 已发现的就有上千个. 在 3.3 节中, 我们将再介绍几个组合恒等式.

推论 2.3.1　若 $0\leqslant r\leqslant n$, 则

$$\binom{n}{r}=\binom{n}{n-r}. \tag{2.3.2}$$

证明　由定理 2.3.1 中关于 $\binom{n}{r}$ 的显式表达式很容易得出结论.

推论 2.3.1 具有如下的组合意义: $\binom{n}{r}$ 是 n 元集合 S 的 r 元子集的个数,

$\binom{n}{n-r}$是集合S的$n-r$元子集的个数.设A是S的r元子集,则$S-A$是S的$n-r$元子集,而且这种对应关系显然是一一的.所以,S的r元子集的个数等于S的$n-r$元子集的个数.因此推论2.3.1成立.

定理 2.3.2 对任意正整数n,有

$$\binom{n}{0}+\binom{n}{1}+\binom{n}{2}+\cdots+\binom{n}{n}=2^n. \tag{2.3.3}$$

证明 我们用两种不同的方法来计算n元集合S的所有子集的个数,说明等式(2.3.3)的左、右两端均等于S的子集数,从而证明其成立.

一方面,S的r元子集的个数为$\binom{n}{r}$,而r可取$0,1,2,\cdots,n$,由加法原则,S的所有子集的个数为

$$\binom{n}{0}+\binom{n}{1}+\binom{n}{2}+\cdots+\binom{n}{n}.$$

另一方面,S有n个元素,在构成S的一个子集的时候,S的每个元素都有在该子集中或不在该子集中两种可能,由乘法原则知,共有2^n种方式构造S的一个子集,即S的子集有2^n个.

综上分析,知定理成立.

下面再举几个例子,以期大家能熟练地掌握加法原则、乘法原则、排列和组合等概念及其应用.

例4 单射函数$f:X\to Y$的个数等于$P(m,n)$,其中,$n=|X|,m=|Y|$ $(m\geqslant n)$.

证 设$X=\{x_1,x_2,\cdots,x_n\}$,则
$$f(x_i)\in Y \quad (i=1,2,\cdots,n).$$
因f是单射,所以$f(x_1),f(x_2),\cdots,f(x_n)$互不相同,故
$$f(x_1)f(x_2)\cdots f(x_n)$$
是Y的一个n排列.由此易知,单射函数$f:X\to Y$与Y的n排列构成一一对应,其个数为$P(m,n)$.

由例4知,若$|X|=|Y|=n$,则一一映射$f:X\to Y$的个数等于$n!$.

例5 求至少出现一个6且能被3整除的五位数的个数.

解 **方法1** 因k位十进制数$p_1p_2\cdots p_k$能被3整除的充要条件是$p_1+p_2+\cdots+p_k$能被3整除,根据这个道理,分别讨论如下:

(1) 从左向右计,最后一个6出现在第5位,即$p_5=6$.第2,3,4位数可以是0,

$1,2,\cdots,9$ 十个数字之一. 但在第 $2,3,4,5$ 位选定后, 为了保证该五位数能被 3 整除, p_1 只有 3 种可能. 例如, 若 $p_2 + p_3 + p_4 + p_5 \equiv 0 \pmod 3$, 则 p_1 只能是 $3,6,9$ 中之一. 由乘法原则, 五位数中最后一位是 6 且能被 3 整除的数有 $3 \times 10^3 = 3\,000$ 个.

（2）最后一个 6 出现在第 4 位, 即 $p_4 = 6$. 此时 $p_5 \neq 6$, 只有 9 种可能; 而第 2、第 3 位各有 10 种可能; 为了能被 3 整除, p_1 只有 3 种可能. 因而, 属于这一类的五位数有 $3 \times 10^2 \times 9 = 2\,700$ 个.

（3）最后一个 6 出现在第 3 位, 即 $p_3 = 6$. 类似于（2）的分析可得, 此类被 3 整除的五位数有 $3 \times 10 \times 9^2 = 2\,430$ 个.

（4）最后一个 6 出现在第 2 位, 即 $p_2 = 6$. 此类被 3 整除的五位数有 $3 \times 9^3 = 2\,187$ 个.

（5）只有 $p_1 = 6$. 此时, p_2, p_3, p_4, p_5 不能等于 6, p_3, p_4, p_5 各有 9 种选择; 但为了能被 3 整除, p_2 只有 3 种选择（此时 p_2 不能取 6, 但可取 0 作为第三种情况, 0, $3,9$ 作为一类. 不像情况（1）～（4）中 p_1 不能取 0, 但可取 $3,6,9$ 作为一类, 也是 3 种可能）. 所以, 此类数有 $3 \times 9^3 = 2\,187$ 个.

由加法原则, 至少出现一个 6 且能被 3 整除的五位数有
$$3\,000 + 2\,700 + 2\,430 + 2\,187 \times 2 = 12\,504 \quad （个）.$$

方法 2　所有的五位数是从 $10\,000$ 到 $99\,999$ 的所有整数, 共有 $90\,000$ 个. 其中, 能被 3 整除的数有 $90\,000 \div 3 = 30\,000$ 个.

$30\,000$ 个能被 3 整除的数中不出现 6 的数, 第 1 位有 $1,2,3,4,5,7,8,9$ 共 8 种可能; 第 $2,3,4$ 位有 $0,1,2,3,4,5,7,8,9$ 共 9 种可能; 在第 $1,2,3,4$ 位选定后, 为了保证能被 3 整除, 第 5 位只有 3 种可能. 故五位数中不出现 6 且能被 3 整除的数有
$$3 \times 8 \times 9^3 = 17\,496 \quad （个）.$$
因此, 五位数中至少出现一个 6 且能被 3 整除的数有
$$30\,000 - 17\,496 = 12\,504 \quad （个）.$$

例 6　某车站有 6 个入口, 每个入口每次只能进一个人, 问 9 人小组共有多少种进站方案?

解　方法 1　将 6 个入口依次排好序, 分别为第 1、第 2、……、第 6 个入口. 因 9 人进站时在每个入口都是有序的, 我们如下构造 9 人的进站方案: 先构造 9 人的全排列, 共有 $9!$; 然后选定 9 人的一个全排列, 加入 5 个分界符, 将其分成 6 段, 第 i（$i = 1,2,\cdots,6$）段对应着第 i 个入口的进站方案. 如图 2.3.2 所示, 每个 "$*$" 代表一个人, "$\triangle$" 表示分隔符. 图 2.3.2 中, 5 个 "$\triangle$" 分别在第 3、第 5、第 9、第 11、第 13 个位置, 它对应的进站方案中, 前 2 人从第 1 个入口进站, 第 3 人从第 2 个入口进站, ……. 所以, 进站方案数为

$$9! \times \binom{14}{5} = \frac{14!}{9! \times 5!} \times 9! = 726\,485\,760.$$

$$* \quad * \quad \triangle \quad * \quad \triangle \quad * \quad * \quad * \quad \triangle \quad * \quad \triangle \quad * \quad \triangle \quad *$$

$$\qquad \qquad \uparrow \qquad \uparrow \qquad \qquad \uparrow \qquad \uparrow \qquad \uparrow$$

$$\qquad \qquad 3 \qquad 5 \qquad \qquad 9 \qquad 11 \qquad 13$$

图 2.3.2

方法 2 第 1 个人可以有 6 种进站方式,即可从 6 个入口中的任一个进站;第 2 个人也可以选择 6 个入口中的任一个进站,但当他选择与第 1 人相同的入口进站时,有在第 1 人前面还是后面两种方式,所以第 2 人有 7 种进站方案;同理,第 3 人有 8 种进站方案,……,第 9 人有 14 种进站方案.由乘法原则,总的进站方案数为

$$6 \times 7 \times \cdots \times 14 = 726\,485\,760.$$

在 2.4 节,我们还将用多重集合的概念来求解这个例子.

2.4   多重集合的排列

前面讲的 n 元集合的 r 排列,是指从 n 个各不相同的元素里,每次取出 r 个互不相同的元素进行排列,然而在现实生活中,并不一定是对不同的元素进行排列.例如,对一组数据排序就是求它的一个排列,而在这些数据中可能出现相同的数.为此,我们引入多重集合的概念.

多重集合同一般集合一样,是一组对象的整体,只不过不像一般集合那样必须要求集合中每个元素互不相同.例如

$$M = \{a, a, a, b, c, c, d, d, d, d\}$$

是一个 10 个元素的多重集合,其中有 3 个 a,1 个 b,2 个 c,4 个 d.通常,我们将 M 表示为

$$M = \{3 \cdot a, \ 1 \cdot b, \ 2 \cdot c, \ 4 \cdot d\},$$

其中,3,1,2,4 分别称为元素 a, b, c, d 的重数.

一般地,多重集合表示为

$$M = \{k_1 \cdot a_1, \ k_2 \cdot a_2, \ \cdots, \ k_n \cdot a_n\},$$

其中,$a_1, a_2, \cdots, a_n$ 为 M 中所有的互不相同的元素,M 中有 k_i 个 $a_i (1 \leqslant i \leqslant n)$,

称 k_i 为 a_i 的重数. k_i 是正整数,也可以是 ∞,表示 M 中有无限多个 a_i.

多重集合 M 的 r 排列同一般集合的 r 排列一样,也是从 M 中选出 r 个元素的有序选择.如上,$M = \{3 \cdot a, 1 \cdot b, 2 \cdot c, 4 \cdot d\}$ 是一多重集合,$acbc$,$cacc$,$abcd$ 都是 M 的 4 排列.

定理 2.4.1　多重集合 $M = \{\infty \cdot a_1, \infty \cdot a_2, \cdots, \infty \cdot a_k\}$ 的 r 排列数为 k^r.

证明　在构造 M 的一个 r 排列时,第一项有 k 种选择,第二项有 k 种选择,……,第 r 项有 k 种选择.由于 M 中的每个元素都是无限重的,所以 r 排列中的任一项都有 k 种选择,且不依赖于前面已选择的项,故 M 的 r 排列数为 k^r.

由上面的证明易知,若 M 中每个元素的重数至少为 r,则定理的结论仍然成立.

例 1　用 26 个英文字母可以构造出多少个包含 4 个元音字母、长度为 8 的字符串?

解　该问题是要求 $M = \{\infty \cdot a, \infty \cdot b, \cdots, \infty \cdot z\}$ 的包含 4 个元音字母的 8 排列数.在长度为 8 的字符串中,4 个元音字母出现的位置的选取方式有 $\binom{8}{4}$ 种,而每个元音位置可取 5 个元音字母中的任一个,4 个辅音位置可取 21 个辅音字母中的任一个.因而,满足题意的字符串有 $\binom{8}{4} \cdot 5^4 \cdot 21^4$ 个.

定理 2.4.2　多重集合 $M = \{k_1 \cdot a_1, k_2 \cdot a_2, \cdots, k_n \cdot a_n\}$ 的全排列数为
$$\frac{(k_1 + k_2 + \cdots + k_n)!}{k_1! k_2! \cdots k_n!}.$$

证明　**方法 1**　集合 M 中共有 $k_1 + k_2 + \cdots + k_n$ 个元素,a_1 占集合 M 的全排列中的 k_1 个位置,选取 a_1 所占位置的方法数为 $\binom{k_1 + k_2 + \cdots + k_n}{k_1}$;在确定了 k_1 个 a_1 的位置后,还有 $k_2 + \cdots + k_n$ 个位置,a_2 占其中的 k_2 个位置,从中选取 k_2 个 a_2 的位置的方法数为 $\binom{k_2 + k_3 + \cdots + k_n}{k_2}$;类似地,依次选取位置安排 a_3,a_4,……,a_n.由乘法原则知,M 的全排列数为

$$\binom{k_1 + k_2 + \cdots + k_n}{k_1}\binom{k_2 + k_3 + \cdots + k_n}{k_2}\cdots\binom{k_n}{k_n}$$

$$= \frac{(k_1 + k_2 + \cdots + k_n)!}{k_1!(k_2 + \cdots + k_n)!} \times \frac{(k_2 + k_3 + \cdots + k_n)!}{k_2!(k_3 + \cdots + k_n)!} \times \cdots \times \frac{k_n!}{k_n!}$$

$$= \frac{(k_1 + k_2 + \cdots + k_n)!}{k_1! k_2! \cdots k_n!}.$$

方法 2　先把 M 中所有的 $k_1 + k_2 + \cdots + k_n$ 个元素看成是互不相同的,则它的全排列数为 $(k_1 + k_2 + \cdots + k_n)!$. 但这里 k_i 个 a_i 是相同的,所以在这全部 $(k_1 + k_2 + \cdots + k_n)!$ 个排列中,$k_i!$ 个 a_i 的位置相同且其他元素排列也相同的排列是同一个. 故知 M 的全排列数为

$$\frac{(k_1 + k_2 + \cdots + k_n)!}{k_1! \, k_2! \cdots k_n!}.$$

定理 2.4.2 的结论可以解释为将一些互不相同的物品放入一些不同的盒中,求不同的放法数.

定理 2.4.3　设 $k, k_1, k_2, \cdots, k_n$ 为正整数,$k_1 + k_2 + \cdots + k_n = k$. 将 k 个不同的物品放入 n 个不同的盒子 $B_1, B_2, \cdots, B_n$ 中,使得 B_j 中放入 k_j $(1 \leqslant j \leqslant n)$ 个物品,则不同的放法数为

$$\frac{k!}{k_1! \, k_2! \cdots k_n!}.$$

证明　本定理的证明可以直接用乘法原则. 首先从 k 个物品中选出 k_1 个放入 B_1 中,有 $\begin{bmatrix} k \\ k_1 \end{bmatrix}$ 种选择方式;然后从余下的 $k - k_1$ 个物品中选出 k_2 个放入 B_2 中,有 $\begin{bmatrix} k - k_1 \\ k_2 \end{bmatrix}$ 种选取方式;……;最后,将

$$k - k_1 - k_2 - \cdots - k_{n-1} = k_n$$

个余下的物品放入 B_n 中,有 $\begin{bmatrix} k_n \\ k_n \end{bmatrix}$ 中放法. 由乘法原则知,不同的放法数为

$$\begin{bmatrix} k \\ k_1 \end{bmatrix} \begin{bmatrix} k - k_1 \\ k_2 \end{bmatrix} \cdots \begin{bmatrix} k - k_1 - k_2 - \cdots - k_{n-1} \\ k_n \end{bmatrix} = \frac{k!}{k_1! \, k_2! \cdots k_n!}.$$

事实上,定理 2.4.3 中的一种放法对应于多重集合 $M = \{k_1 \cdot B_1, k_2 \cdot B_2, \cdots, k_n \cdot B_n\}$ 的一个全排列. 设 $B_{i_1}, B_{i_2}, \cdots, B_{i_k}$ 是 M 的一个全排列,则该全排列对应的放法是将第 j 个物品放入第 B_{i_j} 个盒子中.

例如,设

$$n = 2, \quad k = 5, \quad k_1 = 2, \quad k_2 = 3,5$$

个物品分别是 x_1, x_2, x_3, x_4, x_5,2 个盒子是 B_1, B_2,则 $M = \{2 \cdot B_1, 3 \cdot B_2\}$ 的全排列 $B_1 B_2 B_2 B_1 B_2$ 对应的放法是 x_1, x_4 放入 B_1,x_2, x_3, x_5 放入 B_2,而排列 $B_2 B_2 B_1 B_1 B_2$ 对应的放法则是 x_3, x_4 放入 B_1,x_1, x_2, x_5 放入 B_2.

例 2　让我们再回到 2.3 节中的例 6,求 9 人小组的进站方案数.

解　设 9 个人分别为 $a_1, a_2, \cdots, a_9$,分界符为"$\triangle$",则集合 $M = \{a_1, a_2, \cdots, a_9, 5 \cdot \triangle\}$ 的每个全排列对应着 9 人的一种进站方案,共有

$$\frac{14!}{1! \times \cdots \times 1! \times 5!} = 726\,485\,760 \quad (\text{种}).$$

例 3　图 2.4.1 中,从 $(0,0)$ 点沿水平和垂直道路可以走到 (m,n) 点,问有多少种走法?

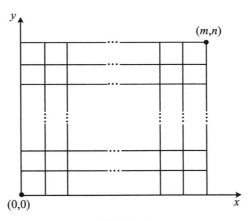

图 2.4.1

解　从 $(0,0)$ 点到 (m,n) 点的路径,沿水平方向从左向右走一个单位距离记作 x,沿垂直方向从下向上走一个单位距离记作 y,那么,该路径中必然含有 m 个 x 和 n 个 y.从而,一条路径对应着多重集合 $M = \{m \cdot x, n \cdot y\}$ 的一个全排列,即一共有 $\dfrac{(m+n)!}{m! \, n!} = \dbinom{m+n}{m}$ 种不同的走法.

例 4　将 6 个蓝球、5 个红球、4 个白球、3 个黄球排成一行,要求黄球不挨着,问有多少种排列方式?

解　在构造题设的排列时,先将红、蓝、白三种球进行全排列,再将 3 个黄球插入其中.令 $M = \{6 \cdot b, 5 \cdot r, 4 \cdot w\}$,则 M 的全排列数为 $\dfrac{15!}{6! \, 5! \, 4!}$.在图 2.4.2 中,每个"$*$"表示 M 的一个全排列中的一个元素,共有 15 个"$*$",则可以在 16 个"$\triangle$"所示位置中选出 3 个插入 3 个黄球,共有 $\dbinom{16}{3}$ 种取法.所以,共有 $\dfrac{15!}{6! \, 5! \, 4!} \cdot \dbinom{16}{3}$ 种排列方法.

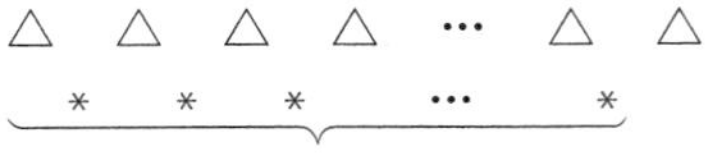

图 2.4.2

让我们再用多重集合的排列来求解 2.3 节的例 1.

例 5 系里欲将 6 名保送研究生推荐给 3 个单位,每个单位 2 名.问有多少种方案?

解 记 6 名学生分别为 $x_1,x_2,\cdots,x_6$;3 个单位分别为 y_1,y_2,y_3.则保送方案对应于多重集合 $M = \{2 \cdot y_1, 2 \cdot y_2, 2 \cdot y_3\}$ 的全排列.设 M 的一个全排列是 $y_{i_1} y_{i_2} y_{i_3} y_{i_4} y_{i_5} y_{i_6}$,该全排列对应的保送方案为学生 x_j 被保送到单位 $y_{i_j}(j = 1, 2, \cdots, 6)$.

在本节的最后,我们用多重集合的排列来讨论在棋盘上放一些互相不构成攻击的车的问题.

例 6 在 8×8 的棋盘上放 8 个互相不构成攻击的车,问有多少种不同的放法?

解 要使得所放的车互相不构成攻击,同一行同一列不能放两个车.将棋盘上的每个位置用一个两元组 $(i,j)(1 \leqslant i,j \leqslant 8)$ 来表示,则车的一种放法相当于取 8 个两元组.由于每行必须放一个车,所以 8 个两元组可表示为
$$(1, j_1), (2, j_2), \cdots, (8, j_8).$$
又因为每列必须放一个车,所以 $j_1 j_2 \cdots j_8$ 是集合 $\{1, 2, \cdots, 8\}$ 的一个全排列.例如,图 2.4.3 中车的放法对应的全排列是 68135724.

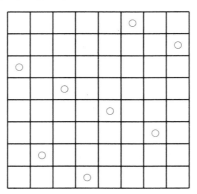

图 2.4.3

反之,任给集合 $\{1, 2, \cdots, 8\}$ 的全排列 $j_1 j_2 \cdots j_8$,则将 8 个车放入 8 个位置 $(1, j_1), (2, j_2), \cdots, (8, j_8)$ 后,8 个车互相不构成攻击.

综上,放 8 个互相不构成攻击的车的方法数等于集合 $\{1,2,\cdots,8\}$ 的全排列数,共 8! 个.

在例 6 中,显然所放的 8 个车是没有区别的,所以关心的仅仅是 8 个车所放的位置.若所放的 8 个车是完全不同的(比如说,8 个不同颜色的车),则不仅需要考虑 8 个车所放的 8 个位置,而且要考虑哪个车放在哪个位置.这样,先取出 8 个位置,有 8! 种取法;然后对 8 个不同的车进行全排列,使得排在第 1 个位置的车放在第 1 行所取的位置,……,排在第 8 个位置的车放在第 8 行所取的位置,共有 8! 个全排列,所以放车的方法数为 $(8!)^2$.

若 8 个车中有部分是相同的,比如说,有 2 个红色车(用 R 表示),5 个蓝色车(用 B 表示),1 个黄色车(用 Y 表示).假定同色车完全相同.在取定 8 个放车的位置后,8 个车的一种放法等价于集合 $M = \{2 \cdot R, 5 \cdot B, 1 \cdot Y\}$ 的一个全排列.因此,放车的方法数共有 $8! \times \dfrac{8!}{2! \times 5! \times 1!}$.

将上面的结果推广到一般情况,可以得到下面的定理 2.4.4.

定理 2.4.4　设有 k 个车,其中 k_1 个为第 1 种颜色,k_2 为第 2 种颜色,……,k_n 为第 n 种颜色($k_1 + k_2 + \cdots + k_n = k$).将这 k 个车放在 $k \times k$ 的棋盘上,使得互相之间不构成攻击,则不同的放法数为

$$k! \times \frac{k!}{k_1! k_2! \cdots k_n!} = \frac{(k!)^2}{k_1! k_2! \cdots k_n!}.$$

2.5　多重集合的组合

多重集合 M 的 r 组合是指从 M 中无序地选出 r 个元素.

显然,多重集合 M 的 r 组合是 M 的一个 r 元子集,其自身也是一个多重集合.例如,若 $M = \{2 \cdot a, 1 \cdot b, 3 \cdot c\}$,则 $\{a,a\}, \{a,b\}, \{a,c\}, \{b,c\}, \{c,c\}$ 是 M 的所有 2 组合.

定理 2.5.1　多重集合 $M = \{\infty \cdot a_1, \infty \cdot a_2, \cdots, \infty \cdot a_k\}$ 的 r 组合数为 $\dbinom{k + r - 1}{r}$.

证明　方法 1　设多重集合 M 的某个 r 组合为

$$\{x_1 \cdot a_1, x_2 \cdot a_1, \cdots, x_k \cdot a_k\}, \tag{2.5.1}$$

则有

$$x_1 + x_2 + \cdots + x_k = r, \tag{2.5.2}$$

其中,$x_1, x_2, \cdots, x_k$ 为非负整数.反之,若给出方程(2.5.2)的一组非负整数解 x_1, $x_2, \cdots, x_k$,则对应于 M 的一个 r 组合(2.5.1).所以,M 的 r 组合与方程(2.5.2)的非负整数解构成一一对应,从而将求 M 的 r 组合的问题化为求方程(2.5.2)的非负整数解.

方程 $x_1 + x_2 + \cdots + x_k = r$ 的一个非负整数解可以表示成长为 $k-1+r$ 的 0, 1 序列

$$\underbrace{1\,1\cdots10}_{x_1个}\underbrace{1\,1\cdots10}_{x_2个}\cdots0\underbrace{1\,1\cdots1}_{x_k个},$$

其中,0 的个数为 $k-1$ 个.该 0,1 序列是集合 $\{(k-1)\cdot0, r\cdot1\}$ 的一个全排列.方程(2.5.2)的解与集合 $\{(k-1)\cdot0, r\cdot1\}$ 的全排列之间是一一对应的,从而多重集合 M 的 r 组合数为 $\binom{r+k-1}{r}$.

方法 2   构造多重集合 $M = \{\infty\cdot a_1, \infty\cdot a_2, \cdots, \infty\cdot a_k\}$ 的 r 组合与某一 $k+r-1$ 元一般集合的 r 组合之间的一一对应,从而证明定理的结论.

令

$$M' = \{\infty\cdot1, \infty\cdot2, \cdots, \infty\cdot k\}.$$

定义映射

$$f\colon M \text{ 的 } r \text{ 组合全体} \to M' \text{ 的 } r \text{ 组合全体}$$

为

$$\{x_1\cdot a_1, x_2\cdot a_2, \cdots, x_k\cdot a_k\} \overset{f}{\longmapsto} \{\underbrace{1,\cdots,1}_{x_1个}, \underbrace{2,\cdots,2}_{x_2个}, \cdots, \underbrace{k,\cdots,k}_{x_k个}\},$$

其中,$x_1 + x_2 + \cdots + x_k = r$.易知 f 是一一映射.

再令

$$M'' = \{1, 2, 3, \cdots, k+r-1\}.$$

定义映射

$$g\colon M' \text{ 的 } r \text{ 组合全体} \to M'' \text{ 的 } r \text{ 组合全体}$$

为

$$\{b_1, b_2, \cdots, b_r\} \overset{g}{\longmapsto} \{b_1, b_2+1, b_3+2, \cdots, b_r+r-1\}.$$

这里,我们不妨设

$$1 \leqslant b_1 \leqslant b_2 \leqslant \cdots \leqslant b_r \leqslant k,$$

则有

$$b_i + i - 1 \leqslant b_{i+1} + i - 1 < b_{i+1} + i,$$

并且

$$1 \leqslant b_1 < b_2 + 1 < b_3 + 2 < \cdots < b_r + r - 1 \leqslant k + r - 1,$$

因而 $\{b_1, b_2 + 1, b_3 + 2, \cdots, b_r + r - 1\}$ 是集合 M'' 的 r 组合. 由 g 的定义,易知 g 是一一映射.

综合以上分析,M 的 r 组合数为 $\binom{k + r - 1}{r}$.

定理 2.5.1 的结论可以解释为:将一些相同的物品放入一些不同的盒中,求不同的放法数.

定理 2.5.2 将 r 个相同的球放入 k 个不同的盒中,则不同的放法数为 $\binom{k + r - 1}{r}$.

证明 给定球的一种放法,设第 i 个盒中放 x_i 个物品,则有

$$x_1 + x_2 + \cdots + x_k = r, \tag{2.5.3}$$

其中,$x_i \geqslant 0, 1 \leqslant i \leqslant k$.

反之,给定式(2.5.3)的一组非负整数解,规定 x_i 为放入第 i 个盒子的球数,则其对应于 r 个球的一种放法. 所以,r 个球的放法数等于式(2.5.3)的非负整数解数,为 $\binom{r + k - 1}{r}$.

事实上,定理 2.5.2 中一种放法对应于定理 2.5.1 的一个 r 组合. 记 k 个不同的盒子为 $b_1, b_2, \cdots, b_k$,取多重集合 $M = \{\infty \cdot b_1, \infty \cdot b_2, \cdots, \infty \cdot b_k\}$. 设 M 的一个 r 组合为 $\{x_1 \cdot b_1, x_2 \cdot b_2, \cdots, x_k \cdot b_k\}$,则有 $x_1 + x_2 + \cdots + x_k = r$,对应的 r 个物品的放法是第 1 个盒中放 x_1 个物品,$\cdots\cdots$,第 k 个盒中放 x_k 个物品.

例 1 从 $M = \{1, 2, \cdots, n\}$ 中能够取出多少个长为 r 的递增序列 $a_1, a_2, \cdots, a_r$,使得 $a_{i+1} - a_i \geqslant s + 1$ ($s \geqslant 0; i = 1, 2, \cdots, r - 1$).

在求解本例之前,我们先看两个特例:

(1) 设 $n = 5, r = 2, s = 1$,就是取 $\{1, 2, 3, 4, 5\}$ 的 2 组合,使每一 2 组合中的两数相差至少为 2,有如下 6 个递增序列:

$$1,3; \ 1,4; \ 1,5; \ 2,4; \ 2,5; \ 3,5.$$

(2) 当 $n = 5, r = 3, s = 1$ 时,仅有 1,3,5 一个递增序列.

下面来求解一般情况.

例 1 的解　设
$$a_1, a_2, \cdots, a_r \tag{2.5.4}$$
是从 M 中取出的一个序列,满足
$$a_{i+1} - a_i \geqslant s + 1 \quad (i = 1, 2, \cdots, r-1).$$
构造新的序列
$$b_1, b_2, \cdots, b_r, \tag{2.5.5}$$
使得
$$b_i = a_i - (i-1)s \quad (i = 1, 2, \cdots, r-1),$$
则
$$b_{i+1} - b_i = (a_{i+1} - a_i) - s \geqslant 1 \quad (i = 1, 2, \cdots, r-1),$$
且
$$1 \leqslant a_1 = b_1 < b_2 < \cdots < b_r \leqslant n - (r-1)s,$$
即序列(2.5.5)是集合 $M' = \{1, 2, \cdots, n-(r-1)s\}$ 的 r 组合. 反之,若给定 M' 的 r 组合 $\{b_1, b_2, \cdots, b_r\}$,并假设已按递增排序,令 $a_i = b_i + (i-1)s$ $(i = 1, 2, \cdots, r-1)$,那么序列 $a_1, a_2, \cdots, a_r$ 就是满足题意的序列. 从而,满足题意的序列与 M' 的 r 组合构成一一对应,共有 $\dbinom{n-(r-1)s}{r}$ 个.

特别地,有:

(i) 当 $s = 0$ 时,所求的序列总数就是普通 n 元集合的 r 组合数 $\dbinom{n}{r}$;

(ii) 当 $s = 1$ 时,相应的 r 组合中无相继数出现,其 r 组合数为 $\dbinom{n-r+1}{r}$.

定理 2.5.3　多重集合 $M = \{\infty \cdot a_1, \infty \cdot a_2, \cdots, \infty \cdot a_k\}$ 要求 $a_1, a_2, \cdots, a_k$ 至少出现一次的 r 组合数为 $\dbinom{r-1}{k-1}$.

证明　方法 1　在 M 的 r 组合中 $a_1, a_2, \cdots, a_k$ 至少出现一次,所以 $r \geqslant k$. 设 $\{x_1 \cdot a_1, x_2 \cdot a_2, \cdots, x_k \cdot a_k\}$ 是 M 满足定理条件的任一 r 组合,则有
$$x_1 + x_2 + \cdots + x_k = r, \tag{2.5.6}$$
且
$$x_i \geqslant 1 \quad (i = 1, 2, \cdots, k). \tag{2.5.7}$$
令
$$y_i = x_i - 1 \quad (1 \leqslant i \leqslant k),$$
则

$$y_1 + y_2 + \cdots + y_k = r - k, \tag{2.5.8}$$

且

$$y_i \geqslant 0 \quad (i = 1, 2, \cdots, k). \tag{2.5.9}$$

显然,方程(2.5.6)满足条件(2.5.7)的解的个数等于方程(2.5.8)的非负整数解的个数.由定理2.5.1的证明知,满足定理条件的组合数为

$$\binom{(r-k)+(k-1)}{r-k} = \binom{r-1}{k-1}.$$

　　方法 2　可以直接求解式(2.5.6)的正整数解来证明定理2.5.3.将整数 r 看作 r 个1,r 个1排成一行,如图2.5.1所示,在 $r-1$ 个"$\triangle$"位置中取出 $k-1$ 个"$\triangle$",将 r 个1分成 k 段,第 i 段中1的个数为 x_i 的值,且 $x_i \geqslant 1$ ($1 \leqslant i \leqslant k$).因此,式(2.5.6)的正整数解的个数为 $\binom{r-1}{k-1}$.定理2.5.3得证.

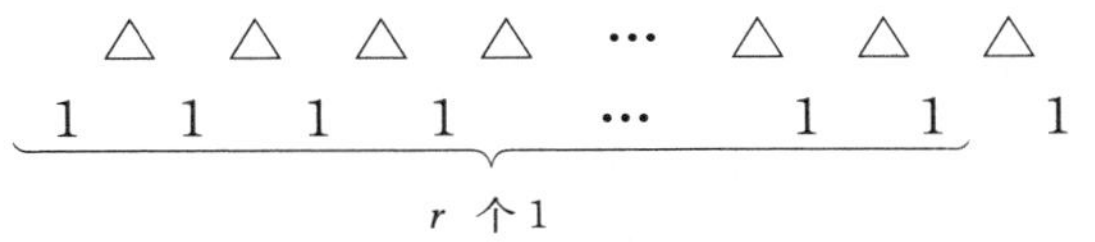

$$\underbrace{\begin{array}{ccccccc} \triangle & \triangle & \triangle & \triangle & \cdots & \triangle & \triangle \\ 1 & 1 & 1 & 1 & \cdots & 1 & 1 \end{array}}_{r \ 个 1} \quad 1$$

图 2.5.1

　　有限重复数的多重集合的组合数可以用容斥原理和生成函数来求解,我们将在4.2节和5.4节分别介绍此方面的内容.

　　例 2　求方程 $x_1 + x_2 + x_3 + x_4 = 18$ 满足条件

$$x_1 \geqslant 3, \ x_2 \geqslant 1, \ x_3 \geqslant 4, \ x_4 \geqslant 2$$

的整数解数.

　　解　令 $y_1 = x_1 - 3, y_2 = x_2 - 1, y_3 = x_3 - 4, y_4 = x_4 - 2$,则例2变成求方程

$$y_1 + y_2 + y_3 + y_4 = 8$$

的非负整数解数,易知共 $\binom{8+4-1}{8} = \binom{11}{8}$ 个.

　　例2中求解整数解的约束条件是 x_i 有下界,我们可以通过变量替换的方法将例2的求解转化为求不定方程的非负整数解数.若变量 x_i 的约束条件有上界和下界,则可以用容斥原理和生成函数的方法来求解.我们将在第4章和第5章介绍此方面的内容.

　　定义 2.5.1　设集合 $X = \{x_1, x_2, \cdots, x_m\}$ 是一个全序集,且 $x_1 < x_2 < \cdots < x_m$,那么由 X 中的 n 个字母构成的字符串 $x_{i_1} x_{i_2} \cdots x_{i_n}$,只要 $x_{i_1} \leqslant x_{i_2} \leqslant \cdots \leqslant x_{i_n}$,就称其为 X 上长度为 n 的增字.

例如,若 $Y = \{a,b,c,d\}$,且有顺序 $a < b < c < d$,那么一共有 20 个由 Y 中的 3 个字母构成的增字,它们是

$$aaa,\ abb,\ acc,\ add,\ aab,\ abc,\ acd,$$
$$aac,\ abd,\ aad,\ bbb,\ bbc,\ bbd,\ bcc,$$
$$bcd,\ bdd,\ ccc,\ ccd,\ cdd,\ ddd.$$

定理 2.5.4 设集合 $X = \{x_1, x_2, \cdots, x_m\}$ 是一全序集,则 X 上长度为 n 的增字共有 $\binom{m+n-1}{n}$ 个.

证明 令

$$X' = \{\infty \cdot x_1,\ \infty \cdot x_2,\ \cdots,\ \infty \cdot x_m\},$$

设

$$x_{i_1} x_{i_2} \cdots x_{i_n} \tag{2.5.10}$$

为 X 上一长度为 n 的增字,则

$$\{x_{i_1},\ x_{i_2},\ \cdots,\ x_{i_n}\} \tag{2.5.11}$$

为 X' 的一个 n 组合. 反过来,给定 X' 的一个 n 组合(2.5.11),我们将该组合的 n 个元素按增序排序后再排列在一起,就构成 X 上一个长为 n 的增字. 所以,X 上长为 n 的增字的个数等于 X' 的 n 组合数,为 $\binom{m+n-1}{n}$ 个.

习　　题

1. 计算 50! 的尾部有多少个零?

2. 比 $5\,400$ 大的四位整数中,数字 2,7 不出现,且各位数字不同的整数有多少个?

3. 12 个人围坐在圆桌旁,其中一个拒绝与另一个相邻,问有多少种安排方法?

4. 有颜色不同的四盏灯.

(1) 把它们按不同的次序全部挂在灯竿上表示信号,共有多少种不同的信号?

(2) 每次使用一盏、二盏、三盏或四盏灯按一定的次序挂在灯竿上表示信号,共有多少种不同的信号?

(3) 在(2)中,如果信号与灯的次序无关,共有多少种不同的信号?

5. 现有 100 件产品,从其中任意抽出 3 件.

(1) 共有多少种抽法?

(2) 如果 100 件产品中有 2 件次品,那么抽出的产品中至少有 1 件次品的概率是多少?

(3) 如果 100 件产品中有 2 件次品,那么抽出的产品中恰好有 1 件是次品的概率是多少?

6. 把 q 个负号和 p 个正号排在一条直线上,使得没有两个负号相邻,证明不同的排法有 $\binom{p+1}{q}$ 种.

7. 8 个棋子大小相同,其中 5 个红的,3 个蓝的.把它们放在 8×8 的棋盘上,每行、每列只放一个,问有多少种放法?若放在 12×12 的棋盘上,结果如何?

8. 有纪念章 4 枚、纪念册 6 本,赠送给 10 位同学,每人得一件,共有多少种不同的送法?

9. (1) 从整数 $1, 2, \cdots, 100$ 中选出两个数,使得它们的差正好是 7,有多少种不同的选法?

(2) 如果要求选出的两个数之差小于等于 7,又有多少种不同的选法?

10. 试求不定方程 $x_1 + x_2 + \cdots + x_8 = 40$ 满足 $x_i \geqslant i$ $(i = 1, 2, \cdots, 8)$ 的整数解的个数?

11. 在一次选举中,甲、乙分别得到 a 张和 b 张选票 $(a > b)$,将全部 $a + b$ 张选票按某种顺序排列,依次计票时甲所得票数总是比乙多.问这种排列方法有多少种?

12. n 个不同的字符顺序进栈恰一次,问有多少种不同的出栈方式?

13. 计数从 $(0, 0)$ 点到 (n, n) 点的不穿过直线 $y = x$ 的非降路径数.

14. 有 n 个不同的整数,从中取出两组来,要求第一组里的最小数大于第二组里的最大数,问有多少种方案?

15. 试求 n 个完全一样的骰子能掷出多少种不同的点数?

16. 凸 10 边形的任意 3 条对角线不共点,试求该凸 10 边形的对角线交于多少个点?又把所有的对角线分割成多少段?

17. 设 $n = p_1^{\alpha_1} p_2^{\alpha_2} \cdots p_l^{\alpha_l}$,其中,$p_1, p_2, \cdots, p_l$ 是 l 个不同的素数,试求能整除数 n 的正整数数目.

18. 将 52 张牌平均分给 4 个人,问每人有一个 5 张牌的同花顺的概率是多少?

19. 取定空间中的 25 个点,其中任意 4 个点均不共面,问它们能决定多少个三角形?又能决定多少个四面体?

20. 考虑集合 $\{1,2,\cdots,n+1\}$ 的非空子集.

(1) 证明最大元素恰好是 j 的子集数为 2^{j-1};

(2) 利用(1)的结论证明
$$1 + 2 + 2^2 + \cdots + 2^n = 2^{n+1} - 1.$$

21. 从整数 $1,2,\cdots,1\,000$ 中选取 3 个数,使得它们的和正好被 4 整除,问有多少种选法?

22. (1) 在由 5 个 0 和 4 个 1 组成的字符串中,出现 01 或 10 的总次数为 4 的字符串有多少个?

(2) 在由 m 个 0 和 n 个 1 组成的字符串中,出现 01 或 10 的总次数为 k 的字符串有多少个?

23. 5 封不同的信经由通信通道传送,在两封信之间至少要放入 3 个空格,一共要加入 15 个空格,问有多少种方法?

24. 将 a,b,c,d,e,f,g,h 排成一行,要求 a 在 b 的左侧,b 在 c 的左侧,问有多少种排法?

25. 从 1 至 100 的整数中不重复地选取两个数组成有序对 (x,y),使得 x 与 y 的乘积 xy 不能被 3 整除,共可组成多少对?

26. 在 $m \times n$ 棋盘中选取两个相邻的方格(即有一条公共边的两个方格)有多少种不同的选取方法?

27. 某电影院票房前有 $2n$ 个人排队,每人欲购买一张 5 元的电影票.在这些人中,有 n 个人,每人有一张 5 元钞票,其余每人有一张 10 元钞票,而票房在卖票前无任何钞票,问使得每个人都能顺利地买到电影票的排队方式有多少种?

28. 证明下列组合恒等式:

(1) $\displaystyle\sum_{k=0}^{n} (-1)^k \cdot k^2 \cdot \binom{n}{k} = 0$;

(2) $\displaystyle\sum_{k=0}^{n} \frac{1}{(k+1)(k+2)}\binom{n}{k} = \frac{2^{n+2} - n - 3}{(n+1)(n+2)}$;

(3) $\displaystyle\sum_{k=0}^{n} \frac{k+2}{k+1}\binom{n}{k} = \frac{(n+3) \cdot 2^n - 1}{n+1}$;

(4) $\displaystyle\sum_{k=0}^{n} (k+1)^2 \binom{n}{k} = 2^{n-2} \cdot (n^2 + 5n + 4)$;

(5) $\displaystyle\sum_{k=0}^{n} \frac{1}{k+2} \cdot \binom{n}{k} = \frac{n \cdot 2^{n+1} + 1}{(n+1)(n+2)}$;

(6) $\sum_{k=0}^{n} \binom{2n}{k} = 2^{2n-1} + \frac{1}{2}\binom{2n}{n}$.

29. 以 $h_m(n)$ 表示用 m 种颜色去涂 $2 \times n$ 棋盘，使得相邻格子异色的涂色方法数，证明

$$h_m(n) = (m^2 - 3m + 3)^{n-1} \cdot m \cdot (m - 1).$$

30. 上题中，若以 $h'_m(n)$ 表示 m 种颜色去涂 $2 \times n$ 棋盘，使得相邻格子异色且每种颜色至少用一次的涂色方法数，求 $h'_m(n)$ 的计数公式.

31. 有 20 根完全相同的木棍从左至右竖立成一行，占据 20 个位置. 要从中选出 6 根.

(1) 有多少种选择？

(2) 如果选出的木棍中没有两根是位置相邻的，又有多少种选择？

(3) 如果在所选出的每一对棍之间必须至少有两根棍，有多少种选择？

第3章　二项式系数

表达式 $\binom{n}{r}$ 表示 n 元集合的 r 组合数,它具有许多很奇妙的性质,关于它有着许多恒等式.由于它出现在下面所介绍的二项式定理中,所以称其为二项式系数.在进行算法分析时,经常要用到二项式系数,因此有必要对其熟练掌握.本章我们首先介绍二项式定理,然后讨论 $\binom{n}{r}$ 的基本性质和它所满足的一些组合恒等式.

3.1　二项式定理

在 2.3 节中我们已经介绍了 $\binom{n}{r}$,且有下面的结论:

(1) $\binom{n}{r} = 0$(当 $n < r$ 时);

(2) $\binom{n}{0} = 1$(n 为正整数);

(3) $\binom{n}{r} = \dfrac{n!}{r!(n-r)!} = \dfrac{n(n-1)\cdots(n-r+1)}{r!}$ ($1 \leqslant r \leqslant n$).

定理 3.1.1(二项式定理)　设 n 为一正整数,则对任意的 x 和 y,有

$$(x+y)^n = x^n + \binom{n}{1}x^{n-1}y + \binom{n}{2}x^{n-2}y^2 + \cdots + \binom{n}{n-1}xy^{n-1} + y^n$$

$$= \sum_{r=0}^{n} \binom{n}{r}x^{n-r}y^r. \tag{3.1.1}$$

在证明本定理之前,我们先展开两个大家所熟知的特例:

(1) $(x + y)^2 = (x + y)(x + y) = x^2 + 2xy + y^2$;

(2) $(x + y)^3 = (x + y)(x + y)(x + y) = x^3 + 3x^2y + 3xy^2 + y^3$.

定理 3.1.1 的证明 方法 1 将

$$(x + y)^n = \underbrace{(x + y)(x + y)\cdots(x + y)}_{n\text{个}}$$

展开,直到没有括号为止. 在展开时,每个因子中均可取 x 或 y,因而共有 2^n 项,这些项都可以写成 $x^{n-r}y^r$ $(0 \leqslant r \leqslant n)$ 的形式. 我们可以在 n 个 $x + y$ 因子中选出 r 个,从这 r 个因子中取 y,而在另外的 $n - r$ 个因子中取 x,如此得到 $x^{n-r}y^r$ 项,所以 $x^{n-r}y^r$ 的系数等于 n 个因子的 r 组合数,即 $\binom{n}{r}$. 因此

$$(x + y)^n = \sum_{r=0}^{n} \binom{n}{r} x^{n-r}y^r.$$

方法 2 可以用归纳法来证明定理 3.1.1.

$n = 1$ 时

$$(x + y)^1 = \sum_{r=0}^{1} \binom{1}{r} x^{1-r}y^r = \binom{1}{0} x^1 y^0 + \binom{1}{1} x^0 y^1 = x + y.$$

所以 $n = 1$ 时,定理 3.1.1 成立.

设 $n = m$ ($\geqslant 1$) 时,定理 3.1.1 成立,即

$$(x + y)^m = \sum_{r=0}^{m} \binom{m}{r} x^{m-r}y^r.$$

则当 $n = m + 1$ 时

$$\begin{aligned}
(x + y)^{m+1} &= (x + y)(x + y)^m \\
&= (x + y)\left[\sum_{r=0}^{m} \binom{m}{r} x^{m-r}y^r \right] \\
&= x \sum_{r=0}^{m} \binom{m}{r} x^{m-r}y^r + y \sum_{r=0}^{m} \binom{m}{r} x^{m-r}y^r \\
&= \sum_{r=0}^{m} \binom{m}{r} x^{m+1-r}y^r + \sum_{r=0}^{m} \binom{m}{r} x^{m-r}y^{r+1} \\
&= \binom{m}{0} x^{m+1} + \sum_{r=1}^{m} x^{m+1-r}y^r + \sum_{r=0}^{m-1} \binom{m}{r} x^{m-r}y^{r+1} + \binom{m}{m} y^{m+1}.
\end{aligned}$$

因为 $\binom{m}{0} = \binom{m+1}{0}$, $\binom{m}{m} = \binom{m+1}{m+1}$,且

$$\sum_{r=0}^{m-1}\binom{m}{r}x^{m-r}y^{r+1} = \sum_{r=1}^{m}\binom{m}{r-1}x^{m+1-r}y^{r} \quad (用\ r-1\ 代替\ r),$$

所以

$$(x+y)^{m+1} = \binom{m+1}{0}x^{m+1} + \sum_{r=1}^{m}\binom{m}{r}x^{m+1-r}y^{r} + \sum_{r=1}^{m}\binom{m}{r-1}x^{m+1-r}y^{r} + \binom{m+1}{m+1}y^{m+1}$$

$$= \binom{m+1}{0}x^{m+1} + \sum_{r=1}^{m}\left[\binom{m}{r}+\binom{m}{r-1}\right]x^{m+1-r}y^{r} + \binom{m+1}{m+1}y^{m+1}.$$

由式(3.2.2)可知

$$\binom{m}{r}+\binom{m}{r-1} = \binom{m+1}{r},$$

所以

$$(x+y)^{m+1} = \binom{m+1}{0}x^{m+1} + \sum_{r=1}^{m}\binom{m+1}{r}x^{m+1-r}y^{r} + \binom{m+1}{m+1}y^{m+1}$$

$$= \sum_{r=0}^{m+1}\binom{m+1}{r}x^{m+1-r}y^{r}.$$

定理 3.1.1 对 $n = m+1$ 成立.

由归纳法知,对任意正整数 n,定理 3.1.1 成立.

由 $\binom{n}{r}$ 的组合意义,限制 n,r 均为非负整数.但从 $\binom{n}{r}$ 的显式表达式

$$\binom{n}{r} = \frac{n(n-1)\cdots(n-r+1)}{r!}$$

中可以看出,当 r 为非负整数,n 为实数时,$\binom{n}{r}$ 仍有意义.但此时它只有解析意义,而没有组合意义.

在微积分中,有如下的牛顿二项式定理:

定理 3.1.2 对一切实数 α 和 x ($|x|<1$),有

$$(1+x)^{\alpha} = \sum_{r=0}^{\infty}\binom{\alpha}{r}x^{r},$$

其中

$$\binom{\alpha}{r} = \frac{\alpha(\alpha-1)\cdots(\alpha-r+1)}{r!}. \tag{3.1.2}$$

在以后的章节中,常常要用到 $\alpha = -n$ (n 为非负整数)和 $\alpha = \dfrac{1}{2}$ 这两种情形,这里稍做一些分析.

（1）当 $\alpha = -n$ 时，有

$$\begin{aligned}
\binom{\alpha}{r} &= \binom{-n}{r} \\
&= \frac{(-n)(-n-1)\cdots(-n-r+1)}{r!} \\
&= (-1)^r \frac{(n+r-1)\cdots(n+1)n}{r!} \\
&= (-1)^r \binom{n+r-1}{r},
\end{aligned} \tag{3.1.3}$$

从而有

$$(1+x)^{-n} = \sum_{r=0}^{\infty} (-1)^r \binom{n+r-1}{r} x^r. \tag{3.1.4}$$

特别地，当 $n = 1$，即 $\alpha = -1$ 时，有

$$(1+x)^{-1} = \sum_{r=0}^{\infty} (-1)^r x^r.$$

将 x 用 $-x$ 代替，就可以得到我们常见的展开式

$$\frac{1}{1-x} = 1 + x + x^2 + \cdots + x^r + \cdots.$$

用 $-x$ 代替式（3.1.4）中的 x，可得到

$$(1-x)^{-n} = \sum_{r=0}^{\infty} \binom{n+r-1}{r} x^r. \tag{3.1.5}$$

可以用以下的组合意义来解释式（3.1.5）．易知

$$(1-x)^{-n} = \underbrace{(1+x+x^2+\cdots)\cdots(1+x+x^2+\cdots)}_{n\text{个因子}}. \tag{3.1.6}$$

对于展开式（3.1.6），设在第 1 个因子中取 x^{r_1}，$\cdots\cdots$，在第 n 个因子中取 x^{r_n}，乘积为 x^r，则有

$$x^{r_1} x^{r_2} \cdots x^{r_n} = x^{r_1+r_2+\cdots+r_n} = x^r,$$

所以

$$r_1 + r_2 + \cdots + r_n = r. \tag{3.1.7}$$

$(1-x)^{-n}$ 的展开式中 x^r 的系数为不定方程（3.1.7）的非负整数解数．由定理 2.5.1 的证明可知，x^r 的系数为 $\binom{n+r-1}{r}$．

（2）当 $\alpha = \dfrac{1}{2}$ 时，有

$$\binom{\alpha}{r} = \begin{bmatrix} \dfrac{1}{2} \\ r \end{bmatrix}$$

$$= \frac{\dfrac{1}{2}\left(\dfrac{1}{2} - 1\right)\cdots\left(\dfrac{1}{2} - r + 1\right)}{r!}$$

$$= (-1)^{r-1} \cdot \frac{1}{2^r} \cdot \frac{1 \cdot 3 \cdot \cdots \cdot (2r - 3)}{r!}$$

$$= (-1)^{r-1} \cdot \frac{1}{r \cdot 2^{2r-1}} \cdot \binom{2r - 2}{r - 1}, \tag{3.1.8}$$

所以

$$(1 + x)^{\frac{1}{2}} = \sum_{r=0}^{+\infty} (-1)^{r-1} \cdot \frac{1}{r \cdot 2^{2r-1}} \cdot \binom{2r - 2}{r - 1} x^r.$$

3.2　二项式系数的基本性质

当 n, r 均为非负整数,且 $n \geqslant r$ 时,$\binom{n}{r}$ 有一些最基本的性质:

(1) 对称关系

$$\binom{n}{r} = \binom{n}{n - r}; \tag{3.2.1}$$

(2) 递推关系

$$\binom{n}{r} = \binom{n - 1}{r} + \binom{n - 1}{r - 1} \quad (n \geqslant r \geqslant 1); \tag{3.2.2}$$

(3) 单峰性

当 n 为偶数时,有

$$\binom{n}{0} < \binom{n}{1} < \cdots < \begin{bmatrix} n \\ \dfrac{n}{2} \end{bmatrix}, \quad \begin{bmatrix} n \\ \dfrac{n}{2} \end{bmatrix} > \cdots > \binom{n}{n - 1} > \binom{n}{n};$$

当 n 为奇数时,有

$$\binom{n}{0} < \binom{n}{1} < \cdots < \begin{bmatrix} n \\ \dfrac{n - 1}{2} \end{bmatrix} = \begin{bmatrix} n \\ \dfrac{n + 1}{2} \end{bmatrix},$$

$$\begin{pmatrix} n \\ \left\lfloor \dfrac{n-1}{2} \right\rfloor \end{pmatrix} = \begin{pmatrix} n \\ \left\lfloor \dfrac{n+1}{2} \right\rfloor \end{pmatrix} > \cdots > \begin{pmatrix} n \\ n-1 \end{pmatrix} > \begin{pmatrix} n \\ n \end{pmatrix}.$$

性质(1)的证明　见 2.3 节推论 2.3.1.

性质(2)的证明　方法 1　利用 $\begin{pmatrix} n \\ r \end{pmatrix}$ 的显式表达式来证明.

$$\begin{aligned}
\begin{pmatrix} n-1 \\ r \end{pmatrix} + \begin{pmatrix} n-1 \\ r-1 \end{pmatrix} &= \frac{(n-1)!}{(n-1-r)!\,r!} \\
&\quad + \frac{(n-1)!}{[(n-1)-(r-1)]!\,(r-1)!} \\
&= \frac{(n-1)!}{(n-r)!\,r!}\big[(n-r)+r\big] \\
&= \begin{pmatrix} n \\ r \end{pmatrix}.
\end{aligned}$$

方法 2　利用 $\begin{pmatrix} n \\ r \end{pmatrix}$ 的组合意义来证明.

n 元集合 $A = \{a_1, a_2, \cdots, a_n\}$ 的 r 元子集可以分成两类:第一类 r 元子集含 a_1,第二类 r 元子集不含 a_1.第一类 r 元子集中的任一个去掉 a_1 后,就是 $A - \{a_1\}$ 的 $r-1$ 元子集;反过来,任给一个 $A - \{a_1\}$ 的 $r-1$ 元子集,添上 a_1 后就是 A 的 r 元子集,故二者之间有一一对应关系.因而,第一类 r 元子集共有 $\begin{pmatrix} n-1 \\ r-1 \end{pmatrix}$ 个.第二类 r 元子集就是 $A - \{a_1\}$ 的 r 元子集,共有 $\begin{pmatrix} n-1 \\ r \end{pmatrix}$ 个.所以

$$\begin{pmatrix} n \\ r \end{pmatrix} = \begin{pmatrix} n-1 \\ r \end{pmatrix} + \begin{pmatrix} n-1 \\ r-1 \end{pmatrix} \quad (n \geqslant r \geqslant 1).$$

由性质(2)可得图 3.2.1 所示的著名的杨辉三角形.其中,单箭头表示数的继承;双箭头表示数的相加,此时箭头位置的数为两个箭尾位置的数之和.

从杨辉三角形,还可以得到如下组合意义的解释:

设 n, r 为非负整数,且 $0 \leqslant r \leqslant n$.定义 $R(n, r)$ 为从杨辉三角形的左上方(即 $\begin{pmatrix} 0 \\ 0 \end{pmatrix} = 1$ 对应的位置)到 $\begin{pmatrix} n \\ r \end{pmatrix}$ 所在位置的不同路径数.假定每一步只能直接走向正下方的位置或右下方的位置,即按照图 3.2.1 中箭头所指的方向走,则有

$$R(n, r) = \begin{pmatrix} n \\ r \end{pmatrix}.$$

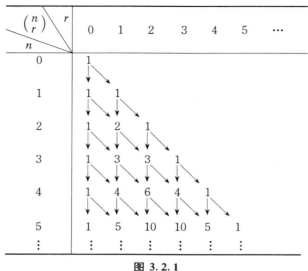

图 3.2.1

首先,只有每次走向正下方的位置,才能从 $\begin{pmatrix} 0 \\ 0 \end{pmatrix}$ 走到 $\begin{pmatrix} n \\ 0 \end{pmatrix}$,所以

$$R(n,0) = \begin{pmatrix} n \\ 0 \end{pmatrix} = 1.$$

而只有每次都走向右下方的位置,才能从 $\begin{pmatrix} 0 \\ 0 \end{pmatrix}$ 走到 $\begin{pmatrix} n \\ n \end{pmatrix}$,所以

$$R(n,n) = \begin{pmatrix} n \\ n \end{pmatrix} = 1.$$

对于 $1 \leqslant r < n$ 来说,从 $\begin{pmatrix} 0 \\ 0 \end{pmatrix}$ 到 $\begin{pmatrix} n \\ r \end{pmatrix}$ 的路径可以分为:

(1) 先从 $\begin{pmatrix} 0 \\ 0 \end{pmatrix}$ 走到 $\begin{pmatrix} n-1 \\ r-1 \end{pmatrix}$,然后再向右下方走到 $\begin{pmatrix} n \\ r \end{pmatrix}$;

(2) 先从 $\begin{pmatrix} 0 \\ 0 \end{pmatrix}$ 走到 $\begin{pmatrix} n-1 \\ r \end{pmatrix}$,然后再向正下方走到 $\begin{pmatrix} n \\ r \end{pmatrix}$.

由上可以得到

$$R(n,r) = R(n-1,r-1) + R(n-1,r).$$

通过归纳法可以得到,对任意非负整数 $n,r,0 \leqslant r \leqslant n$,都有 $R(n,r) = \begin{pmatrix} n \\ r \end{pmatrix}$ 成立.

杨辉三角形中, $r=1$ 对应的列是自然数, 而 $r=2$ 对应的列中, $\binom{n}{2}$ 对应是图 3.2.2 中三角形中点的个数. $r=3$ 对应列中, $\binom{n}{3}$ 对应的是用球堆起一个金字塔所需要的球的个数. 例如, 将图 3.2.2 中所有的球堆成一个 4 层的金字塔, 所需的球数是 $\binom{6}{3}=20$.

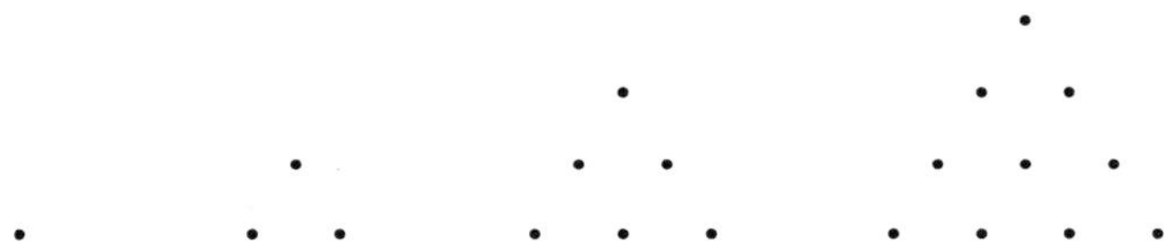

$$\binom{2}{2}=1 \qquad \binom{3}{2}=3 \qquad \binom{4}{2}=6 \qquad \binom{5}{2}=10$$

图 3.2.2

许多关于 $\binom{n}{r}$ 的性质都可以通过仔细考察杨辉三角形而得到. 如仔细观察, 就不难发现性质(1)所介绍的对称关系. 再比如, 将该三角形的每行加起来, 就可以得到

$$\binom{n}{0}+\binom{n}{1}+\cdots+\binom{n}{n}=2^n,$$

等等.

在递推关系(3.2.2)中, 将 n 换成 $m+n$, r 换成 m, 就可得到

$$\binom{m+n}{m}=\binom{m+n-1}{m}+\binom{m+n-1}{m-1}. \tag{3.2.3}$$

由 2.4 节例 3 知, $\binom{m+n}{m}$ 是从 $(0,0)$ 点到 (m,n) 点的路径数, 这些路径可以分成两类: 一类由 $(0,0)$ 点经由 $(m-1,n)$ 点到达 (m,n) 点, 共有 $\binom{m+n-1}{m-1}$ 条; 另一类经由 $(m,n-1)$ 点到达 (m,n) 点, 共有 $\binom{m+n-1}{m}$ 条. 而从 $(0,0)$ 点到 (m,n) 点的路径数等于 $(0,0)$ 点分别到 $(m-1,n)$ 点和 $(m,n-1)$ 点的路径数之和, 故式(3.2.3)成立. 见图 3.2.3.

反复地利用递推关系(3.2.3), 可以得到

$$\binom{m+n+1}{m}=\binom{m+n}{m}+\binom{m+n-1}{m-1}+\cdots+\binom{n}{0}. \tag{3.2.4}$$

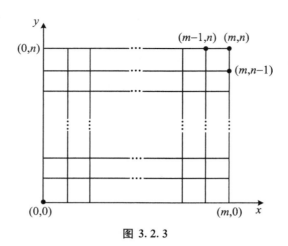

图 3.2.3

等式(3.2.4)有以下三方面的组合意义:

（i）组合意义1　如图3.2.4所示,等式左端相当于从$(0,0)$点到$(m,n+1)$点的路径数,我们将这些路径分成如下的$m+1$类:第i（$0 \leqslant i \leqslant m$）类路径是从$(0,0)$点途径$(i,n)$点到达$(i,n+1)$点,然后沿水平方向直接走到$(m,n+1)$点.

而第i类的路径数就是从$(0,0)$点到(i,n)点的路径数,共有$\binom{n+i}{i}$（$0 \leqslant i \leqslant m$）条.由加法原则,等式(3.2.4)成立.

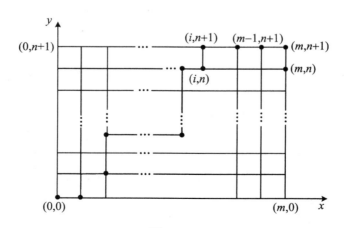

图 3.2.4

（ii）**组合意义 2**　等式（3.2.4）的左端是 $m + n + 1$ 元集合 $A = \{a_1, a_2, \cdots, a_{m+n}, a_{m+n+1}\}$ 的 m 组合数，它可以分成如下 $m + 1$ 类：

第（0）类：A 的 m 组合中不含 a_1，相当于从 $A - \{a_1\}$ 中取 m 组合，共有 $\binom{m+n}{m}$ 个；

第（1）类：A 的 m 组合中含 a_1 不含 a_2，这是由 $A - \{a_1, a_2\}$ 的 $m - 1$ 组合再添上 a_1 构成的，共有 $\binom{m+n-1}{m-1}$ 个；

……；

第（m）类：A 的 m 组合中含 $a_1, a_2, \cdots, a_m$，此时只有 $\{a_1, a_2, \cdots, a_m\}$ 一个，也可以写成 $\binom{n}{0}$ 个.

（iii）**组合意义 3**　$\binom{m+n+1}{m}$ 可以看成多重集合 $\{\infty \cdot a_1, \infty \cdot a_2, \cdots, \infty \cdot a_{n+2}\}$ 的 m 组合数，这些 m 组合可以分成如下 $m + 1$ 类：

第（0）类：不含 a_1 的有 $\binom{m+n}{m}$ 个；

第（1）类：恰含一个 a_1，这类组合是由 $\{\infty \cdot a_2, \infty \cdot a_3, \cdots, \infty \cdot a_{n+2}\}$ 的 $m - 1$ 组合再添上 a_1 构成的，因而有 $\binom{m+n-1}{m-1}$ 个；

……；

第（m）类：恰含 m 个 a_1，只有一个，即 $\binom{n}{0}$ 个.

性质（3）的证明　设 $1 \leqslant k \leqslant n$，我们考察 $\binom{n}{k-1}$ 与 $\binom{n}{k}$ 之比

$$\frac{\binom{n}{k}}{\binom{n}{k-1}} = \frac{\dfrac{n!}{k!(n-k)!}}{\dfrac{n!}{(n-k+1)!(k-1)!}} = \frac{n-k+1}{k}.$$

若 n 为偶数，则 $\dfrac{n}{2}$ 为整数，于是：

（i）若 $k \leqslant \dfrac{n}{2}$，则

$$n - k + 1 \geqslant n - \frac{n}{2} + 1 > \frac{n}{2} \geqslant k,$$

所以

$$\binom{n}{k} > \binom{n}{k-1};$$

(ii) 若 $k \geqslant \dfrac{n}{2} + 1$,则

$$n - k + 1 \leqslant n - \left(\dfrac{n}{2} + 1\right) + 1 = \dfrac{n}{2} < k,$$

所以

$$\binom{n}{k} < \binom{n}{k-1}.$$

若 n 为奇数,于是:

(i) 若 $k = \dfrac{n+1}{2}$,则

$$n - k + 1 = n - \dfrac{n+1}{2} + 1 = \dfrac{n+1}{2} = k,$$

所以

$$\binom{n}{\dfrac{n+1}{2}} = \binom{n}{\dfrac{n-1}{2}};$$

(ii) 若 $k > \dfrac{n+1}{2}$,则

$$n - k + 1 < n - \dfrac{n+1}{2} + 1 = \dfrac{n+1}{2} < k,$$

所以

$$\binom{n}{k} < \binom{n}{k-1};$$

(iii) 若 $k \leqslant \dfrac{n-1}{2}$,则

$$n - k + 1 \geqslant n - \dfrac{n-1}{2} + 1 = \dfrac{n+1}{2} > k,$$

所以

$$\binom{n}{k} > \binom{n}{k-1}.$$

综合以上分析,性质(3)成立.

3.3 组合恒等式

有关二项式系数的恒等式至今已发现的就有上千个,而且还在不断地发展.这些组合恒等式在许多算法分析中起着重要的作用,这里给大家介绍常用的几个.

等式 1

$$\binom{n}{0} + \binom{n}{1} + \cdots + \binom{n}{n} = 2^n.$$

证明 方法 1 其组合意义的证明见定理 2.3.2.

方法 2 在二项式定理中令 $x = y = 1$ 即可.

等式 2

$$\binom{n}{0} + \binom{n}{2} + \binom{n}{4} + \cdots = \binom{n}{1} + \binom{n}{3} + \binom{n}{5} + \cdots. \tag{3.3.1}$$

证明 方法 1 在二项式定理中令 $x = -1, y = 1$,得

$$\sum_{k=0}^{n} (-1)^k \binom{n}{k} = 0. \tag{3.3.2}$$

将式(3.3.2)整理一下即得式(3.3.1).

方法 2 等式(3.3.1)的组合意义是:在 n 个元素的集合中取 r 组合,r 为奇数的组合数目等于 r 为偶数的组合数目(包含 0 组合在内).

下面我们来建立 r 为偶数的组合与 r 为奇数的组合之间的一一对应,从而证明式(3.3.1).以 4 个元素 a, b, c, d 构成的集合的一切组合为例,r 为奇数的组合有

$\{a\}, \{b\}, \{c\}, \{d\}, \{a,b,c\}, \{a,b,d\}, \{a,c,d\}, \{b,c,d\}$;

r 为偶数的组合有

$\varnothing, \{a,b\}, \{a,c\}, \{a,d\}, \{b,c\}, \{b,d\}, \{c,d\}, \{a,b,c,d\}$.

其中,$\varnothing$ 表示取零个元素的组合.从 n 个元素的集合中取 r 组合,r 可以有不同的值,但就元素 a 而言,只有含有元素 a 和不含有元素 a 两类.若 r 为奇数的组合中含有 a,去掉 a 便得一个 r 为偶数的组合.例如,$\{a,b,c\}$ 去掉 a 得 $\{b,c\}$.若 r 为奇数的组合中不含有 a,加上元素 a 便构成一个 r 为偶数的组合.例如,$\{b,c,d\}$ 加上 a 得 $\{a,b,c,d\}$.见表 3.3.1.

表 3.3.1

r 为奇数的组合	$\{a\}$	$\{b\}$	$\{c\}$	$\{d\}$	$\{a,b,c\}$	$\{a,b,d\}$	$\{a,c,d\}$	$\{b,c,d\}$
r 为偶数的组合	$\varnothing$	$\{a,b\}$	$\{a,c\}$	$\{a,d\}$	$\{b,c\}$	$\{b,d\}$	$\{c,d\}$	$\{a,b,c,d\}$

等式 3

$$1 \cdot \binom{n}{1} + 2 \cdot \binom{n}{2} + \cdots + n \cdot \binom{n}{n} = n \cdot 2^{n-1}.$$

证明 对等式

$$(1 + x)^n = \sum_{i=0}^{n} \binom{n}{i} x^i$$

两边在 $x = 1$ 处求导数, 得

$$\left[(1+x)^n \right]' \big|_{x=1} = n(1+x)^{n-1} \big|_{x=1} = n2^{n-1},$$

$$\left[\sum_{i=0}^{n} \binom{n}{i} x^i \right]' \big|_{x=1} = \sum_{i=1}^{n} i \binom{n}{i} x^{i-1} \big|_{x=1} = \sum_{i=1}^{n} i \binom{n}{i},$$

从而

$$1 \cdot \binom{n}{1} + 2 \cdot \binom{n}{2} + \cdots + n \cdot \binom{n}{n} = n \cdot 2^{n-1}.$$

递归地使用等式 3 的证明方法, 可以得到求和式 $\sum_{i=1}^{n} i^{\beta} \binom{n}{i}$ 的值.

等式 4

$$\binom{0}{k} + \binom{1}{k} + \cdots + \binom{n}{k} = \binom{n+1}{k+1}.$$

证明 用数学归纳法很容易证明此结论, 下面通过其组合意义来分析其正确性.

$\binom{n+1}{k+1}$ 是 $n+1$ 元集合 $A = \{a_1, a_2, \cdots, a_n, a_{n+1}\}$ 的 $k+1$ 元子集的个数, 这些子集可以分成如下 $n+1$ 类:

第 (0) 类: $k+1$ 元子集中含 a_1, 这相当于 $A - \{a_1\}$ 的 k 元子集再加上 a_1 构成 A 的 $k+1$ 元子集, 共 $\binom{n}{k}$ 个;

第 (1) 类: 不含 a_1 但含 a_2 的 $k+1$ 元子集, 共有 $\binom{n-1}{k}$ 个;

……;

第 (n) 类: 不含 $a_1, a_2, \cdots, a_n$, 但含 a_{n+1} 的 $k+1$ 元子集, 共有 $\binom{0}{k}$ 个.

由加法原则知

$$\binom{n+1}{k+1} = \binom{n}{k} + \binom{n-1}{k} + \cdots + \binom{0}{k}.$$

等式 5

$$\sum_{k=0}^{n} \binom{n}{k}^2 = \binom{2n}{n}.$$

证明 $\binom{2n}{n}$ 是 $2n$ 元集合 A 的 n 组合数,把集合 A 分成两个集合 A_1 和 A_2,使 $|A_1| = |A_2| = n$,则 A 的 n 元子集可以分成如下 $n+1$ 类:从 A_1 中选取 i ($0 \leqslant i \leqslant n$) 个元素,从 A_2 中选取 $n-i$ 个元素,将 A_1 的 i 个元素与 A_2 的 $n-i$ 个元素并到一起构成 A 的第 i 类 n 元子集. 而第 i 类子集的个数为

$$\binom{n}{i}\binom{n}{n-i} = \binom{n}{i}^2 \quad (0 \leqslant i \leqslant n),$$

由加法原则,有

$$\sum_{i=0}^{n} \binom{n}{i}^2 = \binom{2n}{n}.$$

利用上面的方法,可以证明下面更一般的公式

$$\sum_{i=0}^{r} \binom{m}{i}\binom{n}{r-i} = \binom{m+n}{r}. \tag{3.3.3}$$

恒等式 (3.3.3) 称为 Vandermonde 恒等式.

等式 6

$$\sum_{i=0}^{m} \binom{m}{i}\binom{n}{r+i} = \binom{m+n}{m+r}.$$

证明 利用 $\binom{m}{i}$ 的对称性 $\binom{m}{i} = \binom{m}{m-i}$ 和 Vandermonde 恒等式,有

$$\begin{aligned}
\sum_{i=0}^{m} \binom{m}{i}\binom{n}{r+i} &= \sum_{i=0}^{m} \binom{m}{m-i}\binom{n}{r+i} \\
&= \sum_{j=m}^{0} \binom{m}{j}\binom{n}{m+r-j} \quad (\text{令 } j = m-i) \\
&= \sum_{j=0}^{m} \binom{m}{j}\binom{n}{m+r-j} \\
&= \binom{m+n}{m+r}.
\end{aligned}$$

3.4 多项式定理

当 n 为整数时,二项式定理给出了 $(x + y)^n$ 的展开式,本节我们将其推广到求任意 t 个实数的和的 n 次方 $(x_1 + x_2 + \cdots + x_t)^n$ 的展开式.

在给出多项式定理之前,我们先来看一个例子.将 $(x_1 + x_2 + x_3)^3$ 的各项展开并整理,可以得到

$$(x_1 + x_2 + x_3)^3 = x_1{}^3 + x_2{}^3 + x_3{}^3 + 3x_1{}^2 x_2 + 3x_1{}^2 x_3 + 3x_1 x_2{}^2$$
$$+ 3x_1 x_3{}^2 + 3x_2{}^2 x_3 + 3x_2 x_3{}^2 + 6x_1 x_2 x_3. \quad (3.4.1)$$

在式 (3.4.1) 右端的和式中,每项都是 $x_1{}^{n_1} x_2{}^{n_2} x_3{}^{n_3}$ 的形式,其中,n_1, n_2, n_3 都是非负整数,且 $n_1 + n_2 + n_3 = 3$. 所以,$x_1{}^{n_1} x_2{}^{n_2} x_3{}^{n_3}$ 的系数为

$$\frac{3!}{n_1! n_2! n_3!}.$$

定理 3.4.1 设 n 为正整数,则

$$(x_1 + x_2 + \cdots + x_t)^n = \sum \binom{n}{n_1 \, n_2 \cdots n_t} x_1{}^{n_1} x_2{}^{n_2} \cdots x_t{}^{n_t},$$

其中

$$\binom{n}{n_1 \, n_2 \cdots n_t} = \frac{n!}{n_1! n_2! \cdots n_t!},$$

称为多项式系数;而其中的求和号是对所有满足 $n_1 + n_2 + \cdots + n_t = n$ 的非负整数序列 $n_1, n_2, \cdots, n_t$ 求和.

证明 先将 $(x_1 + x_2 + \cdots + x_t)^n$ 写成 n 个 $x_1 + x_2 + \cdots + x_t$ 因子的乘积

$$(x_1 + x_2 + \cdots + x_t)^n$$
$$= \underbrace{(x_1 + x_2 + \cdots + x_t) \cdots (x_1 + x_2 + \cdots + x_t)}_{n个}.$$

现在我们将其展开,直到没有括号为止.因为每个因子中我们都可取 $x_1, x_2, \cdots, x_t$ 中的任一个,在每个因子中有 t 个选择,所以展开式共有 t^n 项,且每项都可以写成 $x_1{}^{n_1} x_2{}^{n_2} \cdots x_t{}^{n_t}$ 的形式.要得到这一项,我们应该在 n 个因子中的 n_1 个里面取 x_1,有 $\binom{n}{n_1}$ 种取法;在剩下的 $n - n_1$ 个因子中的 n_2 个里面取 x_2,有 $\binom{n - n_1}{n_2}$ 种取法;

……；最后，在 $n_t = n - (n_1 + n_2 + \cdots + n_{t-1})$ 个因子里面取 x_t，有 $\binom{n - (n_1 + n_2 + \cdots + n_{t-1})}{n_t}$ 种取法.由乘法原则知，$x_1^{n_1} x_2^{n_2} \cdots x_t^{n_t}$ 前的系数为

$$\binom{n}{n_1}\binom{n - n_1}{n_2}\cdots\binom{n - (n_1 + n_2 + \cdots + n_{t-1})}{n_t} = \frac{n!}{n_1! n_2! \cdots n_t!}.$$

例 1　展开 $(x_1 + x_2 + x_3 + x_4 + x_5)^7$，则 $x_1^2 x_3 x_4^3 x_5$ 的系数为

$$\frac{7!}{2!0!1!3!1!} = 420.$$

例 2　展开 $(2x_1 - 3x_2 + 5x_3)^6$，则 $x_1^3 x_2 x_3^2$ 的系数为

$$\frac{6!}{3!1!2!} \cdot 2^3 \cdot (-3) \cdot 5^2 = -36\,000.$$

下面就多项式系数所满足的性质作一些说明：

(1) 在多项式定理中，其右端的求和号中所包含的项数就是方程

$$n_1 + n_2 + \cdots + n_t = n$$

的非负整数解的个数，即为 $\binom{n + t - 1}{n}$ 项.

例如，多项式 $(x_1 + x_2 + x_3)^3$ 的展开式(3.4.1)中恰有 $\binom{3 + 3 - 1}{3} = 10$ 项.

(2) 在多项式

$$(\underbrace{x_1 + x_2 + \cdots + x_t)\cdots(x_1 + x_2 + \cdots + x_t}_{n个})$$

的第一个因子中选 x_{i_1}，第二个因子中选 x_{i_2}，……，第 n 个因子中选 x_{i_n}，则多项式的展开项 $x_{i_1} x_{i_2} \cdots x_{i_n}$ 对应着多重集合 $A = \{\infty \cdot x_1, \infty \cdot x_2, \cdots, \infty \cdot x_t\}$ 的一个 n 排列，并且这个对应显然是一一的，所以多项式的展开式中各项系数之和恰为 A 的 n 排列数.

针对任意的 n 和 t，在多项式定理中，令 $x_1 = x_2 = \cdots = x_t = 1$，则有

$$\sum_{\substack{n_1 + n_2 + \cdots + n_t = n \\ n_i \geq 0 \, (1 \leq i \leq t)}} \binom{n}{n_1 n_2 \cdots n_t} = t^n.$$

它反映的正是 t 个不同的元素的多重集合 $\{\infty \cdot x_1, \infty \cdot x_2, \cdots, \infty \cdot x_t\}$ 的 n 排列数为 t^n.

例如，在展开式(3.4.1)中，

$$3x_1^2 x_3 = x_1 x_1 x_3 + x_1 x_3 x_1 + x_3 x_1 x_1,$$

其中，$x_1 x_1 x_3$ 代表在第1、第2个因子中取 x_1，第3个因子中取 x_3. 而 $x_1 x_1 x_3$ 则是多重集合 $\{\infty \cdot x_1, \infty \cdot x_2, \infty \cdot x_3\}$ 的一个3排列. 所以，式(3.4.1)中所有系数之和

就是集合 $\{\infty \cdot x_1, \infty \cdot x_2, \infty \cdot x_3\}$ 的 3 排列数.

类似于二项式系数,多项式系数满足如下的递推关系:

定理 3.4.2 给定正整数 $n; t; n_1, n_2, \cdots, n_t$,且 $n_1 + n_2 + \cdots + n_t = n$,那么有

$$\binom{n}{n_1 n_2 \cdots n_t} = \binom{n-1}{(n_1-1)n_2 \cdots n_t} + \binom{n-1}{n_1(n_2-1) \cdots n_t} + \cdots + \binom{n-1}{n_1 n_2 \cdots (n_t-1)}.$$

证明 易得

$$\binom{n-1}{(n_1-1)n_2 \cdots n_t} + \binom{n-1}{n_1(n_2-1) \cdots n_t} + \cdots + \binom{n-1}{n_1 n_2 \cdots (n_t-1)}$$

$$= \frac{(n-1)!}{(n_1-1)! n_2! \cdots n_t!} + \frac{(n-1)!}{n_1!(n_2-1)! \cdots n_t!} + \cdots + \frac{(n-1)!}{n_1! n_2! \cdots (n_t-1)!}$$

$$= \frac{n_1(n-1)!}{n_1! n_2! \cdots n_t!} + \frac{n_2(n-1)!}{n_1! n_2! \cdots n_t!} + \cdots + \frac{n_t(n-1)!}{n_1! n_2! \cdots n_t!}$$

$$= \frac{(n_1 + n_2 + \cdots + n_t)(n-1)!}{n_1! n_2! \cdots n_t!}$$

$$= \frac{n!}{n_1! n_2! \cdots n_t!}.$$

习 题

1. 用二项式定理展开 $(2x-y)^7$.

2. $(3x-2y)^{18}$ 的展开式中,$x^5 y^{13}$ 的系数是什么?$x^8 y^{10}$ 的系数是什么?

3. 证明:

(1) 设 n 为大于或等于 2 的整数,则

$$\binom{n}{1} - 2\binom{n}{2} + 3\binom{n}{3} + \cdots + (-1)^{n-1} \cdot n\binom{n}{n} = 0;$$

(2) 设 n 为正整数,则

$$1 + \frac{1}{2}\binom{n}{1} + \frac{1}{3}\binom{n}{2} + \frac{1}{4}\binom{n}{3} + \cdots + \frac{1}{n+1}\binom{n}{n} = \frac{1}{n+1}(2^{n+1}-1).$$

4. 给出

$$\binom{n}{m}\binom{r}{0} + \binom{n-1}{m-1}\binom{r+1}{1} + \binom{n-2}{m-2}\binom{r+2}{2} + \cdots + \binom{n-m}{0}\binom{r+m}{m}$$
$$= \binom{n+r+1}{m}$$

的组合意义.

5. 给出

$$\binom{r}{r} + \binom{r+1}{r} + \binom{r+2}{r} + \cdots + \binom{n}{r} = \binom{n+1}{r+1}$$

的组合意义.

6. 证明

$$\binom{m}{0}\binom{m}{n} + \binom{m}{1}\binom{m-1}{n-1} + \cdots + \binom{m}{n}\binom{m-n}{0} = 2^n\binom{m}{n}.$$

7. 利用

$$m^2 = 2\binom{m}{2} + \binom{m}{1},$$

求 $1^2 + 2^2 + \cdots + n^2$ 的值.

8. 求整数 a, b, c,使得

$$m^3 = a\binom{m}{3} + b\binom{m}{2} + c\binom{m}{1},$$

并计算 $1^3 + 2^3 + \cdots + n^3$ 的值.

9. 证明

$$\sum_{k=0}^{n} \binom{m_1}{k}\binom{m_2}{n-k} = \binom{m_1+m_2}{n}.$$

10. 证明:

(1) 在由数字集 $\{0,1,2\}$ 生成的长度为 n 的字符串中,0 出现偶数次的字符串有 $\dfrac{3^n+1}{2}$ 个;

(2) 设 $q = 2\left\lfloor \dfrac{n}{2} \right\rfloor$,则

$$\binom{n}{0}2^n + \binom{n}{2}2^{n-2} + \cdots + \binom{n}{q}2^{n-q} = \frac{3^n+1}{2}.$$

11. 证明

$$\binom{n}{0}\binom{n}{1} + \binom{n}{1}\binom{n}{2} + \cdots + \binom{n}{n-1}\binom{n}{n} = \frac{(2n)!}{(n-1)!(n+1)!}.$$

12. 证明:对一切整数 $r \geqslant m \geqslant k \geqslant 0$,有

$$\binom{r}{m}\binom{m}{k} = \binom{r}{k}\binom{r-k}{m-k}.$$

13. 用多项式定理展开 $(x_1 + x_2 + x_3)^4$.

14. 确定 $(x_1 + x_2 + x_3 + x_4 + x_5)^{10}$ 的展开式中 $x_1{}^3 x_2 x_3{}^4 x_5{}^2$ 项的系数.

15. 用组合学方法证明恒等式

$$\binom{n}{k} - \binom{n-3}{k} = \binom{n-1}{k-1} + \binom{n-2}{k-1} + \binom{n-3}{k-1}.$$

16. 求出并证明

$$\sum_{\substack{r,s,t \geq 0 \\ r+s+t=n}} \binom{m_1}{r}\binom{m_2}{s}\binom{m_3}{t}$$

的结果.

17. 试运用归纳法证明

$$\frac{1}{(1-z)^n} = \sum_{k=0}^{\infty} \binom{n+k-1}{k} z^k, \quad |z| < 1.$$

18. 令 n 和 k 为正整数,给出以下恒等式的组合学证明:

$$n(n+1)2^{n-2} = \sum_{k=1}^{n} k^2 \binom{n}{k}.$$

19. 用牛顿二项式定理近似计算 $10^{1/3}$.

20. (1) 证明 $(1+\sqrt{3})^{2m+1} + (1-\sqrt{3})^{2m+1}$ 是一个整数;

(2) 证明 $(1-\sqrt{3})^{2m+1}$ 是 -1 和 0 之间的一个数,并且 $-(1-\sqrt{3})^{2m+1}$ 是 $(1+\sqrt{3})^{2m+1}$ 的小数部分.

第 4 章　容斥原理

4.1　引　论

在求解计数问题时,用间接计数的方法往往比直接计数来得容易.这一章将讨论计数时常用的间接计数方法 —— 容斥原理及其在几个问题上的应用.

例 1　求 1 到 600 之间不能被 6 整除的整数个数.

解　先计算 1 到 600 之间能被 6 整除的整数的个数,然后从总数中去掉它.

1 到 600 之间共有 600 个数,因为每 6 个连续的整数中恰有 1 个能被 6 整除,所以 1 到 600 之间共有 $\left\lfloor \dfrac{600}{6} \right\rfloor = 100$ 个整数能被 6 整除.因而,1 到 600 之间共有 $600 - 100 = 500$ 个整数不能被 6 整除.

例 2　求 $\{1,2,\cdots,n\}$ 的 1 不在第一个位置上的全排列的个数.

解　设 $i_1 i_2 \cdots i_n$ 是 $\{1,2,\cdots,n\}$ 的一个全排列,因 1 不在第一个位置上,所以 $i_1 \neq 1$.下面我们分别用直接计数和间接计数两种方法来计算此类排列的个数.

(i) 直接计数　将 $i_1 \neq 1$ 的所有全排列按照 i_1 的取值分成 $n-1$ 类:若 $i_1 = k \in \{2,3,\cdots,n\}$,则 $i_2 i_3 \cdots i_n$ 是 $\{1,\cdots,k-1,k+1,\cdots,n\}$ 的一个全排列,所以 $\{1,2,\cdots,n\}$ 的使 $i_1 = k$ 的全排列个数为 $(n-1)!$ 个.而 k 可取 $2,3,\cdots,n$,由加法原则知,$i_1 \neq 1$ 的全排列数为 $(n-1)(n-1)!$.

(ii) 间接计数　$\{1,2,\cdots,n\}$ 的全排列的个数为 $n!$.若 $i_1 = 1$,则 $i_2 i_3 \cdots i_n$ 是 $\{2,3,\cdots,n\}$ 的全排列,所以 $\{1,2,\cdots,n\}$ 的第一个位置为 1 的全排列共有 $(n-1)!$ 个.因而,1 不在第一个位置上的全排列共有

$$n! - (n-1)! = (n-1)(n-1)! \quad (\text{个}).$$

在上面的例子中,我们使用间接计数的方法解决了题设的计数问题,它基于的原理可以用集合论的语言叙述如下:设 A 是有限集合 S 的一个子集,则 A 中元素的

个数等于 S 中元素的个数减去 S 中不在 A 内的元素的个数. 若记 $\overline{A} = S - A$, 则可写成

$$|A| = |S| - |\overline{A}|.$$

例 3   求不超过 20 的正整数中, 是 2 的倍数或是 3 的倍数的数的个数.

解   不超过 20 的正整数中, 是 2 的倍数的数有 10 个, 即

$$2, 4, 6, 8, 10, 12, 14, 16, 18, 20;$$

是 3 的倍数的数有 6 个, 即

$$3, 6, 9, 12, 15, 18.$$

但不超过 20 的正整数中是 2 的倍数或是 3 的倍数的数不是 $10 + 6 = 16$ 个, 而是下列 13 个

$$2, 3, 4, 6, 8, 9, 10, 12, 14, 15, 16, 18, 20.$$

其中, 6, 12, 18 三个数既是 2 的倍数又是 3 的倍数, 若把是 2 的倍数的数的数目和是 3 的倍数的数的数目相加, 则 6, 12, 18 三个数各重复计算了一次. 所以, 是 2 的倍数或是 3 的倍数的数的数目等于是 2 的倍数的数的数目和是 3 的倍数的数的数目之和减去既是 2 的倍数又是 3 的倍数的数的数目, 即为 $10 + 6 - 3 = 13$ 个.

例 3 是例 1 和例 2 的推广, 下面我们用集合论来讨论例 3 所代表的一类问题.

设 S 是一有限集合, P_1 和 P_2 是两个性质, S 中的每个元素具有或者不具有性质 P_1 或 P_2, 现在要计算 S 中既不具有性质 P_1 也不具有性质 P_2 的元素的个数. 为此, 我们从 $|S|$ 中去掉具有性质 P_1 的元素个数, 再去掉具有性质 P_2 的元素个数, 这样就将既具有性质 P_1 又具有性质 P_2 的元素个数从 $|S|$ 中去除了两次, 所以要补一次. 设 A_1, A_2 分别是 S 中具有性质 P_1, P_2 的元素构成的集合, 则 $\overline{A_1} \bigcap \overline{A_2}$ 就是 S 中既不具有性质 P_1 也不具有性质 P_2 的元素构成的集合, 且有

$$|\overline{A_1} \bigcap \overline{A_2}| = |S| - |A_1| - |A_2| + |A_1 \bigcap A_2|. \qquad (4.1.1)$$

我们可以如下形式地证明等式 (4.1.1): 对 S 中任一元素 x, 若 x 既不具有性质 P_1 也不具有性质 P_2, 则对式 (4.1.1) 的右端贡献 1; 否则, x 对式 (4.1.1) 的右端贡献 0, 从而式 (4.1.1) 的右端就是 S 中同时不具有性质 P_1 和 P_2 的元素个数.

任给 $x \in S$, 则:

(1) 若 $x \in \overline{A_1} \bigcap \overline{A_2}$, 则 $x \notin A_1, x \notin A_2$, 且 $x \notin A_1 \bigcap A_2$, 所以 x 对式 (4.1.1) 右端的贡献为

$$1 - 0 - 0 - 0 = 1.$$

(2) 若 $x \notin \overline{A_1} \bigcap \overline{A_2}$, 则 $x \in A_1$ 或 $x \in A_2$, 以下分情况讨论.

(i) $x \in A_1$ 但 $x \notin A_2$, 则 $x \notin A_1 \bigcap A_2$, x 对式 (4.1.1) 右端的贡献为

$$1 - 1 - 0 - 0 = 0;$$

(ii) $x \notin A_1$ 但 $x \in A_2$,则 $x \notin A_1 \bigcap A_2$,x 对式(4.1.1)右端的贡献为

$$1 - 0 - 1 + 0 = 0;$$

(iii) $x \in A_1$ 且 $x \in A_2$,则 $x \in A_1 \bigcap A_2$,x 对式(4.1.1)右端的贡献为

$$1 - 1 - 1 + 1 = 0.$$

综合上述分析,等式(4.1.1)得到证明.

4.2　容斥原理

将 4.1 节讨论的原理进一步推广,总结成一般性规律,就得到定理 4.2.1 所描述的容斥原理.

定理 4.2.1　设 S 是有限集合,$P_1, P_2, \cdots, P_m$ 是同集合 S 有关的 m 个性质,设 A_i 是 S 中具有性质 P_i 的元素构成的集合($1 \leqslant i \leqslant m$),$\overline{A_i}$ 是 S 中不具有性质 P_i 的元素构成的集合($1 \leqslant i \leqslant m$),则 S 中不具有性质 $P_1, P_2, \cdots, P_m$ 的元素个数为

$$\begin{aligned}
| \overline{A_1} \bigcap \overline{A_2} \bigcap \cdots \bigcap \overline{A_m} | &= | S | - \sum_{i=1}^{m} | A_i | + \sum_{\substack{\langle 1,2,\cdots,m \rangle \\ \text{的2组合}}} | A_i \bigcap A_j | \\
&\quad - \sum_{\substack{\langle 1,2,\cdots,m \rangle \\ \text{的3组合}}} | A_i \bigcap A_j \bigcap A_k | + \cdots \\
&\quad + (-1)^m | A_1 \bigcap A_2 \bigcap \cdots \bigcap A_m |. \quad (4.2.1)
\end{aligned}$$

证明　可以利用等式(4.1.1),通过对 m 作归纳进行证明.下面通过其组合意义来证明.

等式(4.2.1)的左端表示的是 S 中不具有性质 $P_1, P_2, \cdots, P_m$ 的元素的个数.下面我们来证明:对于 S 中每个元素 x,若 x 不具有性质 $P_1, P_2, \cdots, P_m$,则对等式(4.2.1)的右端贡献为 1;否则,若 x 具有某个性质 P_i($1 \leqslant i \leqslant m$),则对等式(4.2.1)的右端贡献为 0,从而证明式(4.2.1).

任给 $x \in S$,则:

(1) 若 x 不具有性质 $P_1, P_2, \cdots, P_m$,即 $x \notin A_1, x \notin A_2, \cdots, x \notin A_m$,则 x 在集合 S 中,但不在式(4.2.1)右端的任一其他集合中.所以,x 对式(4.2.1)右端的贡献为

$$1 - 0 + 0 - 0 + \cdots + (-1)^m \times 0 = 1.$$

(2) 若 x 恰具有 $P_1, P_2, \cdots, P_m$ 中的 n（$n \geqslant 1$）个性质 $P_{i_1}, P_{i_2}, \cdots, P_{i_n}$，则 x 对 $|S|$ 的贡献为

$$1 = \binom{n}{0};$$

因 x 恰具有 n 个性质 $P_{i_1}, P_{i_2}, \cdots, P_{i_n}$，所以 x 恰属于集合 $A_{i_1}, A_{i_2}, \cdots, A_{i_n}$，共 n 个，于是, x 对 $\sum |A_i|$ 的贡献为

$$n = \binom{n}{1};$$

从 $P_{i_1}, P_{i_2}, \cdots, P_{i_n}$ 中选出两个性质, 共有 $\binom{n}{2}$ 种, 所以 x 恰在 $\binom{n}{2}$ 个形如 $A_{i_k} \cap A_{i_l}$（$k \neq l$）的集合中, x 对 $\sum |A_i \cap A_j|$ 的贡献为 $\binom{n}{2}$；……；同理, x 对 $\sum |A_{i_1} \cap A_{i_2} \cap \cdots \cap A_{i_n}|$ 的贡献为 $\binom{n}{n}$. 而当 $k > n$ 时, $\binom{n}{k} = 0$. 所以, x 对式(4.2.1)右端的贡献为

$$\binom{n}{0} - \binom{n}{1} + \binom{n}{2} - \binom{n}{3} + \cdots + (-1)^m \binom{n}{m}$$
$$= \binom{n}{0} - \binom{n}{1} + \binom{n}{2} - \binom{n}{3} + \cdots + (-1)^n \binom{n}{n}$$
$$= (1-x)^n \big|_{x=1}$$
$$= 0.$$

综上所述, 式(4.2.1)的右端是集合 S 中不具有性质 $P_1, P_2, \cdots, P_m$ 的元素的个数. 证毕.

若 $m = 3$, 则式(4.2.1)变成

$$|\overline{A_1} \cap \overline{A_2} \cap \overline{A_3}| = |S| - (|A_1| + |A_2| + |A_3|) + (|A_1 \cap A_2| + |A_1 \cap A_3| + |A_2 \cap A_3|) - |A_1 \cap A_2 \cap A_3|.$$

上面等式的右端共有 $1 + 3 + 3 + 1 = 8$ 项.

若 $m = 4$, 则式(4.2.1)变成

$$|\overline{A_1} \cap \overline{A_2} \cap \overline{A_3} \cap \overline{A_4}| = |S| - (|A_1| + |A_2| + |A_3| + |A_4|)$$
$$+ (|A_1 \cap A_2| + |A_1 \cap A_3| + |A_1 \cap A_4|$$
$$+ |A_2 \cap A_3| + |A_2 \cap A_4| + |A_3 \cap A_4|)$$
$$- (|A_1 \cap A_2 \cap A_3| + |A_1 \cap A_2 \cap A_4|$$

$$+ \mid A_1 \bigcap A_3 \bigcap A_4 \mid + \mid A_2 \bigcap A_3 \bigcap A_4 \mid)$$
$$+ \mid A_1 \bigcap A_2 \bigcap A_3 \bigcap A_4 \mid.$$

上面等式的右端共有 $1 + 4 + 6 + 4 + 1 = 16$ 项.

一般情况下,式(4.2.1)的右端共有

$$1 + \binom{m}{1} + \binom{m}{2} + \cdots + \binom{m}{m} = 2^m$$

项.

推论 4.2.1 设 S 是一有限集合,$P_1, P_2, \cdots, P_m$ 是同 S 有关的 m 个性质,记 A_i 为 S 中具有性质 P_i 的元素所构成的集合($1 \leqslant i \leqslant m$),则 S 中至少具有一个性质 P_i 的元素个数为

$$\mid A_1 \bigcup A_2 \bigcup \cdots \bigcup A_m \mid = \sum_{i=1}^{m} \mid A_i \mid - \sum_{\substack{\{1,2,\cdots,m\} \\ \text{的2组合}}} \mid A_i \bigcap A_j \mid$$
$$+ \sum_{\substack{\{1,2,\cdots,m\} \\ \text{的3组合}}} \mid A_i \bigcap A_j \bigcap A_k \mid + \cdots$$
$$+ (-1)^{m-1} \mid A_1 \bigcap A_2 \bigcap \cdots \bigcap A_m \mid. \quad (4.2.2)$$

证明 因为

$$\mid A_1 \bigcup A_2 \bigcup \cdots \bigcup A_m \mid = \mid S \mid - \mid \overline{A_1 \bigcup A_2 \bigcup \cdots \bigcup A_m} \mid,$$

又

$$\overline{A_1 \bigcup A_2 \bigcup \cdots \bigcup A_m} = \overline{A_1} \bigcap \overline{A_2} \bigcap \cdots \bigcap \overline{A_m},$$

将上面两个等式代入定理 4.2.1 中的等式(4.2.1),很容易得出结论.

例 1 1 与 1 000 之间不能被 5,6,8 整除的整数有多少个?

解 令

$$A = \{1, 2, 3, \cdots, 1\,000\},$$

则

$$\mid A \mid = 1\,000.$$

记 A_1, A_2, A_3 分别为 1 与 1 000 之间能被 5,6,8 整除的整数集合,则有

$$\mid A_1 \mid = \left\lfloor \frac{1\,000}{5} \right\rfloor = 200,$$

$$\mid A_2 \mid = \left\lfloor \frac{1\,000}{6} \right\rfloor = 166,$$

$$\mid A_3 \mid = \left\lfloor \frac{1\,000}{8} \right\rfloor = 125.$$

于是,$A_1 \bigcap A_2$ 表示 A 中能被 5 和 6 整除的数,即能被 30 整除的数,其个数为

$$|A_1 \cap A_2| = \left\lfloor \frac{1\,000}{30} \right\rfloor = 33;$$

$A_1 \cap A_3$ 表示 A 中能被 5 和 8 整除的数,即能被 40 整除的数,其个数为

$$|A_1 \cap A_3| = \left\lfloor \frac{1\,000}{40} \right\rfloor = 25;$$

$A_2 \cap A_3$ 表示 A 中能被 6 和 8 整除的数,即能被 24 (6 和 8 的最小公倍数 $\mathrm{lcm}(6,8) = 24$)整除的数,其个数为

$$|A_2 \cap A_3| = \left\lfloor \frac{1\,000}{24} \right\rfloor = 41;$$

$A_1 \cap A_2 \cap A_3$ 表示 A 中能同时被 5,6,8 整除的数,即 A 中能被 5,6,8 的最小公倍数 $\mathrm{lcm}(5,6,8) = 120$ 整除的数,其个数为

$$|A_1 \cap A_2 \cap A_3| = \left\lfloor \frac{1\,000}{120} \right\rfloor = 8.$$

由容斥原理,1 与 1 000 之间不能被 5,6,8 整除的数的个数为

$$\begin{aligned}
|\overline{A_1} \cap \overline{A_2} \cap \overline{A_3}| &= |A| - (|A_1| + |A_2| + |A_3|) \\
&\quad + (|A_1 \cap A_2| + |A_1 \cap A_3| + |A_2 \cap A_3|) \\
&\quad - |A_1 \cap A_2 \cap A_3| \\
&= 1\,000 - (200 + 166 + 125) + (33 + 25 + 41) - 8 \\
&= 600.
\end{aligned}$$

例 2 求由 a,b,c,d 四个字符构成的 n 位符号串中,a,b,c,d 至少出现一次的符号串的数目.

解 设 A_1,A_2,A_3,A_4 分别为不出现 a,b,c,d 的 n 位符号串的集合.由于 n 位符号串的每一位都可取 a,b,c,d 四个符号中的任一个,所以共有 4^n 个.其中,不出现 a 的符号串的每一位都可取 b,c,d 中的任一个,共有 3^n 个.类似地,有

$$|A_i| = 3^n \quad (i = 1,2,3,4),$$
$$|A_i \cap A_j| = 2^n \quad (i \neq j; i,j = 1,2,3,4),$$
$$|A_i \cap A_j \cap A_k| = 1 \quad (i,j,k \text{ 互不相等}; i,j,k = 1,2,3,4),$$
$$|A_1 \cap A_2 \cap A_3 \cap A_4| = 0.$$

而 a,b,c,d 至少出现一次的符号串集合即为 $\overline{A_1} \cap \overline{A_2} \cap \overline{A_3} \cap \overline{A_4}$,于是

$$\begin{aligned}
|\overline{A_1} \cap \overline{A_2} \cap \overline{A_3} \cap \overline{A_4}| &= 4^n - (|A_1| + |A_2| + |A_3| + |A_4|) \\
&\quad + (|A_1 \cap A_2| + |A_1 \cap A_3| + |A_1 \cap A_4| \\
&\quad + |A_2 \cap A_3| + |A_2 \cap A_4| + |A_3 \cap A_4|) \\
&\quad - (|A_1 \cap A_2 \cap A_3| + |A_1 \cap A_2 \cap A_4|
\end{aligned}$$

$$+\mid A_1 \bigcap A_3 \bigcap A_4 \mid + \mid A_2 \bigcap A_3 \bigcap A_4 \mid)$$
$$+\mid A_1 \bigcap A_2 \bigcap A_3 \bigcap A_4 \mid$$
$$= 4^n - 4 \cdot 3^n + 6 \cdot 2^n - 4.$$

例 3 欧拉函数 $\varphi(n)$ 表示小于 n 且与 n 互素的整数的个数. 求 $\varphi(n)$.

解 将 n 分解成素因子的乘积形式

$$n = p_1^{i_1} p_2^{i_2} \cdots p_q^{i_q}.$$

设 A_i 为不大于 n 且为 p_i 的倍数的自然数的集合 $(1 \leqslant i \leqslant q)$, 则

$$\mid A_i \mid = \frac{n}{p_i} \quad (i = 1, 2, \cdots, q);$$

因 p_i 与 p_j 互素 $(i \neq j)$, 所以 p_i 与 p_j 的最小公倍数为 $p_i p_j$, 所以

$$\mid A_i \bigcap A_j \mid = \frac{n}{p_i p_j} \quad (i \neq j; \ i, j = 1, 2, \cdots, q);$$

等等. 小于 n 并与 n 互素的自然数是集合 $A = \{1, 2, \cdots, n\}$ 中那些不属于任何一个集合 A_i $(i = 1, 2, \cdots, q)$ 的数, 由容斥原理知

$$\varphi(n) = \mid \overline{A_1} \bigcap \overline{A_2} \bigcap \cdots \bigcap \overline{A_q} \mid$$
$$= n - \sum_{i=1}^{q} \mid A_i \mid + \sum_{1 \leqslant i < j \leqslant q} \mid A_i \bigcap A_j \mid$$
$$- \sum_{1 \leqslant i < j < k \leqslant q} \mid A_i \bigcap A_j \bigcap A_k \mid + \cdots$$
$$+ (-1)^q \mid A_1 \bigcap A_2 \bigcap \cdots \bigcap A_q \mid$$
$$= n - \sum_{i=1}^{q} \frac{n}{p_i} + \sum_{1 \leqslant i < j \leqslant q} \frac{n}{p_i p_j} - \sum_{1 \leqslant i < j < k \leqslant q} \frac{n}{p_i p_j p_k}$$
$$+ \cdots + (-1)^q \frac{n}{p_1 p_2 \cdots p_q}.$$

上面的和式正好是下列乘积的展开式

$$\varphi(n) = n \left(1 - \frac{1}{p_1}\right)\left(1 - \frac{1}{p_2}\right) \cdots \left(1 - \frac{1}{p_q}\right).$$

欧拉函数常用于数论中. 例如, 若 $n = 12 = 2^2 \cdot 3$, 则

$$\varphi(12) = 12\left(1 - \frac{1}{2}\right)\left(1 - \frac{1}{3}\right) = 4,$$

小于 12 并与 12 互素的正整数为 1, 5, 7 和 11.

例 4 若图 G 有 n 个顶点, 且不含有完全 k $(k \geqslant 2)$ 子图, 则它的顶点的次数 $d(x)$ 满足不等式

$$\min_{x \in X} d(x) \leqslant \left\lfloor \frac{(k-2)n}{k-1} \right\rfloor, \tag{4.2.3}$$

其中，X 为图 G 的顶点集.

证明 用反证法.设

$$(k-2)n = p(k-1) + r \quad (0 \leqslant r \leqslant k-2),$$

若不等式(4.2.3)不成立，则对任意的 $x \in X$，均有 $d(x) \geqslant p+1$.

在图 G 中任取一个顶点 $x_1 \in X$，用 A_1 表示在图 G 中与 x_1 相邻的那些顶点构成的集合.再取另一个顶点 $x_2 \in A_1$ 和相应的集合 A_2，由容斥原理得到

$$|A_1 \cap A_2| = |A_1| + |A_2| - |A_1 \cup A_2|$$
$$\geqslant 2p + 2 - n > 0,$$

这是因为集合 A_1 和 A_2 中的每一个至少包含 $p+1$ 个元素，而 $A_1 \cup A_2$ 中至多只有 n 个元素（G 中全部顶点）.再任取一个顶点 $x_3 \in A_1 \cap A_2$，同上，由容斥原理可得

$$|A_1 \cap A_2 \cap A_3| \geqslant 3(p+1) - 2n > 0,$$

等等.这样，我们可由归纳法得到对于 $x_{k-1} \in \bigcap_{j=1}^{k-2} A_j$，取 G 中与 x_{k-1} 相邻的顶点集 A_{k-1}，有

$$\left| \bigcap_{j=1}^{k-1} A_j \right| = \left| \left(\bigcap_{j=1}^{k-2} A_j \right) \cap A_{k-1} \right|$$
$$= |A_{k-1}| + \left| \bigcap_{j=1}^{k-2} A_j \right| - \left| A_{k-1} \cup \bigcap_{j=1}^{k-2} A_j \right|$$
$$\geqslant (p+1) + (k-2)(p+1) - (k-3)n - n$$
$$= (k-1)(p+1) - (k-2)n$$
$$= k-1-r > 0.$$

因此，至少有一个顶点 $x_k \in \bigcap_{j=1}^{k-1} A_j$.由 A_j 的定义知，$x_1, x_2, \cdots, x_k$ 之间相互相邻，所以顶点集合 $\{x_1, x_2, \cdots, x_k\}$ 构成的导出子图是图 G 的完全 k 子图，这与题设矛盾.故不等式(4.2.3)成立.

利用定理4.2.1和推论4.2.1，我们可以算出 S 中不具有性质 $P_1, P_2, \cdots, P_m$ 的元素个数和 S 中具有 $P_1, P_2, \cdots, P_m$ 中某个性质的元素个数.下面我们将其推广到更一般的情形.

设 S 是一有限集合，$P = \{P_1, P_2, \cdots, P_m\}$ 是 S 上的性质集合.现在的问题是要求出集合 S 中恰好具有 P 中 r 个性质的元素个数 $N(r)$ $(1 \leqslant r \leqslant m)$.

现用 $N(P_{i_1}, P_{i_2}, \cdots, P_{i_k})$ 表示 S 中具有性质 $P_{i_1}, P_{i_2}, \cdots, P_{i_k}$ 的元素个数，规定 $w(0) = |S|$，令

$$w(k) = \sum_{1 \leqslant i_1 < i_2 < \cdots < i_k \leqslant m} N(P_{i_1}, P_{i_2}, \cdots, P_{i_k}).$$

若 S 中某元素 x 恰好具有 P 中 $k + r$ ($r \geqslant 0$) 个性质 $P_{j_1}, P_{j_2}, \cdots, P_{j_{k+r}}$，则从 $P_{j_1}, P_{j_2}, \cdots, P_{j_{k+r}}$ 中取出 k 个性质的方法数为 $\binom{k+r}{k}$，因而 x 在 $\omega(k)$ 中计算了 $\binom{k+r}{k}$ 次. 而对于 S 中具有 P 中少于 k 个性质的元素, 则不计算在 $w(k)$ 中.

例如, 在本节的例 1 中, 有

$$N(P_1) = 200,$$
$$N(P_2) = 166,$$
$$N(P_3) = 125,$$
$$N(P_1, P_2) = 33,$$
$$N(P_1, P_3) = 25,$$
$$N(P_2, P_3) = 41,$$
$$N(P_1, P_2, P_3) = 8.$$

于是

$$w(0) = 1\,000,$$
$$w(1) = 200 + 166 + 125 = 491,$$
$$w(2) = 33 + 25 + 41 = 99,$$
$$w(3) = 8.$$

在 $w(2)$ 中, 对具有 3 个性质 P_1, P_2, P_3 的元素, 在 $N(P_1, P_2), N(P_1, P_3)$ 和 $N(P_2, P_3)$ 中各计算了一次, 共 3 次. 例如, 120 能被 5, 6, 8 整除, 所以, $120 \in A_1 \cap A_2$, $120 \in A_1 \cap A_3$, $120 \in A_2 \cap A_3$, 即 120 在 $w(2)$ 中共计算了 3 次.

定理 4.2.2　设集合 S 中具有性质集合 $P = \{P_1, P_2, \cdots, P_m\}$ 中恰好 r 个性质的元素个数为 $N(r)$, 则

$$N(r) = w(r) - \binom{r+1}{r}w(r+1) + \binom{r+2}{r}w(r+2)$$

$$- \cdots + (-1)^{m-r}\binom{m}{r}w(m). \tag{4.2.4}$$

证明　设 x 是集合 S 中的一个元素, 则:

(1) 若 x 具有少于 r 个性质, 则 x 对 $w(r), w(r+1), \cdots, w(m)$ 的贡献均为 0, 从而对式 (4.2.4) 右端的贡献为 0.

(2) 若 x 恰好具有 r 个性质, 则 x 对 $w(r)$ 的贡献为 1, 而对 $w(r+1), w(r+2), \cdots, w(m)$ 的贡献均为 0, 从而对式 (4.2.4) 右端的贡献为 1.

（3）若 x 恰好具有 k（$k > r$）个性质,则它对 $w(r)$ 的贡献为 $\binom{k}{r}$,对 $w(r+1)$ 的贡献为 $\binom{k}{r+1}$,……,对 $w(k)$ 的贡献为 $\binom{k}{k}$;当 $k < l \leqslant m$ 时,它对 $w(l)$ 的贡献为 0.从而,它对式（4.2.4）右端的贡献为

$$\binom{k}{r} - \binom{r+1}{r}\binom{k}{r+1} + \binom{r+2}{r}\binom{k}{r+2} - \cdots + (-1)^{k-r}\binom{k}{r}\binom{k}{k}$$

$$= \sum_{l=r}^{k} (-1)^{l-r}\binom{k}{l}\binom{l}{r}$$

$$= \sum_{l=r}^{k} (-1)^{l-r}\binom{k}{r}\binom{k-r}{l-r}$$

$$= \binom{k}{r}\sum_{l=0}^{k-r} (-1)^{l}\binom{k-r}{l}$$

$$= \binom{k}{r}(1-x)^{k-r}\big|_{x=1}$$

$$= 0.$$

综上所述,式（4.2.4）的右端是 S 中恰好具有 r 个性质的元素个数.

在例 1 中,有

$$N(0) = w(0) - w(1) + w(2) - w(3) = 600,$$

它是 S 中不能被 5,6,8 整除的整数个数,这正是容斥原理所反映的事实.

$$N(1) = w(1) - \binom{2}{1}w(2) + \binom{3}{1}w(3) = 317,$$

它是 S 中只能被 5,6,8 之一整除的整数个数.

$$N(2) = w(2) - \binom{3}{2}w(3) = 75,$$

它是 S 中只能被 5,6,8 中的两个整除的整数个数.

$$N(3) = w(3) = 8.$$

由此可见,定理 4.2.2 是定理 4.2.1 的推广.

例 5 某学校有 12 位教师,已知教数学课的教师有 8 位,教物理课的教师有 6 位,教化学课的教师有 5 位.其中,有 5 位教师既教数学又教物理,有 4 位教师兼教数学和化学,兼教物理和化学的有 3 位教师,还有 3 位教师兼教这三门课.试问:

（1）教数、理、化以外的课的教师有几位?

（2）只教数、理、化中一门课的教师有几位?

（3）正好教数、理、化中两门课的教师有几位?

解　令 12 位教师中教数学课的教师属于集合 A_1,教物理课的教师属于集合 A_2,教化学课的教师属于集合 A_3,则有

$$|A_1| = 8,$$
$$|A_2| = 6,$$
$$|A_3| = 5,$$
$$|A_1 \cap A_2| = 5,$$
$$|A_1 \cap A_3| = 4,$$
$$|A_2 \cap A_3| = 3,$$
$$|A_1 \cap A_2 \cap A_3| = 3.$$

(1) 不教数学、物理、化学课的教师数目为

$$\begin{aligned}
|\overline{A_1} \cap \overline{A_2} \cap \overline{A_3}| &= 12 - (|A_1| + |A_2| + |A_3|) + (|A_1 \cap A_2| \\
&\quad + |A_1 \cap A_3| + |A_2 \cap A_3|) - |A_1 \cap A_2 \cap A_3| \\
&= 12 - (8 + 6 + 5) + (5 + 4 + 3) - 3 \\
&= 2.
\end{aligned}$$

(2) 只教数、理、化中一门课的教师数目为

$$\begin{aligned}
N(1) &= |A_1| + |A_2| + |A_3| - 2(|A_1 \cap A_2| + |A_1 \cap A_3| \\
&\quad + |A_2 \cap A_3|) + 3|A_1 \cap A_2 \cap A_3| \\
&= (8 + 6 + 5) - 2 \times (5 + 4 + 3) + 3 \times 3 \\
&= 4.
\end{aligned}$$

(3) 正好教数、理、化中两门课的教师数目为

$$\begin{aligned}
N(2) &= (|A_1 \cap A_2| + |A_1 \cap A_3| + |A_2 \cap A_3|) \\
&\quad - 3|A_1 \cap A_2 \cap A_3| \\
&= 5 + 4 + 3 - 3 \times 3 \\
&= 3.
\end{aligned}$$

4.3　容斥原理的应用

4.3.1　具有有限重数的多重集合的 r 组合数

在第 2 章里,我们介绍了 n 元集合 $\{x_1, x_2, \cdots, x_n\}$ 的 r 组合数为 $\binom{n}{r}$,多重集

合 $M = \{\infty \cdot x_1, \infty \cdot x_2, \cdots, \infty \cdot x_n\}$ 的 r 组合数为 $\binom{n+r-1}{r}$. 在本节中,我们将应用容斥原理来计算重数为任意给定的正整数的多重集合的 r 组合数.

下面通过一个例子来看看怎样用容斥原理解决上述问题,而且例子中所用的方法也适用于一般的情况.

例 1 求 $S = \{3 \cdot a, 4 \cdot b, 5 \cdot c\}$ 的 10 组合数.

解 令 $S_\infty = \{\infty \cdot a, \infty \cdot b, \infty \cdot c\}$,则 S_∞ 的 10 组合数为

$$\binom{10+3-1}{10} = \binom{12}{2} = 66.$$

设集合 A 是 S_∞ 的 10 组合全体,则 $|A| = 66$,现在要求在 10 组合中 a 的个数小于或等于 3,b 的个数小于或等于 4,c 的个数小于或等于 5 的组合数. 定义性质集合

$$P = \{P_1, P_2, P_3\},$$

其中

P_1:10 组合中 a 的个数大于或等于 4;

P_2:10 组合中 b 的个数大于或等于 5;

P_3:10 组合中 c 的个数大于或等于 6.

将满足性质 P_i 的 10 组合全体记为 A_i $(1 \leqslant i \leqslant 3)$. 那么,$A_1$ 中的元素可以看作是由 S_∞ 的 $10-4 = 6$ 组合再拼上 4 个 a 构成的,所以

$$|A_1| = \binom{10-4+3-1}{10-4} = \binom{8}{6} = 28.$$

类似地,有

$$|A_2| = \binom{10-5+3-1}{10-5} = \binom{7}{5} = 21,$$

$$|A_3| = \binom{10-6+3-1}{10-6} = \binom{6}{4} = 15,$$

$$|A_1 \cap A_2| = \binom{10-4-5+3-1}{10-4-5} = \binom{3}{1} = 3,$$

$$|A_1 \cap A_3| = \binom{10-4-6+3-1}{10-4-6} = \binom{2}{0} = 1,$$

$$|A_2 \cap A_3| = 0,$$

$$|A_1 \cap A_2 \cap A_3| = 0.$$

而 a 的个数小于或等于 3,b 的个数小于或等于 4,c 的个数小于或等于 5 的 10 组合全体为 $\overline{A_1} \cap \overline{A_2} \cap \overline{A_3}$. 由容斥原理知,它的元素个数为

$$|\overline{A_1} \cap \overline{A_2} \cap \overline{A_3}| = |A| - (|A_1| + |A_2| + |A_3|) + (|A_1 \cap A_2|$$

$$+ \mid A_1 \bigcap A_3 \mid + \mid A_2 \bigcap A_3 \mid) - \mid A_1 \bigcap A_2 \bigcap A_3 \mid$$
$$= 66 - (28 + 21 + 15) + (3 + 1 + 0) - 0$$
$$= 6.$$

4.3.2　错排问题

集合 $\{1, 2, \cdots, n\}$ 的一个错排是该集合的一个满足条件

$$i_j \neq j \quad (1 \leqslant j \leqslant n)$$

的全排列

$$i_1 i_2 \cdots i_n,$$

即集合 $\{1, 2, \cdots, n\}$ 的一个没有一个数字在它的自然顺序位置上的全排列.

$n = 1$ 时,$\{1\}$ 没有错排.

$n = 2$ 时,$\{1, 2\}$ 有唯一一个错排,为 21.

$n = 3$ 时,$\{1, 2, 3\}$ 有两个错排,分别为 231 和 312.

$n = 4$ 时,$\{1, 2, 3, 4\}$ 共有下面所列的 9 个错排

$$2143, \ 3142, \ 4123, \ 2341, \ 3412,$$
$$4321, \ 2413, \ 3421, \ 4312.$$

用 D_n 记 $\{1, 2, \cdots, n\}$ 的全部错排个数,则 $D_1 = 0, D_2 = 1, D_3 = 2, D_4 = 9$.

定理 4.3.1　对任意正整数 n,有

$$D_n = n! \left[1 - \frac{1}{1!} + \frac{1}{2!} - \frac{1}{3!} + \cdots + (-1)^n \frac{1}{n!} \right].$$

证明　令 S 是 $\{1, 2, \cdots, n\}$ 的全排列的全体,则 $\mid S \mid = n!$.定义 S 上的性质集合

$$P = \{P_1, \ P_2, \ \cdots, \ P_n\},$$

其中,P_i 表示排列中 i 在第 i 个位置上,即在其自然顺序的位置上 $(1 \leqslant i \leqslant n)$.令 A_i 为 S 中满足性质 P_i 的全排列的全体.

因 A_i 中的每一个全排列形如

$$j_1 \cdots j_{i-1} i j_{i+1} \cdots j_n,$$

而 $j_1 \cdots j_{i-1} j_{i+1} \cdots j_n$ 是 $\{1, 2, \cdots, i - 1, i + 1, \cdots, n\}$ 的全排列,所以有

$$\mid A_i \mid = (n - 1)! \quad (1 \leqslant i \leqslant n).$$

同理,有

$$\mid A_i \bigcap A_j \mid = (n - 2)! \quad (1 \leqslant i \neq j \leqslant n).$$

一般地,有

$$\mid A_{i_1} \bigcap A_{i_2} \bigcap \cdots \bigcap A_{i_k} \mid = (n - k)!,$$

其中,$1 \leqslant i_1, i_2, \cdots, i_k \leqslant n$,且 $i_1, i_2, \cdots, i_k$ 互不相等.

而 D_n 为 S 中不满足性质 $P_1, P_2, \cdots, P_n$ 的元素个数,由容斥原理,有

$$D_n = |\overline{A_1} \cap \overline{A_2} \cap \cdots \cap \overline{A_n}|$$

$$= n! - \binom{n}{1}(n-1)! + \binom{n}{2}(n-2)! - \cdots + (-1)^n \binom{n}{n}0!$$

$$= n!\left[1 - \frac{1}{1!} + \frac{1}{2!} - \cdots + (-1)^n \frac{1}{n!}\right].$$

我们还可以从另外一个角度来计算 D_n.设

$$i_1 i_2 \cdots i_n$$

是 $\{1, 2, \cdots, n\}$ 的一个错排,我们将 $\{1, 2, \cdots, n\}$ 的所有错排按照 i_1 的取值分成 $n-1$ 类,记 A_j 为 $i_1 = j$ 的错排的全体($j = 2, 3, \cdots, n$),则显然有

$$|A_2| = |A_3| = \cdots = |A_n|.$$

令 $|A_2| = d_n$,则

$$D_n = (n-1)d_n.$$

而集合 A_2 中的错排又可以分为两类:

(i) $B_1: i_2 = 1$,则 $i_3 i_4 \cdots i_n$ 是 $\{3, 4, \cdots, n\}$ 的一个错排,所以 $|B_1| = D_{n-2}$;

(ii) $B_2: i_2 \neq 1$,则 $i_2 i_3 \cdots i_n$ 相当于 $\{1, 3, \cdots, n\}$ 的一个错排,所以 $|B_2| = D_{n-1}$.

从而

$$d_n = D_{n-2} + D_{n-1},$$

并且有递推关系

$$\begin{cases} D_n = (n-1)(D_{n-1} + D_{n-2}), \\ D_1 = 0, \quad D_2 = 1. \end{cases}$$

对此递推关系稍加变形,得

$$D_n - nD_{n-1} = -[D_{n-1} - (n-1)D_{n-2}]$$
$$= \cdots$$
$$= (-1)^{n-2}(D_2 - 2D_1)$$
$$= (-1)^{n-2}.$$

因此

$$D_n = nD_{n-1} + (-1)^n$$
$$= n(n-1)D_{n-2} + (-1)^{n-1}n + (-1)^n$$
$$= \cdots$$

$$= n!\left[\frac{1}{2!} - \frac{1}{3!} + \cdots + (-1)^{n-1}\frac{1}{(n-1)!} + (-1)^n\frac{1}{n!}\right]$$

$$= n!\left[1 - \frac{1}{1!} + \frac{1}{2!} - \frac{1}{3!} + \cdots + (-1)^n\frac{1}{n!}\right].$$

再次得到前面用容斥原理推导出的 D_n 公式.

在第 6 章中,我们还将专门讨论递推关系在组合问题中的应用.

4.3.3　有禁止模式的排列问题

在 4.3.2 小节中我们讨论了有禁止位置的排列问题,即 i 不在第 i 个位置上的排列问题.本小节我们来讨论有禁止模式的排列问题,在此类问题中,要讨论某些元素之间的某种相对位置不能出现的一类排列.先看下面的问题:

设某班有 8 位学生排成一队出去散步,第二天再列队时,同学们都不希望他前面的同学与前一天的相同,问有多少种排法?

一种可能的方法就是将这 8 位学生排的队掉个头,也就是让最后一名学生变为第一名,倒数第二名变为第二名,如此等等,但这只是很多种可能中的一种.若我们分别用 $1,2,\cdots,8$ 代表第一天列队时的第一,第二,……,第八位同学,则第一天的排队顺序为 12345678,如上掉头后的排列为 87654321.我们的问题是求第二次列队时不出现 $12,23,\cdots,78$ 这些模式的排列的个数.例如,31542876 就是一个符合要求的排列,而 25834761 则不是,因为其中出现了 34.

用 Q_n 表示 $\{1,2,\cdots,n\}$ 的不出现 $12,23,\cdots,(n-1)n$ 这些模式的全排列的个数,并规定 $Q_1 = 1$.

$n = 2$ 时, $Q_2 = 1$.此时,21 是唯一的一个满足要求的排列.

$n = 3$ 时, $Q_3 = 3$.此时,213,321,132 是 3 个可能的排列.

$n = 4$ 时, $Q_4 = 11$.此时,有如下 11 种可能的排列

$$4132, 3142, 2143, 1324, 4213, 3214,$$
$$2413, 1432, 4321, 3241, 2431.$$

定理 4.3.2　对任意正整数 n,有

$$Q_n = n! - \binom{n-1}{1}(n-1)! + \binom{n-1}{2}(n-2)!$$
$$- \cdots + (-1)^{n-1}\binom{n-1}{n-1}1!.$$

证明　令 S 为 $\{1,2,\cdots,n\}$ 的所有全排列,则 $|S| = n!$.定义性质集合
$$P = \{P_1, P_2, \cdots, P_{n-1}\},$$

其中,P_i 表示全排列中出现 $i(i+1)$ 模式$(1 \leqslant i \leqslant n-1)$.设 A_i 为 S 中满足性质 P_i $(1 \leqslant i \leqslant n-1)$ 的全排列的全体,则 A_i 中的每一个排列都可看作 $n-1$ 元集合 $\{1,2,\cdots,i-1,(i(i+1)),i+2,\cdots,n\}$ 的一个全排列,所以

$$|A_i| = (n-1)! \quad (i=1,2,\cdots,n-1).$$

计算 $|A_i \bigcap A_j|$ $(1 \leqslant i \neq j \leqslant n-1)$.不妨设 $i < j$.若 $j = i+1$,则 $A_i \bigcap A_j$ 中的每一个排列可看作 $n-2$ 元集合 $\{1,\cdots,i-1,(i(i+1)(i+2)),i+3,\cdots,n\}$ 的全排列;若 $j > i+1$,则 $A_i \bigcap A_j$ 中每一个排列可以看作 $n-2$ 元集合 $\{1,\cdots,i-1,(i(i+1)),i+2,\cdots,j-1,(j(j+1)),j+2,\cdots,n\}$ 的全排列.所以有

$$|A_i \bigcap A_j| = (n-2)! \quad (1 \leqslant i \neq j \leqslant n-1).$$

一般地,有

$$|A_{i_1} \bigcap A_{i_2} \bigcap \cdots \bigcap A_{i_k}| = (n-k)!,$$

其中,$i_1, i_2, \cdots, i_k$ 互不相等,且 $1 \leqslant i_1, i_2, \cdots, i_k \leqslant n-1$.

而 Q_n 为 S 中不满足性质 $P_1, P_2, \cdots, P_{n-1}$ 的元素个数.由容斥原理,有

$$Q_n = |\overline{A_1} \bigcap \overline{A_2} \bigcap \cdots \bigcap \overline{A_{n-1}}|$$

$$= |S| - \sum_{i=1}^{n-1} |A_i| + \sum_{1 \leqslant i < j \leqslant n-1} |A_i \bigcap A_j|$$

$$- \cdots + (-1)^{n-1} |A_1 \bigcap A_2 \bigcap \cdots \bigcap A_{n-1}|$$

$$= n! - \binom{n-1}{1}(n-1)! + \binom{n-1}{2}(n-2)!$$

$$- \cdots + (-1)^{n-1} \binom{n-1}{n-1} 1!.$$

从 D_n 和 Q_n 的显式表达式可以看出(习题 10)

$$Q_n = D_n + D_{n-1}.$$

例 2 多重集合 $M = \{4 \cdot x, 3 \cdot y, 2 \cdot z\}$ 的全排列中不出现 $xxxx, yyy, zz$ 模式的排列有多少种?

解 令 S 为 M 的全排列全体,则有

$$|S| = \frac{9!}{4!3!2!}.$$

定义性质集合

$$P = \{P_1, P_2, P_3\},$$

其中

P_1：全排列中出现 $xxxx$ 模式；

P_2：全排列中出现 yyy 模式；

P_3：全排列中出现 zz 模式.

用 A_i 分别表示 S 中具有性质 P_i 的全排列全体 $(1 \leqslant i \leqslant 3)$. A_1 中的全排列出现模式 $xxxx$,我们将 $xxxx$ 看作一个字符,则 A_1 中的全排列就是多重集合 $\{xxxx, 3 \cdot y, 2 \cdot z\}$ 的全排列,所以

$$| A_1 | = \frac{6!}{1!3!2!}.$$

同理,有

$$| A_2 | = \frac{7!}{4!1!2!},$$

$$| A_3 | = \frac{8!}{4!3!1!},$$

$$| A_1 \cap A_2 | = \frac{4!}{1!1!2!},$$

$$| A_1 \cap A_3 | = \frac{5!}{1!3!1!},$$

$$| A_2 \cap A_3 | = \frac{6!}{4!1!1!},$$

$$| A_1 \cap A_2 \cap A_3 | = \frac{3!}{1!1!1!}.$$

由容斥原理知,满足条件的排列个数为

$$\begin{aligned}
| \overline{A_1} \cap \overline{A_2} \cap \overline{A_3} | &= | S | - (| A_1 | + | A_2 | + | A_3 |) \\
&\quad + (| A_1 \cap A_2 | + | A_1 \cap A_3 | + | A_2 \cap A_3 |) \\
&\quad - | A_1 \cap A_2 \cap A_3 | \\
&= \frac{9!}{4!3!2!} - \left(\frac{6!}{3!2!} + \frac{7!}{4!2!} + \frac{8!}{4!3!} \right) + \left(\frac{4!}{2!} + \frac{5!}{3!} + \frac{6!}{4!} \right) - 3! \\
&= 871.
\end{aligned}$$

例 3（ménage 问题） n 对夫妇参加宴会围桌就座,要求男女相间并且每对夫妇两人不得相邻,问有多少种就座方式?

解 $n < 3$ 时,易知这样的坐法是不存在的,今设 $n \geqslant 3$.设想先让 n 位女士围桌入座,其方法有 $(n-1)!$ 种.选定 n 位女士的一种入座方法,从某一位开始对这 n 位女士按环形顺序编号为 $1, 2, \cdots, n$,并将编号为 i 的女士的丈夫也编号为 i.第 i 位女士与第 $i+1$ 位女士之间的位置称为第 i 号位置 $(1 \leqslant i \leqslant n-1)$,第 n 位女士与第 1 位女士之间的位置编号为 n.那么,第 1 位男士除第 n 号和第 1 号位置外,可以在其他 $n-2$ 个座位中的任何一个就座;第 i 位男士除了第 $i-1$ 号和第 i 号位置外,可以在其他 $n-2$ 个座位中的任何一个就座 $(2 \leqslant i \leqslant n)$.

假定 n 位男士已全部入座,在第 i 号位置就座的男士编号为 $a_i (1 \leqslant i \leqslant n)$,则

$a_1 a_2 \cdots a_n$ 为 $\{1,2,\cdots,n\}$ 的一个全排列. 根据题意, a_i 必须满足 $a_i \neq i, i+1$ ($1 \leqslant i \leqslant n-1$); $a_n \neq n, 1$. 因而, 符合题意的坐法对应的排列 $a_1 a_2 \cdots a_n$ 应当使得

$$
\begin{array}{ccccc}
1 & 2 & \cdots & n-1 & n \\
2 & 3 & \cdots & n & 1 \\
a_1 & a_2 & \cdots & a_{n-1} & a_n
\end{array}
\tag{4.3.1}
$$

中的任一列都无相同的数. 我们称满足此性质的 $a_1 a_2 \cdots a_n$ 为 $\{1,2,\cdots,n\}$ 的一个二重错排. $\{1,2,\cdots,n\}$ 的二重错排的个数称为 **ménage 数**, 记为 U_n, 求 ménage 数的问题称为**既化的 ménage 问题**. 这样, 原问题就变成求 ménage 数 U_n, 而围桌入座的方法数等于 $(n-1)! U_n$.

为求 U_n, 定义 n 个性质如下

$$P_i: a_i = i \text{ 或 } i+1 \quad (1 \leqslant i \leqslant n-1),$$
$$P_n: a_n = n \text{ 或 } 1,$$

则 U_n 是不具有性质 $P_1, P_2, \cdots, P_n$ 的全排列的数目. 由定理 4.2.2 知

$$U_n = w(0) - w(1) + w(2) - \cdots + (-1)^n w(n).$$

令 S 是 $\{1,2,\cdots,n\}$ 的全排列全体, 由 $w(k)$ 的定义, 有

$$w(0) = |S| = n!,$$

而

$$w(1) = \sum_{i=1}^{n} N(P_i).$$

我们先求 $N(P_i)$ ($i \neq n, i = n$ 时类似). 设排列

$$j_1 \cdots j_{i-1} j_i j_{i+1} \cdots j_n$$

满足性质 P_i, 则 $j_i = i$ 或 $i+1$, 而

$$j_1 \cdots j_{i-1} j_{i+1} \cdots j_n$$

为集合 $\{1,2,\cdots,n\} - \{j_i\}$ 的全排列, 所以

$$N(P_i) = 2 \times (n-1)! \quad (i = 1,2,\cdots,n).$$

从而

$$w(1) = \sum_{i=1}^{n} N(P_i) = 2n \cdot (n-1)!.$$

一般地, 有

$$w(k) = \sum_{1 \leqslant i_1 < i_2 < \cdots < i_k \leqslant n} N(P_{i_1}, P_{i_2}, \cdots, P_{i_k}).$$

但由于计算 $N(P_{i_1}, P_{i_2}, \cdots, P_{i_k})$ 有困难, 这里我们直接计算 $w(k)$. 假定 $\{1,2,\cdots, n\}$ 的一个排列 $a_1 a_2 \cdots a_n$ 中有 k 个数 $a_{i_1}, a_{i_2}, \cdots, a_{i_k}$ 分别满足性质 $P_{i_1}, P_{i_2}, \cdots,$

P_{i_k}，即

$$a_{i_j} = \begin{cases} i_j \ \text{或}\ i_j + 1 & (i_j \neq n\ \text{时}), \\ n\ \text{或}\ 1 & (i_j = n\ \text{时}), \end{cases}$$

再将 $\{1,2,\cdots,n\} - \{a_{i_1}, a_{i_2}, \cdots, a_{i_k}\}$ 这 $n-k$ 个元素补上，就构成 $\{1,2,\cdots,n\}$ 的一个满足性质 $P_{i_1}, P_{i_2}, \cdots, P_{i_k}$ 的全排列. 因而，对于一组 $a_{i_1}, a_{i_2}, \cdots, a_{i_k}$，能构造出 $(n-k)!$ 个满足性质 $P_{i_1}, P_{i_2}, \cdots, P_{i_k}$ 的全排列.

下面的问题是有多少个 k 元组满足 $P_1, P_2, \cdots, P_n$ 中的 k 个性质. 满足 k 个性质 $P_{i_1}, P_{i_2}, \cdots, P_{i_k}$ 的 k 序列 $a_{i_1}, a_{i_2}, \cdots, a_{i_k}$ 也就是在序列(4.3.1)中 $a_{i_1}, a_{i_2}, \cdots, a_{i_k}$ 分别为第 i_1 列、第 i_2 列、……、第 i_k 列的前两行中取出 k 个不同的数，换个说法，$a_{i_1}, a_{i_2}, \cdots, a_{i_k}$ 也就是从

$$(1,2),\ (2,3),\ (3,4),\ \cdots,\ (n-1,n),\ (n,1) \tag{4.3.2}$$

的第 i_1 个、第 i_2 个、……、第 i_k 个括号中取出 k 彼此不同的数. 将序列(4.3.2)中的括号去掉，变成

$$1,\ 2,\ 2,\ 3,\ 3,\ 4,\ \cdots,\ n-1,\ n,\ n,\ 1, \tag{4.3.3}$$

则从序列(4.3.2)的 k 个不同的括号中取出 k 彼此不同的数等价于从序列(4.3.3)中取出满足下列条件的 k 序列：

(i) 任何两数皆不相邻，以保证所取的任两数不相等且不会取自式(4.3.2)中的同一个括号；

(ii) 序列中的两个 1 不能同时取.

序列(4.3.3)中满足条件(i)的 k 序列的个数就是从 $2n$ 个位置中取出 k 个不相邻的位置的方法数. 由 2.5 节例 1 知，它等于 $\binom{2n-k+1}{k}$. 满足条件(i)但不满足条件(ii)的 k 序列恰好就是从

$$2,\ 3,\ 3,\ 4,\ \cdots,\ n-1,\ n$$

中取 $k-2$ 个不相邻的数，再将两端补上 1，其方法数为

$$\binom{(2n-4)-(k-2)+1}{k-2} = \binom{2n-k-1}{k-2}.$$

综合以上分析知

$$w(k) = \left[\binom{2n-k+1}{k} - \binom{2n-k-1}{k-2} \right](n-k)!$$

$$= \frac{2n}{2n-k}\binom{2n-k}{k}(n-k)!.$$

从而

$$\begin{aligned}
U_n &= w(0) - w(1) + w(2) - \cdots + (-1)^n w(n) \\
&= n! - 2n(n-1)! + \cdots \\
&\quad + (-1)^k \frac{2n}{2n-k} \binom{2n-k}{k} (n-k)! \\
&\quad + \cdots + (-1)^n 2.
\end{aligned}$$

当 $n = 3$ 时,$U_3 = 1$;当 $n = 4$ 时,$U_4 = 2$.其入座方式分别如图 4.3.1 所示.

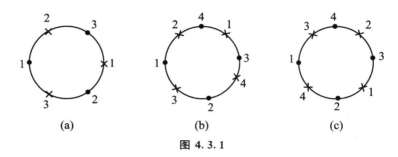

图 4.3.1

4.3.4 实际依赖于所有变量的函数个数的确定

设函数

$$g: E^k \rightarrow F,$$

其中,$E = \{e_1, e_2, \cdots, e_n\}$,$F = \{f_1, f_2, \cdots, f_m\}$. 即 $g(x_1, x_2, \cdots, x_k)$ 是包含 k 个自变量(在集合 E 中),且在集合 F 中取值的函数,所有这样的函数的个数为 $|F|^{|E^k|} = m^{n^k}$. 如果函数 g 的值不随某个变量 x_i 变化,就称 g 实际上不依赖于变量 x_i,也就是对每一组值 $(x_1', x_2', \cdots, x_{i-1}', x_{i+1}', x_k') \in E^{k-1}$ 和任何 $\alpha, \beta \in E$,有关系式

$$g(x_1', \cdots, x_{i-1}', \alpha, x_{i+1}', \cdots, x_k') = g(x_1', \cdots, x_{i-1}', \beta, x_{i+1}', \cdots, x_k').$$

实际上不依赖于某 q $(q \leqslant k)$ 个变量的函数的个数,等于函数 $g: E^{k-q} \rightarrow F$ 的个数,即为 $m^{n^{k-q}}$. 这是因为在 q 个自变量上保持不变的函数,等价于在集合 E 中的 $k - q$ 个自变量到值域 F 上的函数.

设

$$A_i = \{g: E^k \rightarrow F \mid g \text{ 实际上不依赖于变量 } x_i\} \quad (1 \leqslant i \leqslant k),$$

用 $E(n, m, k)$ 记函数 $g: E^k \rightarrow F$ 中实际依赖于所有变量的函数的个数,则由容斥原理得

$$E(n, m, k) = m^{n^k} - \sum_{i=1}^{k} |A_i| + \sum_{1 \leqslant i < j \leqslant k} |A_i \cap A_j|$$

$$- \cdots + (-1)^k \left| \bigcap_{i=1}^{k} A_i \right|.$$

根据 A_i 的定义, 我们得到

$$E(n, m, k) = m^{n^k} - \binom{k}{1} m^{n^{k-1}} + \binom{k}{2} m^{n^{k-2}} - \cdots + (-1)^k m. \quad (4.3.4)$$

其中, $m^{n^{k-p}}$ 为实际不依赖于某 p 个变量的函数的个数. 因为从 k 个自变量中取 p 个有 $\binom{k}{p}$ 种选择方法, 所以每一项中有系数 $\binom{k}{p}$.

如果 $E = F = \{0, 1\}$, 则函数 $g : E^k \to F$ 是 k 个自变量的布尔函数, 其个数为 2^{2^k}. 实际依赖于所有 k 个变量的布尔函数的个数可从公式 (4.3.4) 中取 $m = n = 2$ 得到, 为

$$E(2, 2, k) = 2^{2^k} - \binom{k}{1} 2^{2^{k-1}} + \binom{k}{2} 2^{2^{k-2}} - \cdots + (-1)^k 2. \quad (4.3.5)$$

例如, 若 $k = 2$, 则 $E(2, 2, 2) = 10$, 因而在两个变量的 16 个布尔函数中, 实际依赖于两个变量的有 10 个, 见表 4.3.1.

表 4.3.1

x_1	x_2	f_1	f_2	f_3	f_4	f_5	f_6	f_7	f_8
1	1	1	0	1	1	0	0	1	0
1	0	1	0	1	0	0	1	0	1
0	1	1	0	0	1	1	0	0	1
0	0	1	0	0	0	1	1	0	1
x_1	x_2	f_9	f_{10}	f_{11}	f_{12}	f_{13}	f_{14}	f_{15}	f_{16}
1	1	1	0	1	0	1	0	1	0
1	0	1	0	0	1	0	1	1	0
0	1	1	0	1	0	0	1	0	1
0	0	0	1	1	0	1	0	1	0

在表 4.3.1 中, f_1 与 f_2 均为常值函数, 不依赖于 x_1 和 x_2; f_3 和 f_5 仅依赖于 x_1, 不依赖于 x_2; f_4 和 f_6 仅依赖于 x_2, 不依赖于 x_1; 其余的 10 个函数则实际依赖于两个变量 x_1 和 x_2.

下一节中我们还将利用容斥原理和生成函数来讨论有限制位置的棋盘多项式和有限制的排列问题的求解.

4.4　有限制位置的排列及棋子多项式

本节研究更一般的有限制位置的排列问题,我们先分析一个例子.

例 1　由 5 个字母 a,b,c,d,e 构成的全排列中,a 不能出现在 1,5 位置上,b 不能出现在 2,3 位置上,c 不能出现在 3,4 位置上,e 不能出现在 5 位置上.问有多少种排列方法?

解　根据题意画出一个 5×5 方阵,如图 4.4.1 所示,行表示 5 个字母,列表示 5 个位置.(i,j) 位置涂上阴影,表示字母 i 不能出现在 j 位置上.一个满足要求的排列是在图中取 5 个没有阴影的方块,并且每行、每列中只有一个方块.例如,$badec$ 就是一个合适的排列,图 4.4.1 中以"$\triangle$"表示.

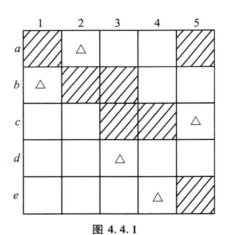

图 4.4.1

在 $\{a,b,c,d,e\}$ 的所有全排列上定义性质

$$P_i:\text{在位置 } i \text{ 有受限字母出现}\quad(1 \leqslant i \leqslant 5),$$

由容斥原理知,符合题意的安排数为

$$N(0) = w(0) - w(1) + w(2) - w(3) + w(4) - w(5).$$

由定义知,$w(0) = 5!$.若某个排列满足性质 P_1,则取第一列的阴影块,本例中 a 放在第一个位置,再取 $\{b,c,d,e\}$ 的任意全排列放在第 2,……,第 5 个位置.故 $N(P_1) = $ 第 1 列的阴影块数 $\cdot 4!$.$N(P_i)$ 的取值见表 4.4.1,所以

$$w(1) = \sum_{i=1}^{5} N(P_i) = 7 \cdot 4! = \text{有阴影的方块数} \cdot 4!.$$

若某个排列同时满足 P_1, P_2,则在第 1 列,第 2 列取 2 个不同行的阴影块,其余元素作任意全排列,所以,$N(P_1, P_2) = $ 在第 1 列、第 2 列取 2 个不同行阴影块方法数 $\cdot$ $3!$. $N(P_i, P_j)$ $(i \neq j)$ 的取值见表 4.4.2,所以

$$w(2) = \sum N(P_i, P_j) = 16 \times 3!$$
$$= \text{不同行列中选 2 个有阴影方块的方法数} \cdot 3!.$$

一般地,有 $w(k) = $ 不同行列中选 k 个有阴影方块的方法数 $\cdot (5 - k)!$.

表 4.4.1

i	1	2	3	4	5
$N(P_i)$	4!	4!	2·4!	4!	2·4!

表 4.4.2

$N(P_i, P_j)$	2	3	4	5
1	3!	2·3!	3!	3!
2		3!	3!	2·3!
3			3!	4·3!
4				2·3!

以下我们称有阴影的方块全体为残缺棋盘(简称棋盘). 设 B 是一个棋盘,记 $r_k(B)$ 为从 B 中选出 k 个不同行、不同列的阴影块的选取方法数. 将上面例 1 中的讨论一般化,利用容斥原理,可以得到下面的定理 4.4.1.

定理 4.4.1 考虑有限制位置的安排问题,设 B 是相应的棋盘,则安排 n 个不同的物体的方法数为

$$n! - r_1(B) \cdot (n-1)! + r_2(B) \cdot (n-2)! - \cdots + (-1)^n r_n(B) \cdot 0!.$$

在例 1 中,由于对字母 d 的位置没有限制,故 $w(5) = 0$. 但是,$w(3)$ 和 $w(4)$ 的计算却很复杂. 为此,我们试图找出一种新的方法,以便简捷地决定出在不同行列中取 k 个阴影方块的方法数.

在组合分析中,一种通用的技巧是把大量复杂问题分解成规模小一些、更容易处理的子问题. 以下我们在棋盘上定义两种操作:

(1) 把棋盘 B 分成两个不相交的子棋盘.

对棋盘 B 的行列作适当的调换,使子棋盘 B_1 和 B_2 所涉及的行集合非交,列集

合也是非交的.例如,图 4.4.1 表示的棋盘 B 可以变成两个非交的子棋盘 B_1 和 B_2,
如图 4.4.2 所示.

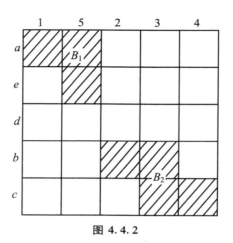

图 4.4.2

令 $r_k(B)$ 是在棋盘 B 的不同行、不同列中放 k 个棋子的方法数.不难看出,图
4.4.2 中,

$$r_1(B_1) = 3, \quad r_2(B_1) = 1,$$
$$r_1(B_2) = 4, \quad r_2(B_2) = 3.$$

并且定义 $r_0(B) = 1$,则

$$r_2(B) = r_0(B_1)r_2(B_2) + r_1(B_1)r_1(B_2) + r_2(B_1)r_0(B_2)$$
$$= 1 \cdot 3 + 3 \cdot 4 + 1 \cdot 1$$
$$= 16,$$

与前面的计算结果一致.

上述推理过程对于任何 k 以及棋盘 B 的任何不相交的分解都是成立的,从而
得到下面的引理.

引理 4.4.1 如果棋盘 B 分解成两个不相交的子棋盘 B_1 和 B_2,则

$$r_k(B) = \sum_{i=0}^{k} r_i(B_1)r_{k-i}(B_2).$$

对于棋盘 B,定义棋子多项式 $R(x,B)$ 为数列 $\{r_0(B), r_1(B), \cdots\}$ 的生成函
数,即

$$R(x,B) = \sum_{i=0}^{\infty} r_i(B)x^i,$$

则由引理 4.4.1 得到:

引理 4.4.2　若 B_1, B_2 是棋盘 B 的两个不相交的子棋盘,则
$$R(x, B) = R(x, B_1) \cdot R(x, B_2).$$

在前面的例 1 中,有
$$R(x, B_1) = 1 + 3x + x^2, \quad R(x, B_2) = 1 + 4x + 3x^2,$$

于是
$$\begin{aligned} R(x, B) &= R(x, B_1) \cdot R(x, B_2) \\ &= 1 + 7x + 16x^2 + 13x^3 + 3x^4. \end{aligned}$$

由此得知
$$r_1(B) = 7, \quad r_2(B) = 16, \quad r_3(B) = 13,$$
$$r_4(B) = 3, \quad r_5(B) = 0,$$

代入容斥原理公式,得
$$\begin{aligned} N(0) &= w(0) - w(1) + w(2) - w(3) + w(4) - w(5) \\ &= 5! - 7 \cdot 4! + 16 \cdot 3! - 13 \cdot 2! + 3 \cdot 1! - 0 \cdot 0! \\ &= 25, \end{aligned}$$

即例 1 中有 25 个满足条件的排列.

(2) 当棋盘 B 不能分解成两个不相交的子棋盘时,我们可以把在棋盘 B 的不同行、不同列上放置 k 个棋子的方法分成两类:

(i) 有一个棋子放在指定的方块 S 上. 这时,其余的 $k-1$ 个棋子应该放在去掉 S 所在行和所在列之后得到的新棋盘 $B_S{}^*$ 上,其方法数为 $r_{k-1}(B_S{}^*)$.

(ii) 没有棋子放在指定的方块 S 上. 这时,全部 k 个棋子应该放在去掉 S 之后得到的新棋盘 B_S 上,其方法数为 $r_k(B_S)$.

由此可知
$$r_k(B) = r_{k-1}(B_S{}^*) + r_k(B_S),$$

并且
$$R(x, B) = R(x, B_S) + xR(x, B_S{}^*).$$

这就是对棋盘 B 的第二个操作.

下面我们以例 2 来说明情况 (2) 的具体应用.

例 2　一个小孩给他的 3 个叔叔 A_1, A_2, A_3 和 3 个婶婶 U_1, U_2, U_3 寄 6 种贺年卡 $C_1, C_2, \cdots, C_6$. 图 4.4.3 列出了每个人的好恶,问有多少种让每人都满意的寄送方法?

解　将图 4.4.3 经行列调换后得到图 4.4.4,其中,B_1 与 B_2 是不相交子棋盘. 选定 (3,2) 位置的方块为 S,则

$$R(x,B) = R(x,B_1) \cdot R(x,B_2),$$

其中

$$R(x,B_2) = 1 + x,$$
$$R(x,B_1) = R(x,B_{1S}) + xR(x,B_{1S}^{*}).$$

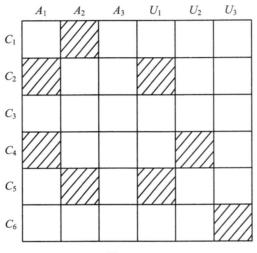

图 4.4.3

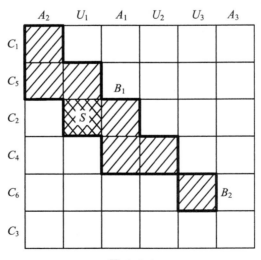

图 4.4.4

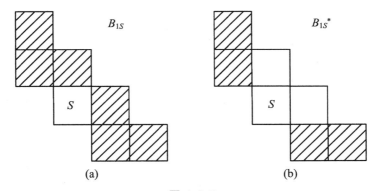

图 4.4.5

这里,棋盘 B_{1S} 和 $B_{1S}{}^*$ 分别如图 4.4.5(a) 和(b) 所示,于是
$$R(x, B_{1S}) = (1 + 3x + x^2)(1 + 3x + x^2),$$
$$R(x, B_{1S}{}^*) = (1 + 2x)(1 + 2x),$$

所以
$$R(x, B_1) = 1 + 7x + 15x^2 + 10x^3 + x^4.$$

代入 $R(x, B)$ 中,得
$$R(x, B) = 1 + 8x + 22x^2 + 25x^3 + 11x^4 + x^5.$$

由定理 4.4.1 知,寄送方法数为

$6! - 8 \cdot 5! + 22 \cdot 4! - 25 \cdot 3! + 11 \cdot 2! - 1 \cdot 1! + 0 \cdot 0! = 159.$

例 3（错排问题） 设图 4.4.6 是 $n \times n$ 棋盘,限制位置都在对角线上,用 n 个棋子在上面布局.

所谓错排问题,就是求集合 $\{1, 2, \cdots, n\}$ 在如图 4.4.6 所示的有限制位置的棋盘上的排列方案数.记

$$T = \underbrace{\begin{bmatrix} \\ \\ & & \ddots & \\ & & & \end{bmatrix}}_{n},$$

由引理 4.4.2 知
$$R(T) = (1 + x)^n$$
$$= 1 + \binom{n}{1}x + \binom{n}{2}x^2 + \cdots + \binom{n}{n}x^n,$$

所以

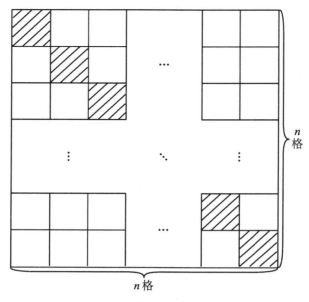

图 4.4.6

$$r_i(B) = \binom{n}{i} \quad (0 \leqslant i \leqslant n).$$

再由定理 4.4.1,错排数为

$$D_n = n! - \binom{n}{1}(n-1)! + \binom{n}{2}(n-2)! - \cdots + (-1)^n \binom{n}{n}1!$$

$$= n!\left[1 - \frac{1}{1!} + \frac{1}{2!} - \cdots + (-1)^n \frac{1}{n!}\right].$$

这里,我们又得到了 4.3 节所讨论的结果.

4.5　Möbius 反演及可重复的圆排列

本节中,我们将在自然数集 **N** 上引进一个数论函数,称为 Möbius 函数.

对任意自然数 n,若 $n > 1$,则 n 可唯一分解为素数幂的乘积

$$n = p_1^{l_1} p_2^{l_2} \cdots p_r^{l_r}, \tag{4.5.1}$$

其中, $p_1, p_2, \cdots, p_k$ 是不同的素数, $l_i \geqslant 1 (1 \leqslant i \leqslant r)$. 定义 Möbius 函数 $\mu(n)$ 为

$$\mu(n) = \begin{cases} 1 & (\text{若 } n = 1), \\ 0 & (\text{若式}(4.5.1) \text{ 中有某个 } l_i > 1), \\ (-1)^r & (\text{若式}(4.5.1) \text{ 中 } l_1 = l_2 = \cdots = l_r = 1). \end{cases} \quad (4.5.2)$$

例如, $30 = 2 \times 3 \times 5$, $18 = 3^2 \times 2$, 于是

$$\mu(30) = (-1)^3 = -1,$$
$$\mu(18) = 0.$$

引理 4.5.1　对任意自然数 n, 有

$$\sum_{d \mid n} \mu(d) = \begin{cases} 1 & (\text{若 } n = 1), \\ 0 & (\text{若 } n > 1). \end{cases} \quad (4.5.3)$$

证明　若 $n = 1$, 则 $d = 1$ 是 n 仅有的一个因数, 因 $\mu(1) = 1$, 故式(4.5.3)成立.

若 $n > 1$, 且 n 有分解式(4.5.1), 令 $n^* = p_1 p_2 \cdots p_r$, 则显然 n^* 的每个因数都是 n 的因数. 若 n 的某个因数 d 不是 n^* 的因数, 则 d 在作形如式(4.5.1)的素因子分解时, 必有某个因子的次数大于或等于 2, 所以 $\mu(d) = 0$. 因此

$$\sum_{d \mid n} \mu(d) = \sum_{d \mid n^*} \mu(d)$$

$$= 1 + \sum_{1 \leqslant k \leqslant r} \sum_{1 \leqslant i_1 < \cdots < i_k \leqslant r} \mu(p_{i_1} \cdots p_{i_k})$$

$$= \sum_{0 \leqslant k \leqslant r} \sum_{1 \leqslant i_1 < \cdots < i_k \leqslant r} (-1)^k = \sum_{0 \leqslant k \leqslant r} (-1)^k \binom{r}{k}$$

$$= (1 - 1)^r$$

$$= 0.$$

引理 4.5.1 也可用容斥原理来证明(习题 22).

定理 4.5.1 (Möbius 反演定理)　设 $f(n)$ 和 $g(n)$ 是定义在自然数集 $\mathbf{N}$ 上的两个函数, 若对任意自然数 n, 有

$$f(n) = \sum_{d \mid n} g(d) \quad (4.5.4)$$

$$= \sum_{d \mid n} g\left(\frac{n}{d}\right), \quad (4.5.4')$$

则可将 g 表示为 f 的函数

$$g(n) = \sum_{d \mid n} \mu(d) f\left(\frac{n}{d}\right). \quad (4.5.5)$$

反之, 从式(4.5.5)可以得出式(4.5.4).

证明 对 n 的每个因数 d，$\dfrac{n}{d}$ 是自然数，于是有

$$f\left(\frac{n}{d}\right) = \sum_{d' \mid \frac{n}{d}} g(d'),$$

所以

$$
\begin{aligned}
\sum_{d \mid n} \mu(d) f\left(\frac{n}{d}\right) &= \sum_{d \mid n} \mu(d)\left[\sum_{d' \mid \frac{n}{d}} g(d')\right] \\
&= \sum_{d \mid n} \sum_{d' \mid \frac{n}{d}} \mu(d) g(d') \\
&= \sum_{d' \mid n} \sum_{d \mid \frac{n}{d'}} \mu(d) g(d') \\
&= \sum_{d' \mid n} g(d')\left[\sum_{d \mid \frac{n}{d'}} \mu(d)\right]. \quad\quad (4.5.6)
\end{aligned}
$$

由式(4.5.3)知

$$
\sum_{d \mid \frac{n}{d'}} \mu(d) = \begin{cases} 1 & \left(\text{若 } \dfrac{n}{d'} = 1\right), \\ 0 & \left(\text{若 } \dfrac{n}{d'} > 1\right). \end{cases} \quad\quad (4.5.7)
$$

将式(4.5.7)代入式(4.5.6)，得

$$\sum_{d \mid n} \mu(d) f\left(\frac{n}{d}\right) = \sum_{d' \mid n} g(d')\left[\sum_{d \mid \frac{n}{d'}} \mu(d)\right] = g(n),$$

即式(4.5.5)成立.

同理，若式(4.5.5)成立，将其代入式(4.5.4)式的右端，便可得到左端.

例 1 欧拉函数 $\varphi(n)$ 满足

$$\varphi(n) = n \sum_{d \mid n} \frac{\mu(d)}{d}, \quad\quad (4.5.8)$$

并由 Möbius 反演定理可得

$$n = \sum_{d \mid n} \varphi(d) = \sum_{d \mid n} \varphi\left(\frac{n}{d}\right). \quad\quad (4.5.9)$$

证明 先证式(4.5.8).

如果 $n = 1$，等式显然成立.

如果 $n > 1$，设 n 有形如式(4.5.1)的展开式，令

$$n_1 = p_1 p_2 \cdots p_r,$$

则

$$n \sum_{d \mid n} \frac{\mu(d)}{d} = n \sum_{d \mid n_1} \frac{\mu(d)}{d}$$

$$= n \left[1 + \sum_{1 \leqslant k \leqslant r} \sum_{1 \leqslant i_1 < \cdots < i_k \leqslant r} \frac{\mu(p_{i_1} p_{i_2} \cdots p_{i_k})}{p_{i_1} p_{i_2} \cdots p_{i_k}} \right]$$

$$= n \left[1 + \sum_{1 \leqslant k \leqslant r} \sum_{1 \leqslant i_1 < \cdots < i_k \leqslant r} \frac{(-1)^k}{p_{i_1} p_{i_2} \cdots p_{i_k}} \right]$$

$$= \varphi(n).$$

下面用 Möbius 反演定理由式(4.5.8)导出式(4.5.9).因为

$$\varphi(n) = n \sum_{d \mid n} \frac{\mu(d)}{d} = \sum_{d \mid n} \mu(d) \left(\frac{n}{d} \right),$$

由定理 4.5.1 知

$$n = \sum_{d \mid n} \varphi(d) = \sum_{d \mid n} \varphi\left(\frac{n}{d} \right).$$

例 2（可重圆排列问题）　求集合 $S = \{1, 2, \cdots, m\}$ 的 n 可重圆排列数.

由定理 2.4.1 知,m 元集合 $\{1,2,\cdots,m\}$ 的 n 可重排列数为 m^n.在本例中,我们讨论 $\{1,2,\cdots,m\}$ 的 n 可重圆排列数.

设 $a_1 a_2 \cdots a_n$ 是一个 n 不可重圆排列,将其分别从 n 个位置断开,即可得到与之相应的 n 个不同的线排列

$$a_1 a_2 \cdots a_n,$$
$$a_2 a_3 \cdots a_1,$$
$$\cdots,$$
$$a_n a_1 \cdots a_{n-1}.$$

然而,一个 n 可重圆排列在 n 个位置断开后形成的 n 个线排列则未必都不相同.例如,当 $d \mid n$ 时,由不重的 $a_1 a_2 \cdots a_d$ 重复 $\frac{n}{d}$ 次构成的圆排列

$$\underbrace{(a_1 a_2 \cdots a_d)(a_1 a_2 \cdots a_d) \cdots (a_1 a_2 \cdots a_d)}_{\frac{n}{d} 组} \tag{4.5.10}$$

从 n 个位置断开后只能形成 d 个不同的线排列

$$a_1 a_2 \cdots a_d \cdots a_1 a_2 \cdots a_d,$$
$$a_2 a_3 \cdots a_1 \cdots a_2 a_3 \cdots a_1,$$
$$\cdots, \tag{4.5.11}$$
$$\underbrace{a_d a_1 \cdots a_{d-1}}_{} \cdots \underbrace{a_d a_1 \cdots a_{d-1}}_{},$$
$$\underbrace{\qquad\qquad\qquad}_{\frac{n}{d} 组}$$

而且一个圆排列(4.5.10)与一组线排列(4.5.11)之间是一一对应的.

如果一个圆排列可由长度为 k 的线排列重复若干次形成,则这样的 k 的最小值称为圆排列的周期. 一个圆排列中元素的个数(重复出现的元素按其重复出现的次数计) 称为它的长度.

设由集合 $\{1,2,\cdots,m\}$ 中元素形成的长度与周期都是 d 的圆排列的个数为 $M(d)$. 因为一个圆排列(4.5.10)与一组线排列(4.5.11)对应,若 $d \mid n$,每个长度与周期都是 d 的圆排列可在 d 个位置上断开,重复 $\dfrac{n}{d}$ 次形成 d 个长度为 n 的可重线排列,因此,周期为 d 的全部 n 可重圆排列对应的 n 可重线排列的总数为 $dM(d)$. 对所有可能的周期求和,得

$$\sum_{d \mid n} dM(d) = m^n,$$

其右端 m^n 是集合 $\{1,2,\cdots,m\}$ 的 n 可重排列数. 对上式施行 Möbius 反演,得

$$nM(n) = \sum_{d \mid n} \mu(d) m^{\frac{n}{d}}. \tag{4.5.12}$$

因而,$\{1,2,\cdots,m\}$ 上长度为 n 的圆排列个数 $T(n)$ 满足

$$T(n) = \sum_{d \mid n} M(d) = \sum_{d \mid n} \frac{1}{d} \sum_{d' \mid d} u(d') m^{\frac{d}{d'}}.$$

可将 $T(n)$ 化简为(习题 23)

$$T(n) = \frac{1}{n} \sum_{d \mid n} \varphi(d) m^{\frac{n}{d}},$$

其中,$\varphi(n)$ 为欧拉函数.

习　　题

1. 在 1 与 1 000 之间不能被 4,5 和 6 整除的数有多少个?

2. 求从 1 到 500 的整数中能被 3 和 5 整除,但不能被 7 整除的数的个数.

3. 求 1 与 1 000 之间既不是平方数又不是立方数的整数的个数.

4. 求多重集合 $S = \{\infty \cdot a, 3 \cdot b, 5 \cdot c, 7 \cdot d\}$ 的 10 组合数.

5. 求不定方程 $x_1 + x_2 + x_3 = 14$ 的数值不超过 8 的正整数解的个数.

6. 在宴会后,7 位男士检查他们的帽子,问有多少种方法,使得

(1) 没有人接到自己的帽子?

(2) 至少有一人接到自己的帽子?

(3) 至少有两人接到自己的帽子?

7. 求集合 $\{1,2,\cdots,n\}$ 的排列数,使得在排列中正好有 k 个整数在它们的自然位置上(所谓自然位置,就是整数 i 排在第 i 位上).

8. 求多重集合 $S = \{3 \cdot a, 4 \cdot b, 2 \cdot c\}$ 的全排列数,使得在这些排列中同一个字母的全体不能相邻(例如,不允许 $abbbbcaac$,但允许 $baabbacbc$).

9. 证明: D_n 是偶数当且仅当 n 是奇数.

10. 证明
$$Q_n = D_n + D_{n-1}.$$

11. 定义 $D_0 = 1$,用组合分析的方法证明
$$n! = \binom{n}{0}D_n + \binom{n}{1}D_{n-1} + \binom{n}{2}D_{n-2} + \cdots + \binom{n}{n}D_0.$$

12. 计算机系有三个运动队,每人一套运动服.现计算机系有足球服 38 套,篮球服 15 套,排球服 20 套.三个运动队共有 58 人,其中只有 3 人同时是三个队的队员,问恰好参加两个队的人数以及至少参加两个队的人数.

13. (1) 在 1 和 100 000 之间有多少个整数包含了数字 1,2,3,4;

(2) 在 1 和 100 000 之间有多少个整数只由数字 1,2,3,4 构成.

14. 8 个小孩围坐在木马上,问有多少种变换座位的方法,使得每个小孩前面坐的都不是原来的小孩?

15. 设有 n 个不同的字母 $a_1, a_2, \cdots, a_n$,现用 n 对字母 $a_1, a_1, a_2, a_2, \cdots, a_n, a_n$ 组成长为 $2n$ 的字,要求相同的一对字母不相邻.求这种字的个数.

16. n 个单位各派两名代表出席一个会议,$2n$ 位代表围一圆桌坐下.试问:

(1) 各单位的代表入座的方案有多少种?

(2) 各单位的两位代表不相邻的方案数为多少?

17. 一书架有 m 层,分别放置 m 类不同种类的书,每层 n 册.现将书架上的图书全部取出清理,清理过程中要求不打乱图书所在的类别,试问:

(1) m 类图书全不在各自原来层次上的方案数有多少?

(2) 每层的 n 本书都不在原来位置上的方案数有多少?

18. 求 $\mu(20)$, $\mu(105)$ 和 $\mu(210)$.

19. 试求由 $\sum_{d \mid n} g(d) = 5$ 所定义的数论函数 $g(n)$.

20. 对任何正整数 n,令 $f(n) = \sum_{d \mid n} \mu\left(\dfrac{n}{d}\right)$,求 $f(n)$.

21. 证明：t 元集合的所有 n 可重圆排列的总数目为

$$T(n) = \frac{1}{n} \sum_{d \mid n} \varphi(d) t^{\frac{n}{d}},$$

其中，$\varphi(d)$ 为欧拉函数.

22. 用容斥原理证明引理 4.5.1.

23. 证明

$$\sum_{d \mid n} \frac{1}{d} \sum_{d' \mid d} \mu(d') m^{\frac{d}{d'}} = \frac{1}{n} \sum_{d \mid n} \varphi(d) m^{\frac{n}{d}}.$$

24. 求本题图中有阴影部分的棋盘的棋子多项式.

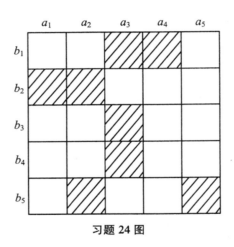

习题 24 图

25. 5 名旅客 $P_1, P_2, \cdots, P_5$ 要去 5 个地方 $C_1, C_2, \cdots, C_5$，其中，P_1 不愿意去 C_1, C_3；P_2 不愿意去 C_4；P_3 不愿意去 C_2, C_5；P_4 不愿意去 C_2；P_5 不愿意去 C_1，C_3. 问 P_1 去 C_5 的概率有多少？

26. 令 n 为正整数，并令 $p_1, p_2, \cdots, p_k$ 作为整数 n 的所有互异的素数. 考虑由

$$\phi(n) = |\{k \mid 1 \leqslant k \leqslant n, \gcd(k, n) = 1\}|$$

定义的欧拉函数 ϕ. 利用容斥原理证明

$$\phi(n) = n \prod_{i=1}^{k} \left(1 - \frac{1}{p_i}\right).$$

27. 考虑 k 个互异元素的多重集合 $X = \{n_1 \cdot a_1, n_2 \cdot a_2, \cdots, n_k \cdot a_k\}$，其中 $n_1, n_2, \cdots, n_k$ 是正的重数. 我们引入 X 的子多重集上的偏序，其对应的关系如下：如果 $A = \{p_1 \cdot a_1, p_2 \cdot a_2, \cdots, p_k \cdot a_k\}$ 且 $B = \{q_1 \cdot a_1, q_2 \cdot a_2, \cdots, q_k \cdot a_k\}$ 是 X 的子多重集，那么当 $i = 1, 2, \cdots, k$ 时 $p_i \leqslant q_i$，有 $A \leqslant B$. 证明这种关系定义了

X 上的一种偏序,然后计算它的 Möbius 函数.

28. 利用容斥原理证明

$$\sum_{k=0}^{m}(-1)^{k}\binom{m}{k}\binom{n+m-k-1}{n}=\binom{n-1}{m-1}\quad(n\geqslant 1,m\geqslant 1).$$

29. 一部由1楼上升到10楼的电梯内共有 n 个乘客,该电梯从5楼开始每层都停,以便让乘客决定是否离开电梯.

(1) 求 n 个乘客离开电梯的不同方法的种数;

(2) 求每层楼都有人离开电梯的不同方法和种数.

30. 利用容斥原理证明

$$\sum_{k=0}^{m}(-1)^{k}\binom{m}{k}\binom{n-k}{r}=\binom{n-m}{r-m}\quad(n\geqslant r\geqslant m\geqslant 0).$$

第5章 生成函数

5.1 引　　论

　　生成函数是一种既简单又有用的数学方法,它最早出现于19世纪初.对于组合计数问题,生成函数是一种最重要的一般性处理方法.它的中心思想是:对于一个有限或无限数列

$$\{a_0,\ a_1,\ a_2,\ \cdots\},$$

用幂级数

$$A(x) = a_0 + a_1 x + a_2 x^2 + \cdots$$

使之成为一个整体,然后通过研究幂级数 $A(x)$,导出数列$\{a_0, a_1, a_2, \cdots\}$ 的构造和性质.我们称 $A(x)$ 为序列$\{a_0, a_1, a_2, \cdots\}$ 的生成函数,并记为 $G\{a_n\}$.

　　实际上,在第3章中我们已经使用过生成函数方法.组合数序列

$$\binom{n}{0}, \binom{n}{1}, \cdots, \binom{n}{n}$$

的生成函数为

$$f_n(x) = \binom{n}{0} + \binom{n}{1}x + \binom{n}{2}x^2 + \cdots + \binom{n}{n}x^n,$$

由二项式定理知

$$f_n(x) = (1+x)^n.$$

通过对$(1+x)^n$ 的运算,可以导出一系列组合数的关系式,例如

$$\sum_{i=0}^{n} \binom{n}{i} = 2^n,$$

$$\sum_{i=1}^{n} i\binom{n}{i} = n \cdot 2^{n-1},$$

等等.

由恒等式

$$(1 + x)^{m+n} = (1 + x)^m (1 + x)^n$$

可以推导出 Vandermonde 恒等式

$$\binom{m + n}{r} = \sum_{k=0}^{r} \binom{m}{k} \binom{n}{r - k}.$$

下面再看一个例子.

例 1　投掷一次骰子,出现点数 $1, 2, \cdots, 6$ 的概率均为 $\dfrac{1}{6}$. 问连续投掷两次,出现的点数之和为 10 的概率有多少?连续投掷 10 次,出现的点数之和为 30 的概率又是多少?

解　一次投掷出现的点数有 6 种可能. 连续两次投掷得到的点数构成二元数组 (i, j) $(1 \leqslant i, j \leqslant 6)$,共有 $6^2 = 36$ 种可能. 由枚举法,两次出现的点数之和为 10 的有 3 种可能:$(4, 6), (5, 5), (6, 4)$,所以概率为 $\dfrac{3}{36} = \dfrac{1}{12}$.

如果问题是连续投掷 10 次,其点数之和为 30 的概率有多少,这时就不那么简单了. 这是由于 10 个数之和为 30 的可能组合方式很多,难以一一列举,要解决这个问题,只能另辟新径.

我们用多项式

$$x + x^2 + x^3 + x^4 + x^5 + x^6$$

表示投掷一次可能出现点数 $1, 2, \cdots, 6$,观察

$$(x + x^2 + x^3 + x^4 + x^5 + x^6)(x + x^2 + x^3 + x^4 + x^5 + x^6).$$

从两个括号中分别取出 x^m 和 x^n,使

$$x^m \cdot x^n = x^{10},$$

即是两次投掷分别出现点数 m, n,且 $m + n = 10$. 由此得出,展开式中 x^{10} 的系数就是满足条件的方法数.

同理,连续投掷 10 次,其和为 30 的方法数为

$$(x + x^2 + x^3 + x^4 + x^5 + x^6)^{10}$$

中 x^{30} 的系数. 而

$$
\begin{aligned}
&(x + x^2 + x^3 + x^4 + x^5 + x^6)^{10} \\
&= x^{10}(1 - x^6)^{10}(1 - x)^{-10} \\
&= x^{10} \cdot \sum_{i=0}^{10} (-1)^i \binom{10}{i} x^{6i} \cdot \sum_{i=0}^{\infty} \binom{10 - 1 + i}{i} x^i,
\end{aligned}
$$

所以, x^{30} 的系数为

$$\binom{29}{20} - \binom{23}{14}\binom{10}{1} + \binom{17}{8}\binom{10}{2} - \binom{11}{2}\binom{10}{3} = 2\,930\,455.$$

故所求概率为

$$\frac{2\,930\,455}{6^{10}} \approx 0.048\,5.$$

5.2 形式幂级数

数列

$$\{a_0, a_1, a_2, \cdots\} \tag{5.2.1}$$

的生成函数是幂级数

$$A(x) = a_0 + a_1 x + a_2 x^2 + \cdots. \tag{5.2.2}$$

由于只有收敛的幂级数才有解析意义,并可以作为函数进行各种运算,这样就有了级数收敛性的问题. 为了解决这个问题,我们从代数的观点引入形式幂级数的概念.

我们称幂级数(5.2.2)是形式幂级数,其中的 x 是未定元,看作是抽象符号.对于实数域 $\mathbf{R}$ 上的数列

$$\{a_0, a_1, a_2, \cdots\},$$

x 是 $\mathbf{R}$ 上的未定元,表达式

$$A(x) = a_0 + a_1 x + a_2 x^2 + \cdots$$

称为 $\mathbf{R}$ 上的形式幂级数.

一般情况下,形式幂级数中的 x 只是一个抽象符号,并不需要对 x 赋予具体数值,因而就不需要考虑它的收敛性.

$\mathbf{R}$ 上的形式幂级数的全体记为 $\mathbf{R}[[x]]$.在集合 $\mathbf{R}[[x]]$ 中适当定义加法和乘法运算,便可使它成为一个整环,任何一个形式幂级数都是这个环中的元素.

定义 5.2.1 设 $A(x) = \sum_{k=0}^{\infty} a_k x^k$ 与 $B(x) = \sum_{k=0}^{\infty} b_k x^k$ 是 $\mathbf{R}$ 上的两个形式幂级数,若对任意 $k \geqslant 0$,有 $a_k = b_k$,则称 $A(x)$ 与 $B(x)$ 相等,记作 $A(x) = B(x)$.

定义 5.2.2 设 α 为任意实数,$A(x) = \sum_{k=0}^{\infty} a_k x^k \in \mathbf{R}[[x]]$,则将

$$\alpha A(x) \equiv \sum_{k=0}^{\infty} (\alpha a_k) x^k$$

叫作 α 与 $A(x)$ 的数乘积.

定义 5.2.3　设 $A(x) = \sum_{k=0}^{\infty} a_k x^k$ 与 $B(x) = \sum_{k=0}^{\infty} b_k x^k$ 是 **R** 上的两个形式幂级数,将 $A(x)$ 与 $B(x)$ 相加定义为

$$A(x) + B(x) \equiv \sum_{k=0}^{\infty} (a_k + b_k) x^k,$$

并称 $A(x) + B(x)$ 为 $A(x)$ 与 $B(x)$ 的和,把运算"$+$"叫作加法.

将 $A(x)$ 与 $B(x)$ 相乘定义为

$$A(x) \cdot B(x) \equiv \sum_{k=0}^{\infty} (a_k b_0 + a_{k-1} b_1 + \cdots + a_0 b_k) x^k,$$

并称 $A(x) \cdot B(x)$ 为 $A(x)$ 和 $B(x)$ 的积,把运算"$\cdot$"叫作乘法.

定理 5.2.1　集合 **R**$[[x]]$ 在上述加法和乘法运算下构成一个整环.

证明　容易验证 **R**$[[x]]$ 关于加法是封闭的,并且加法满足结合律和交换律.

R$[[x]]$ 关于加法有零元,其零元是数列 $\{0,0,\cdots,0,\cdots\}$ 的形式幂级数 0.

对于任意形式幂级数

$$A(x) = \sum_{k=0}^{\infty} a_k x^k,$$

它在加法运算下的逆元是数列 $\{-a_0, -a_1, -a_2, \cdots\}$ 的形式幂级数

$$-A(x) = \sum_{k=0}^{\infty} (-a_k) x^k.$$

综上所述,$(\mathbf{R}[[x]], +)$ 是交换群.

其次,证明 $(\mathbf{R}[[x]], \cdot)$ 是一个可交换的含幺半群. 这是因为:容易验证, **R**$[[x]]$ 在上述乘法运算下是封闭的,并且乘法满足结合律和交换律.乘法单位元是数列 $\{1,0,0,\cdots\}$ 的形式幂级数 1.因此,$(\mathbf{R}[[x]], \cdot)$ 是一个可交换的含幺半群.

最后,不难验证,乘法对加法满足分配律,而且无零因子.事实上,设

$$A(x) = \sum_{k=0}^{\infty} a_k x^k \neq 0, \quad B(x) = \sum_{k=0}^{\infty} b_k x^k \neq 0,$$

则

$$A(x) \cdot B(x) = \sum_{k=0}^{\infty} \left(\sum_{i+j=k} a_i b_j \right) x^k$$

必不为零.

因此,**R**$[[x]]$ 在上述加法和乘法运算下构成一个可交换、含单位元、无零因子

的环,即整环.

定理 5.2.2 对 $\mathbf{R}[[x]]$ 中的任意一个元素 $A(x) = \sum\limits_{k=0}^{\infty} a_k x^k$, $A(x)$ 有乘法逆元当且仅当 $a_0 \neq 0$. 若 $\widetilde{A}(x) = \sum\limits_{k=0}^{\infty} \bar{a}_k x^k$ 是 $A(x)$ 的乘法逆元,则有

$$\bar{a}_0 = a_0^{-1},$$

$$\bar{a}_k = (-1)^k a_0^{-(k+1)} \begin{vmatrix} a_1 & a_2 & a_3 & \cdots & a_{k-1} & a_k \\ a_0 & a_1 & a_2 & \cdots & a_{k-2} & a_{k-1} \\ 0 & a_0 & a_1 & \cdots & a_{k-3} & a_{k-2} \\ \vdots & \vdots & \vdots & \vdots & \vdots & \vdots \\ 0 & 0 & 0 & \cdots & a_1 & a_2 \\ 0 & 0 & 0 & \cdots & a_0 & a_1 \end{vmatrix} \quad (k \geqslant 1).$$

证明 设 $\widetilde{A}(x)$ 是 $A(x)$ 的乘法逆元,则有

$$1 = A(x)\widetilde{A}(x) = \left(\sum_{k=0}^{\infty} a_k x^k\right)\left(\sum_{k=0}^{\infty} \bar{a}_k x^k\right) = \sum_{k=0}^{\infty}\left(\sum_{i+j=k} a_i \bar{a}_j\right)x^k.$$

比较等式两边 x^k ($k = 0,1,2,\cdots$) 的系数,得一个无穷线性方程组

$$\begin{cases} a_0 \bar{a}_0 = 1, \\ a_1 \bar{a}_0 + a_0 \bar{a}_1 = 0, \\ a_2 \bar{a}_0 + a_1 \bar{a}_1 + a_0 \bar{a}_2 = 0, \\ \cdots, \\ a_k \bar{a}_0 + a_{k-1} \bar{a}_1 + \cdots + a_0 \bar{a}_k = 0, \\ \cdots. \end{cases}$$

由方程组的第一个方程得 $a_0 \neq 0$,且 $\bar{a}_0 = a_0^{-1}$.

反之,当 $a_0 \neq 0$ 时,对任意固定的正整数 k,把 $\bar{a}_0, \bar{a}_1, \cdots, \bar{a}_k$ 当作未知量,解前 $k+1$ 个方程组成的方程组.由于前 $k+1$ 个方程的系数行列式为

$$\Delta = \begin{vmatrix} a_0 & 0 & 0 & \cdots & 0 \\ a_1 & a_0 & 0 & \cdots & 0 \\ a_2 & a_1 & a_0 & \cdots & 0 \\ \vdots & \vdots & \vdots & \vdots & \vdots \\ a_{k-1} & a_{k-2} & a_{k-3} & \cdots & 0 \\ a_k & a_{k-1} & a_{k-2} & \cdots & a_0 \end{vmatrix} = a_0^{k+1} \neq 0,$$

而

$$\Delta_k = \begin{vmatrix} a_0 & 0 & 0 & \cdots & 0 & 1 \\ a_1 & a_0 & 0 & \cdots & 0 & 0 \\ a_2 & a_1 & a_0 & \cdots & 0 & 0 \\ \vdots & \vdots & \vdots & \vdots & \vdots & \vdots \\ a_{k-1} & a_{k-2} & a_{k-3} & \cdots & a_0 & 0 \\ a_k & a_{k-1} & a_{k-2} & \cdots & a_1 & 0 \end{vmatrix}$$

$$= (-1)^k \begin{vmatrix} a_1 & a_2 & a_3 & \cdots & a_{k-1} & a_k \\ a_0 & a_1 & a_2 & \cdots & a_{k-2} & a_{k-1} \\ 0 & a_0 & a_1 & \cdots & a_{k-3} & a_{k-2} \\ \vdots & \vdots & \vdots & \vdots & \vdots & \vdots \\ 0 & 0 & 0 & \cdots & a_1 & a_2 \\ 0 & 0 & 0 & \cdots & a_0 & a_1 \end{vmatrix},$$

故由克莱姆法则得

$$\tilde{a}_k = \frac{\Delta_k}{\Delta}.$$

因此,若 $a_0 \neq 0$,则方程组有解 $(\tilde{a}_0, \tilde{a}_1, \tilde{a}_2, \cdots)$,它所对应的形式幂级数

$$\tilde{A}(x) = \sum_{k=0}^{\infty} \tilde{a}_k x^k$$

就是 $\tilde{A}(x)$ 的乘法逆元.

例如,设 $A(x) = 1 - x$,它的逆元记为

$$\frac{1}{1-x} = \tilde{a}_0 + \tilde{a}_1 x + \tilde{a}_2 x^2 + \cdots.$$

由

$$(1-x)(\tilde{a}_0 + \tilde{a}_1 x + \tilde{a}_2 x^2 + \cdots) = 1,$$

求得

$$\tilde{a}_k = 1 \quad (k = 0, 1, 2, \cdots),$$

即

$$\frac{1}{1-x} = 1 + x + x^2 + \cdots.$$

从上面的讨论我们可以看出,对于形式幂级数可以像收敛的幂级数那样进行运算,运算的定义和规则完全相同,而不必考虑其收敛性问题.

在整环 $\mathbf{R}[[x]]$ 上还可以定义形式导数.

定义 5.2.4 对于任意 $A(x) = \sum_{k=0}^{\infty} a_k x^k \in \mathbf{R}[[x]]$,规定

$$DA(x) \equiv \sum_{k=1}^{\infty} k a_k x^{k-1},$$

称 $DA(x)$ 为 $A(x)$ 的形式导数.

$A(x)$ 的 n 次形式导数可以递归地定义为

$$\begin{cases} D^0 A(x) \equiv A(x), \\ D^n A(x) \equiv D[D^{n-1} A(x)] \quad (n \geqslant 1). \end{cases}$$

形式导数满足如下规则:

(1) $D[\alpha A(x) + \beta B(x)] = \alpha DA(x) + \beta DB(x)$;

(2) $D[A(x) \cdot B(x)] = A(x)DB(x) + B(x)DA(x)$;

(3) $D[A^n(x)] = nA^{n-1}(x)DA(x)$.

证明 规则(1)由定义可以直接得出,而规则(3)则是规则(2)的推论.

现证明规则(2).显然有

$$\begin{aligned} D[A(x) \cdot B(x)] &= D \sum_{k=0}^{\infty} \left(\sum_{i+j=k} a_i b_j \right) x^k = \sum_{k=1}^{\infty} k \left(\sum_{i+j=k} a_i b_j \right) x^{k-1} \\ &= \sum_{k=1}^{\infty} \sum_{i+j=k} (i+j) a_i b_j x^{i+j-1} \\ &= \sum_{k=1}^{\infty} \sum_{i+j=k} (i a_i x^{i-1}) b_j x^j + \sum_{k=1}^{\infty} \sum_{i+j=k} (a_i x^i)(j b_j x^{j-1}) \\ &= \left(\sum_{i=1}^{\infty} i a_i x^{i-1} \right) \left(\sum_{j=0}^{\infty} b_j x^j \right) + \left(\sum_{i=0}^{\infty} a_i x^i \right) \left(\sum_{j=1}^{\infty} j b_j x^{j-1} \right) \\ &= A(x)DB(x) + B(x)DA(x). \end{aligned}$$

由此可知,形式导数满足微积分中求导运算的规则,当某个形式幂级数在某个范围内收敛时,形式导数就是微积分中的求导运算.为了书写方便,以后用 $A'(x)$, $A''(x)$,… 分别代表 $DA(x)$,$D^{(2)}A(x)$,….

5.3 生成函数的性质

生成函数与数列之间是一一对应的.因此,若两个生成函数之间存在某种关系,那么相应的两个数列之间也必然存在一定的关系;反之亦然.

设数列 $\{a_0, a_1, a_2, \cdots\}$ 的生成函数为 $A(x) = \sum_{k=0}^{\infty} a_k x^k$,数列 $\{b_0, b_1, b_2, \cdots\}$

的生成函数为 $B(x) = \sum_{k=0}^{\infty} b_k x^k$，我们可以得到生成函数的如下一些性质：

性质 1　若

$$b_k = \begin{cases} 0 & (k < l), \\ a_{k-l} & (k \geqslant l), \end{cases}$$

则

$$B(x) = x^l \cdot A(x).$$

证明　由假设条件，有

$$\begin{aligned} B(x) &= \sum_{k=0}^{\infty} b_k x^k \\ &= a_0 \cdot x^l + a_1 \cdot x^{l+1} + \cdots + a_n \cdot x^{l+n} + \cdots \\ &= x^l \cdot (a_0 + a_1 x + \cdots + a_n x^m + \cdots) \\ &= x^l \cdot A(x). \end{aligned}$$

性质 2　若 $b_k = a_{k+l}$，则

$$B(x) = \frac{1}{x^l} \left[A(x) - \sum_{k=0}^{l-1} a_k x^k \right].$$

证明　类似于性质 1 的证明.

性质 3　若 $b_k = \sum_{i=0}^{k} a_i$，则

$$B(x) = \frac{A(x)}{1-x}.$$

证明　由假设条件，有

$$\begin{aligned} b_0 &= a_0, \\ b_1 x &= a_0 x + a_1 x, \\ b_2 x^2 &= a_0 x^2 + a_1 x^2 + a_2 x^2, \\ &\cdots, \\ b_k x^k &= a_0 x^k + a_1 x^k + a_2 x^k + \cdots + a_k x^k, \\ &\cdots. \end{aligned}$$

把以上各式的两边分别相加，得

$$\begin{aligned} B(x) &= a_0(1 + x + x^2 + \cdots) + a_1 x (1 + x + x^2 + \cdots) \\ &\quad + a_2 x^2 (1 + x + x^2 + \cdots) + \cdots \\ &= (a_0 + a_1 x + a_2 x^2 + \cdots)(1 + x + x^2 + \cdots) \\ &= \frac{A(x)}{1-x}. \end{aligned}$$

性质 4 若 $b_k = \sum\limits_{i=k}^{\infty} a_i$，则

$$B(x) = \frac{A(1) - xA(x)}{1 - x}.$$

这里，$\sum\limits_{i=0}^{\infty} a_i$ 是收敛的.

证明 因为 $A(1) = \sum\limits_{k=0}^{\infty} a_k$ 收敛，所以 $b_k = \sum\limits_{i=k}^{\infty} a_i$ 是存在的. 于是有

$$b_0 = a_0 + a_1 + a_2 + \cdots = A(1),$$
$$b_1 x = a_1 x + a_2 x + \cdots = [A(1) - a_0]x,$$
$$b_2 x^2 = a_2 x^2 + a_3 x^2 + \cdots = [A(1) - a_0 - a_1]x^2,$$
$$\cdots,$$
$$b_k x^k = a_k x^k + a_{k+1} x^k + \cdots = [A(1) - a_0 - a_1 - \cdots - a_{k-1}]x^k,$$
$$\cdots.$$

把以上各式的两边分别相加，得

$$
\begin{aligned}
B(x) &= A(1) + [A(1) - a_0]x + [A(1) - a_0 - a_1]x^2 + \cdots \\
&\quad + [A(1) - a_0 - \cdots - a_{k-1}]x^k + \cdots \\
&= A(1)(1 + x + x^2 + \cdots) - a_0 x(1 + x + x^2 + \cdots) \\
&\quad - a_1 x^2(1 + x + x^2 + \cdots) - \cdots - a_{n-1} x^n(1 + x + x^2 + \cdots) - \cdots \\
&= [A(1) - x(a_0 + a_1 x + a_2 x^2 + \cdots)] \cdot (1 + x + x^2 + \cdots) \\
&= \frac{A(1) - xA(x)}{1 - x}.
\end{aligned}
$$

性质 5 若 $b_k = ka_k$，则

$$B(x) = xA'(x).$$

证明 由 $A'(x)$ 的定义知

$$xA'(x) = x\sum_{k=1}^{\infty} ka_k x^{k-1} = \sum_{k=0}^{\infty} ka_k x^k = \sum_{k=0}^{\infty} b_k x^k = B(x).$$

性质 6 若 $b_k = \dfrac{a_k}{k+1}$，则

$$B(x) = \frac{1}{x} \int_0^x A(t)\,\mathrm{d}t.$$

证明 由假设条件，有

$$\int_0^x A(t)\,\mathrm{d}t = \sum_{k=0}^{\infty} \int_0^x a_k t^k \,\mathrm{d}t = \sum_{k=0}^{\infty} \int_0^x b_k(k+1) t^k \,\mathrm{d}t$$

$$= \sum_{k=0}^{\infty} b_k x^{k+1} = x \cdot B(x).$$

性质 7　若 $c_k = \alpha a_k + \beta b_k$, 则

$$C(x) \equiv \sum_{k=0}^{\infty} c_k x^k = \alpha A(x) + \beta B(x).$$

性质 8　若 $c_k = a_0 b_k + a_1 b_{k-1} + \cdots + a_k b_0$, 则

$$C(x) \equiv \sum_{k=0}^{\infty} c_k x^k = A(x) \cdot B(x).$$

性质 7 和性质 8 可由形式幂级数的数乘、加法及乘法运算的定义直接得出.

利用这些性质, 我们可以求某些数列的生成函数, 也可以计算数列的和. 下面列出常见的几个数列的生成函数:

(1) $G\{1\} = \dfrac{1}{1-x}$;

(2) $G\{a^k\} = \dfrac{1}{1-ax}$;

(3) $G\{k\} = \dfrac{x}{(1-x)^2}$;

(4) $G\{k(k+1)\} = \dfrac{2x}{(1-x)^3}$;

(5) $G\{k^2\} = \dfrac{x(1+x)}{(1-x)^3}$;

(6) $G\{k(k+1)(k+2)\} = \dfrac{6x}{(1-x)^4}$;

(7) $G\left\{\dfrac{1}{k!}\right\} = \mathrm{e}^x$;

(8) $G\left\{\dbinom{\alpha}{k}\right\} = (1+x)^{\alpha}$;

(9) $G\left\{\dbinom{n+k}{k}\right\} = \dfrac{1}{(1-x)^{n+1}}$.

下面证明其中的几个生成函数, 而生成函数 (8) 和 (9) 可参见定理 3.1.2 及其分析.

证明　(3) 易知

$$G\{k\} = \sum_{k=1}^{\infty} k x^k = x \sum_{k=1}^{\infty} k x^{k-1}$$

$$= x \left(\sum_{k=0}^{\infty} x^k\right)' = x \left(\frac{1}{1-x}\right)'$$

$$= \frac{x}{(1-x)^2}.$$

（5）易知

$$G\{k^2\} = \sum_{k=1}^{\infty} k^2 x^k$$

$$= \sum_{k=1}^{\infty}(k+1)kx^k - \sum_{k=1}^{\infty} kx^k$$

$$= \frac{2x}{(1-x)^3} - \frac{x}{(1-x)^2}$$

$$= \frac{x(1+x)}{(1-x)^3}.$$

（6）设

$$G\{k(k+1)(k+2)\} = A(x),$$

则

$$\int_0^x tA(t)\mathrm{d}t = \sum_{k=1}^{\infty}\int_0^x k(k+1)(k+2)t^{k+1}\mathrm{d}t$$

$$= \sum_{k=1}^{\infty} k(k+1)x^{k+2}$$

$$= x^2 \cdot \frac{2x}{(1-x)^3}.$$

所以

$$xA(x) = \left[\frac{2x^3}{(1-x)^3}\right]' = \frac{6x^2}{(1-x)^4},$$

故

$$A(x) = \frac{6x}{(1-x)^4}.$$

利用生成函数的性质,可以求出一些序列以及一些序列的和,下面的两个例子说明了一些求解方法.

例 1 已知$\{a_n\}$的生成函数为

$$A(x) = \frac{2+3x-6x^2}{1-2x},$$

求 a_n.

解 用部分分式的方法得

$$A(x) = \frac{2+3x-6x^2}{1-2x} = \frac{2}{1-2x} + 3x,$$

而

$$\frac{2}{1-2x} = 2\sum_{n=0}^{\infty} 2^n x^n = \sum_{n=0}^{\infty} 2^{n+1} x^n,$$

所以有

$$a_n = \begin{cases} 2^{n+1} & (n \neq 1), \\ 2^2 + 3 = 7 & (n = 1). \end{cases}$$

例 2 计算级数

$$1^2 + 2^2 + \cdots + n^2$$

的和.

解 由前面列出的第(5)个数列的生成函数知,数列$\{n^2\}$的生成函数为

$$A(x) = \frac{x(1+x)}{(1-x)^3} = \sum_{k=0}^{\infty} a_k x^k,$$

此处,$a_k = k^2$. 令

$$b_n = 1^2 + 2^2 + \cdots + n^2,$$

则

$$b_n = \sum_{k=1}^{n} a_k,$$

由性质 3 即得数列$\{b_n\}$的生成函数为

$$B(x) = \sum_{n=0}^{\infty} b_n x^n = \frac{A(x)}{1-x} = \frac{x(1+x)}{(1-x)^4}$$

$$= (x + x^2) \sum_{k=0}^{\infty} \binom{k+3}{k} x^k.$$

比较等式两边 x^n 的系数,便得

$$1^2 + 2^2 + \cdots + n^2 = b_n$$

$$= \binom{n+2}{n-1} + \binom{n+1}{n-2}$$

$$= \frac{n(n+1)(2n+1)}{6}.$$

5.4 组合型分配问题的生成函数

本节介绍组合数序列的生成函数,进而介绍如何用生成函数来求解组合型分

配问题.

5.4.1 组合数的生成函数

我们在前面几章中讨论过三种不同类型的组合问题:

(1) 求$\{a_1, a_2, \cdots, a_n\}$的 k 组合数;

(2) 求$\{\infty \cdot a_1, \infty \cdot a_2, \cdots, \infty \cdot a_n\}$的 k 组合数;

(3) 求$\{3 \cdot a, 4 \cdot b, 5 \cdot c\}$的 10 组合数.

其中,问题(1)是普通集合的组合问题;问题(2)转化为不定方程 $x_1 + x_2 + \cdots + x_n = k$ 的非负整数解的个数问题;问题(3)是利用容斥原理在 $M = \{\infty \cdot a, \infty \cdot b, \infty \cdot c\}$ 中求不满足下述三个性质:

$$P_1: 10 \text{ 组合中 } a \text{ 的个数大于或等于 } 4;$$
$$P_2: 10 \text{ 组合中 } b \text{ 的个数大于或等于 } 5;$$
$$P_3: 10 \text{ 组合中 } c \text{ 的个数大于或等于 } 6$$

的 10 组合数,它们在解题方法上各不相同.下面我们将看到,引入生成函数的概念后,上述三类组合问题可以统一地处理.

我们先从问题(2)开始.令

$$M = \{\infty \cdot a_1, \infty \cdot a_2, \cdots, \infty \cdot a_n\}$$

的 k 组合数为 b_k.考虑 n 个形式幂级数的乘积

$$(1 + x \underbrace{+ x^2 + \cdots)(1 + x + x^2 + \cdots) \cdots (1 + x + x^2 + \cdots)}_{n\text{组}},$$

它的展开式中,每一个 x^k 均为

$$x^{m_1} x^{m_2} \cdots x^{m_n} = x^k \quad (m_1 + m_2 + \cdots + m_n = k),$$

其中,$x^{m_1}, x^{m_2}, \cdots, x^{m_n}$ 分别取自代表 a_1 的第一个括号,代表 a_2 的第二个括号,$\cdots\cdots$,代表 a_n 的第 n 个括号;$m_1, m_2, \cdots, m_n$ 分别表示取 $a_1, a_2, \cdots, a_n$ 的个数.于是,每个 x^k 都对应着多重集合 M 的一个 k 组合.因此

$$(1 + x + x^2 + \cdots)^n$$

中 x^k 的系数就是 M 的 k 组合数 b_k.由此得出序列$\{b_k\}$的生成函数为

$$(1 + x + x^2 + \cdots)^n = \frac{1}{(1-x)^n},$$

从而

$$b_k = \binom{n-1+k}{k}.$$

这时,我们再次得到了第 2 章中多重集合 M 的 k 组合数的公式,只不过现在是用生

成函数获得的.

用生成函数方法解问题(3)尤为简单.将$\{3 \cdot a, 4 \cdot b, 5 \cdot c\}$的 k 组合数记为 b_k,$\{b_k\}$ 的生成函数就是

$$(1 + x + x^2 + x^3)(1 + x + x^2 + x^3 + x^4)(1 + x + x^2 + x^3 + x^4 + x^5).$$

其原因是展开式中的 x^k 必定为

$$x^{m_1} x^{m_2} x^{m_3} = x^k \quad (m_1 + m_2 + m_3 = k),$$

由于 $x^{m_1}, x^{m_2}, x^{m_3}$ 分别取自第一、第二、第三个括号,故 $0 \leqslant m_1 \leqslant 3, 0 \leqslant m_2 \leqslant 4$, $0 \leqslant m_3 \leqslant 5$,于是每个 x^k 对应集合 $\{3 \cdot a, 4 \cdot b, 5 \cdot c\}$ 的一个 k 组合.

特别令 $k = 10$,则

$$(1 + x + x^2 + x^3) \cdot (1 + x + x^2 + x^3 + x^4) \cdot (1 + x + x^2 + x^3 + x^4 + x^5)$$

$$= (1 - x^4) \cdot (1 - x^5) \cdot (1 - x^6) \cdot \frac{1}{(1 - x)^3}$$

$$= (1 - x^4 - x^5 - x^6 + x^9 + x^{10} + x^{11} - x^{15}) \cdot \sum_{n=0}^{\infty} \binom{n+2}{n} x^n,$$

所以,x^{10} 的系数 b_{10} 为

$$b_{10} = \binom{10+2}{10} - \binom{6+2}{6} - \binom{5+2}{5}$$

$$- \binom{4+2}{4} + \binom{1+2}{1} + \binom{0+2}{0}$$

$$= 6,$$

与第 4 章中用容斥原理得到的结果相同.

在普通集合 $\{a_1, a_2, \cdots, a_n\}$ 的 k 组合中,a_i $(1 \leqslant i \leqslant n)$ 或者出现或者不出现,故该集合的 k 组合数序列 $\{b_k\}$ 的生成函数为

$$(1 + x)^n = \sum_{k=0}^{n} \binom{n}{k} x^k,$$

从而

$$b_k = \binom{n}{k}.$$

综合以上分析,我们得到:

定理 5.4.1　设从 n 元集合 $S = \{a_1, a_2, \cdots, a_n\}$ 中取 k 个元素的组合数为 b_k,若限定元素 a_i 出现的次数集合为 $M_i (1 \leqslant i \leqslant n)$,则该组合数序列的生成函数为

$$\prod_{i=1}^{n} \left(\sum_{m \in M_i} x^m \right).$$

例 1　求多重集合 $M = \{\infty \cdot a_1, \infty \cdot a_2, \cdots, \infty \cdot a_n\}$ 的每个 a_i 至少出现一

次的 k 组合数 b_k.

解 由定理 5.4.1 知
$$M_i = \{1, 2, 3, \cdots\} \quad (1 \leqslant i \leqslant n).$$
于是
$$
\begin{aligned}
G\{b_k\} &= (x + x^2 + x^3 + \cdots)^n \\
&= x^n \cdot \frac{1}{(1-x)^n} \\
&= \sum_{i=0}^{\infty} \binom{n-1+i}{i} x^{n+i} \\
&= \sum_{k=n}^{\infty} \binom{k-1}{n-k} x^k \\
&= \sum_{k=n}^{\infty} \binom{k-1}{n-1} x^k,
\end{aligned}
$$
所以
$$
b_k = \begin{cases} 0 & (k < n), \\ \binom{k-1}{n-1} & (k \geqslant n). \end{cases}
$$

5.4.2 组合型分配问题的生成函数

定理 5.4.2 把 k 个相同的球放入 n 个不同的盒子 $a_1, a_2, \cdots, a_n$ 中,限定盒子 a_i 的容量集合为 M_i $(1 \leqslant i \leqslant n)$,则其分配方案数的生成函数为
$$\prod_{i=1}^{n} \left(\sum_{m \in M_i} x^m \right).$$

证明 不妨设盒子 $a_1, a_2, \cdots, a_n$ 中放入的球数分别为 $x_1, x_2, \cdots, x_n$,则
$$x_1 + x_2 + \cdots + x_n = k \quad (x_i \in M_i, 1 \leqslant i \leqslant n).$$
一种符合要求的放法相当于 $M = \{\infty \cdot a_1, \infty \cdot a_2, \cdots, \infty \cdot a_n\}$ 的一个 k 组合,前面关于盒子 a_i 容量的限制转变成 k 组合中 a_i 出现次数的限制. 由定理 5.4.1 知,组合型分配问题方案数的生成函数为
$$\prod_{i=1}^{n} \left(\sum_{m \in M_i} x^m \right).$$

例 2 求不定方程
$$x_1 + x_2 + x_3 + x_4 + x_5 = 20$$
满足

$$x_1 \geqslant 3,\ x_2 \geqslant 2,\ x_3 \geqslant 4,\ x_4 \geqslant 6,\ x_5 \geqslant 0$$

的整数解的个数.

解　本问题相当于把 20 个相同的球放入 5 个不同的盒子中,盒子的容量集合分别为

$$M_1 = \{3,\, 4,\, \cdots\},$$
$$M_2 = \{2,\, 3,\, \cdots\},$$
$$M_3 = \{4,\, 5,\, \cdots\},$$
$$M_4 = \{6,\, 7,\, \cdots\},$$
$$M_5 = \{0,\, 1,\, 2,\, \cdots\}.$$

该组合型分配问题的生成函数为

$$(x^3 + x^4 + \cdots)(x^2 + x^3 + \cdots)(x^4 + x^5 + \cdots)$$
$$\cdot (x^6 + x^7 + \cdots)(1 + x + x^2 + \cdots)$$
$$= x^{15} \cdot (1 + x + x^2 + \cdots)^5$$
$$= x^{15} \cdot \frac{1}{(1-x)^5}$$
$$= x^{15} \cdot \sum_{n=0}^{\infty} \binom{n+4}{n} x^n,$$

其中,x^{20} 的系数 $\binom{5+4}{5} = 126$ 就是满足条件的整数解的个数.

5.5　排列型分配问题的指数型生成函数

本节首先指出生成函数在求解排列型分配问题时的不足,然后引入指数型生成函数以及在排列数中的应用.

5.5.1　排列数的指数型生成函数

n 元集合的 k 排列数为 $n(n-1)\cdots(n-k+1)$,按 5.4.1 小节中方法构成的生成函数

$$\sum_{k=0}^{\infty} n(n-1)\cdots(n-k+1) x^k$$

没有简单的解析表达式. 但如果把基底函数 x^k 改换成 $\dfrac{x^k}{k!}$, 则

$$\sum_{k=0}^{\infty} n(n-1)\cdots(n-k+1) \cdot \frac{x^k}{k!} = (1+x)^n.$$

这启发人们引入**指数型生成函数**的概念.

数列 $\{a_0, a_1, a_2, \cdots\}$ 的指数型生成函数定义为形式幂级数

$$\sum_{k=0}^{\infty} a_k \frac{x^k}{k!}.$$

定理 5.5.1 多重集合 $M = \{\infty \cdot a_1, \infty \cdot a_2, \cdots, \infty \cdot a_n\}$ 的 k 排列中, 若限定元素 a_i 出现的次数集合为 M_i $(1 \leqslant i \leqslant n)$, 则排列数的指数型生成函数为

$$\prod_{i=1}^{n} \left(\sum_{m \in M_i} \frac{x^m}{m!} \right).$$

证明 将和积式展开, 得

$$\prod_{i=1}^{n} \left(\sum_{m \in M_i} \frac{x^m}{m!} \right) = \sum_{k \geqslant 0} \left(\sum_{\substack{k_1 + k_2 + \cdots + k_n = k \\ (k_i \in M_i,\ i=1,2,\cdots,n)}} \frac{k!}{k_1! k_2! \cdots k_n!} \right) \frac{x^k}{k!}.$$

只要证明展开式中 $\dfrac{x^k}{k!}$ 的系数就是满足限定条件的 k 可重排列数即可.

首先, 对于集合 M 的满足限定条件的每个 k 可重排列, 设其中 a_i 出现 k_i 次 $(i = 1, 2, \cdots, n)$, 则 $(k_1, k_2, \cdots, k_n)$ 就是方程

$$k_1 + k_2 + \cdots + k_n = k \quad (k_i \in M_i,\ i = 1, 2, \cdots, n) \qquad (5.5.1)$$

的一个解.

其次, 方程 (5.5.1) 的每个解 $(k_1, k_2, \cdots, k_n)$ 都对应一类 k 可重排列, 此类中的每一个 k 可重排列里, 元素 a_i 出现 k_i 次 $(i = 1, 2, \cdots, n)$. 而此类 k 可重排列的个数就是多重集合 $\{k_1 \cdot a_1, k_2 \cdot a_2, \cdots, k_n \cdot a_n\}$ 的全排列的个数, 即 $\dfrac{k!}{k_1! k_2! \cdots k_n!}$. 可见, 与解 $(k_1, k_2, \cdots, k_n)$ 相对应的 k 可重排列有 $\dfrac{k!}{k_1! k_2! \cdots k_n!}$ 个.

再者, 方程 (5.5.1) 的不同解 $(k_1, k_2, \cdots, k_n)$ 所对应的不同 k 可重排列类中没有相同的排列.

由加法原则, 集合 M 满足给定条件的 k 可重排列的总个数为

$$\sum_{\substack{k_1 + k_2 + \cdots + k_n = k \\ (k_i \in M_i,\ i=1,2,\cdots,n)}} \frac{k!}{k_1! k_2! \cdots k_n!}.$$

特别地, 数列 $\{1, 1, \cdots\}$ 的指数型生成函数 $e(x) = \displaystyle\sum_{n=0}^{\infty} \frac{x^n}{n!}$ 具有与指数函数相

似的性质：

$$e(x)e(y) = e(x + y).$$

这是因为

$$
\begin{aligned}
e(x)e(y) &= \sum_{i=0}^{\infty} \frac{x^i}{i!} \cdot \sum_{j=0}^{\infty} \frac{y^j}{j!} \\
&= \sum_{i=0}^{\infty} \frac{1}{i!} x^i \cdot \sum_{j=0}^{\infty} \frac{1}{j!} \left(\frac{y}{x}\right)^j x^j \\
&= \sum_{n=0}^{\infty} \left[\sum_{k=0}^{n} \frac{1}{k!(n-k)!} \left(\frac{y}{x}\right)^k \right] x^n \\
&= \sum_{n=0}^{\infty} \left(1 + \frac{y}{x}\right)^n \frac{x^n}{n!} \\
&= \sum_{n=0}^{\infty} \frac{(x+y)^n}{n!} \\
&= e(x + y).
\end{aligned}
$$

特别有

$$e(x)e(-x) = e(0) = 1,$$

从而

$$e(-x) = \frac{1}{e(x)}.$$

例 1 多重集合 $M = \{\infty \cdot a_1, \infty \cdot a_2, \cdots, \infty \cdot a_n\}$ 的 k 排列数序列 $\{b_k\}$ 的指数型生成函数为

$$\prod_{i=1}^{n} \left(1 + \frac{x}{1!} + \frac{x^2}{2!} + \cdots\right) = e^n(x) = e(nx) = \sum_{k=0}^{\infty} n^k \frac{x^k}{k!},$$

从而

$$b_k = n^k.$$

例 2 由数字 $0,1,2,3$ 组成的长为 k 的序列中，要求含有偶数个 0，问这样的序列有多少个？

解 根据题意，有

$$M_1 = M_2 = M_3 = \{0, 1, 2, \cdots\},$$
$$M_0 = \{0, 2, 4, \cdots\}.$$

由定理 5.5.1 知，该排列数的指数型生成函数为

$$\left(1 + \frac{x}{1!} + \frac{x^2}{2!} + \cdots\right)^3 \left(1 + \frac{x^2}{2!} + \frac{x^4}{4!} + \cdots\right)$$

$$= e^3(x) \cdot \frac{e(x) + e(-x)}{2}$$

$$= \frac{1}{2}[e(4x) + e(2x)],$$

所以 $\dfrac{x^k}{k!}$ 的系数为

$$b_k = \frac{1}{2}(4^k + 2^k).$$

当 $k = 2$ 时,满足题意的序列有 10 个,它们是

$$00, 11, 12, 13, 21, 22, 23, 31, 32, 33.$$

例 3 由 1,2,3,4 能组成多少个五位数?要求这些五位数中 1 出现 2 次或 3 次,2 最多出现 1 次,4 出现偶数次.

解 根据题意,有

$$M_1 = \{2, 3\},$$
$$M_2 = \{0, 1\},$$
$$M_3 = \{0, 1, 2, \cdots\},$$
$$M_4 = \{0, 2, 4, \cdots\}.$$

由定理 5.5.1 知,该排列数的指数型生成函数为

$$\left(\frac{x^2}{2!} + \frac{x^3}{3!}\right)\left(1 + \frac{x}{1!}\right)\left(1 + \frac{x}{1!} + \frac{x^2}{2!} + \cdots\right)\left(1 + \frac{x^2}{2!} + \frac{x^4}{4!} + \cdots\right)$$

$$= \frac{x^2}{6}(3 + 4x + x^2) \cdot e(x) \cdot \frac{e(x) + e(-x)}{2}$$

$$= \frac{x^2}{12}(3 + 4x + x^2)[e(2x) + 1],$$

所以 $\dfrac{x^5}{5!}$ 的系数为

$$5! \times \frac{1}{12}\left(3 \times \frac{2^3}{3!} + 4 \times \frac{2^2}{2!} + 1 \times \frac{1}{1!}\right) = 140,$$

即满足题意的五位数有 140 个.

例 4 求 $M = \{\infty \cdot a_1, \infty \cdot a_2, \cdots, \infty \cdot a_n\}$ 的 k 排列中每个 a_i $(1 \leqslant i \leqslant n)$ 至少出现一次的排列数 P_k 的指数型生成函数.

解 根据题意,有

$$M_i = \{1, 2, 3, \cdots\} \quad (1 \leqslant i \leqslant n).$$

由定理 5.5.1 知,排列数序列 $\langle P_k \rangle$ 的指数型生成函数为

$$\left(\frac{x}{1!} + \frac{x^2}{2!} + \frac{x^3}{3!} + \cdots\right)^n = \left[e(x) - 1\right]^n$$

$$= \sum_{i=0}^{n} (-1)^i \binom{n}{i} e((n-i)x)$$

$$= \sum_{i=0}^{n} (-1)^i \binom{n}{i} \sum_{k=0}^{\infty} \frac{(n-i)^k x^k}{k!}$$

$$= \sum_{k=0}^{\infty} \left[\sum_{i=0}^{n} (-1)^i \binom{n}{i} (n-i)^k\right] \frac{x^k}{k!},$$

所以

$$P_k = \sum_{i=0}^{n} (-1)^i \binom{n}{i} (n-i)^k \quad (k \geqslant n).$$

5.5.2　排列型分配问题的指数型生成函数

定理 5.5.2　把 k 个不同的球 $1, 2, \cdots, k$ 放入 n 个不同的盒子 $a_1, a_2, \cdots, a_n$ 中,限定盒子 a_i 的容量集合为 M_i $(1 \leqslant i \leqslant n)$,则其分配方案数的指数型生成函数为

$$\prod_{i=1}^{n} \left(\sum_{m \in M_i} \frac{x^m}{m!}\right).$$

证明　设球 j 放入盒子 a_{i_j} 中 $(1 \leqslant j \leqslant k)$,则一种符合要求的放法对应的序列

$$a_{i_1} a_{i_2} \cdots a_{i_k}$$

是多重集合 $M = \{\infty \cdot a_1, \infty \cdot a_2, \cdots, \infty \cdot a_n\}$ 的一个 k 排列,盒子 a_i 的容量集合 M_i 即是 k 排列中 a_i 出现的次数集合. 由定理 5.5.1 知,排列型分配问题方案数的生成函数为

$$\prod_{i=1}^{n} \left(\sum_{m \in M_i} \frac{x^m}{m!}\right).$$

例 5　用红、白、蓝 3 种颜色给 $1 \times n$ 棋盘着色,要求白色方格数是偶数,问有多少种着色方案?

解　将 $1 \times n$ 棋盘的 n 个方格分别用 $1, 2, \cdots, n$ 标记,第 i 个方格着 c 色看作把第 i 个物体放入 c 盒中. 这时,问题可转换成:把 n 个不同的球放入 3 个不同的盒子中,各盒的容量集合分别为

$$M_r = M_b = \{0, 1, 2, \cdots\},$$

$$M_w = \{0, 2, 4, \cdots\}.$$

于是,分配方案数的指数型生成函数为

$$\left(1 + x + \frac{x^2}{2!} + \cdots\right)^2 \left(1 + \frac{x^2}{2!} + \frac{x^4}{4!} + \cdots\right)$$

$$= e(2x) \cdot \frac{e(x) + e(-x)}{2}$$

$$= \frac{1}{2}\left[e(3x) + e(x)\right],$$

其中,$\dfrac{x^n}{n!}$ 的系数 $\dfrac{1}{2}(3^n + 1)$ 就是满足要求的着色方案数.

5.6 正整数的分拆

粗略地说,正整数的分拆就是将一个正整数分成几个正整数的和.在本章的前几节中已经看到,某些重要和式的求和范围都与正整数的分拆有联系,在 7.4 节中我们将说明有一类分配问题就是"分拆问题".分拆问题也是组合论的重要内容之一,本节我们将介绍正整数分拆的概念及其一些最基本的性质,在 7.4 节中再将本节的一些结果应用到一类分配问题中.

定义 5.6.1 正整数 n 的一个 k 分拆是把 n 表示成 k 个正整数的和

$$n = n_1 + n_2 + \cdots + n_k \quad (k \geqslant 1) \tag{5.6.1}$$

的一种表示法,其中

$$n_i > 0 \quad (1 \leqslant i \leqslant k),$$

n_i 叫作该分拆的分部量.如果表达式(5.6.1)是无序的,也就是说,对诸 n_i 任意换位后的表示法都只视为一种表示法,这样的分拆叫作无序分拆,或简称为分拆.反之,若表达式(5.6.1)是有序的,即表达式(5.6.1)右边的和不仅与各项的数值有关,而且与各项的次序有关,不同的次序认为是不同的表示法,这样的分拆叫作有序分拆.这时,n_i 叫作该有序分拆的第 i 个分部量.n 的 k 分拆的个数称为 n 的 k 分拆数,n 的所有分拆(k 取遍所有可能的值)的个数称为 n 的分拆数.

例如

$$4 = 2 + 1 + 1$$
$$= 1 + 2 + 1$$
$$= 1 + 1 + 2$$

是 4 的所有 3 个有序 3 分拆. 在 4 的第一个有序 3 分拆中, 第 1 个分部量为 2, 第 2 个和第 3 个分部量均为 1. 而

$$4 = 2 + 1 + 1$$

是 4 的唯一一个 3 分拆.

5.6.1　有序分拆

在这一小节中, 我们介绍 n 的有序分拆的计数公式, 以及在几类限定条件下 n 的有序分拆的计数公式.

定理 5.6.1　正整数 n 的有序 k 分拆的个数为 $\binom{n-1}{k-1}$.

证明　正整数 n 分成 k 个分部量的一个有序分拆

$$n = n_1 + n_2 + \cdots + n_k$$

等价于方程

$$x_1 + x_2 + \cdots + x_k = n$$

的正整数解 $(n_1, n_2, \cdots, n_k)$. 由 2.5 节定理 2.5.3 的证明知, 正整数 n 的有序 k 分拆的个数为 $\binom{n-1}{k-1}$.

由定理 2.5.3 和定理 5.6.1 知, 正整数 n 的有序 k 分拆数等于多重集合 $M = \{\infty \cdot a_1, \ \infty \cdot a_2, \ \cdots, \ \infty \cdot a_k\}$ 的 $a_1, a_2, \cdots, a_k$ 至少出现一次的 n 组合数, 为 $\binom{n-1}{k-1}$.

定理 5.6.2　(1) 正整数 n 的有序 k 分拆, 要求第 i 个分部量大于或等于 p_i, 其个数为

$$\binom{n + k - \sum\limits_{i=1}^{k} p_i - 1}{k - 1};$$

(2) 正整数 $2n$ 分拆成 k 个分部, 各分部量都是正偶数的有序分拆个数, 为 $\binom{n-1}{k-1}$;

(3) 正整数 n 分成 k 个分部, 若 n 与 k 同为奇数或同为偶数, 则 n 的各分部量都是奇数的有序分拆数为

$$\binom{\dfrac{n+k}{2} - 1}{k - 1}.$$

证明 （1）设

$$n = n_1 + n_2 + \cdots + n_k \tag{5.6.2}$$

是 n 满足条件

$$n_i \geqslant p_i \quad (1 \leqslant i \leqslant k) \tag{5.6.3}$$

的一个有序 k 分拆. 令

$$y_i = n_i - p_i \quad (1 \leqslant i \leqslant k),$$

则

$$y_i \geqslant 0 \quad (1 \leqslant i \leqslant k),$$

且满足方程

$$y_1 + y_2 + \cdots + y_k = (n_1 - p_1) + (n_2 - p_2) + \cdots + (n_k - p_k)$$
$$= n - \sum_{i=1}^{k} p_i, \tag{5.6.4}$$

即 $y_1, y_2, \cdots, y_k$ 是方程(5.6.4)的一组非负整数解.

反之，若给定方程(5.6.4)的一组非负整数解 $y_1, y_2, \cdots, y_k$，令 $n_i = y_i + p_i$ $(1 \leqslant i \leqslant k)$，则构成 n 的一个有序 k 分拆(5.6.2)，且满足条件(5.6.3).

所以，n 的满足条件(5.6.3)的有序 k 分拆与方程(5.6.4)的非负整数解之间构成一一对应. 由定理 2.5.1 的证明知，其个数为

$$\binom{n + k - \sum\limits_{i=1}^{k} p_i - 1}{k - 1}.$$

（2）设 $2n$ 的一个有序 k 分拆

$$2n = x_1 + x_2 + \cdots + x_k$$

满足条件

$$x_i \text{ 为偶数} \quad (1 \leqslant i \leqslant k). \tag{5.6.5}$$

令 $y_i = \dfrac{x_i}{2}$ $(1 \leqslant i \leqslant k)$，则有

$$n = y_1 + y_2 + \cdots + y_k,$$

即 $y_1, y_2, \cdots, y_k$ 是 n 的一个有序 k 分拆.

反之，设 $y_1, y_2, \cdots, y_k$ 是 n 的一个有序 k 分拆，令 $x_i = 2y_i (1 \leqslant i \leqslant k)$，则 $x_1, x_2, \cdots, x_k$ 是 $2n$ 的一个满足条件(5.6.5)的有序 k 分拆.

所以，$2n$ 的满足条件(5.6.5)的有序 k 分拆数等于 n 的有序 k 分拆数，为 $\dbinom{n-1}{k-1}$.

（3）n 的各分部量为奇数的分拆

$$n = n_1 + n_2 + \cdots + n_k$$

与 $n + k$ 的各分部量为偶数的分拆

$$n + k = (n_1 + 1) + (n_2 + 1) + \cdots + (n_k + 1)$$

（$n_i + 1$ 为偶数，$1 \leqslant i \leqslant k$）显然构成一一对应. 由（2）知，$n$ 的各分部量为奇数的分拆数为

$$\left\lfloor \begin{matrix} \dfrac{n+k}{2} - 1 \\ k - 1 \end{matrix} \right\rfloor.$$

定理 5.6.2 给出了几种不同限定条件下的有序分拆数.

5.6.2　无序分拆

我们用 $B(n, k)$ 来表示 n 的 k 分拆的个数，用 $B(n)$ 表示 n 的所有分拆的个数，则显然有：

（1）$B(n, k) = 0 \ (k > n)$；

（2）$B(n) = \displaystyle\sum_{k=1}^{n} B(n, k)$.

n 的 k 分拆中，各分部量的次序无关紧要，一般按递降顺序排列. 若

$$n = n_1 + n_2 + \cdots + n_k,$$

则

$$n_1 \geqslant n_2 \geqslant \cdots \geqslant n_k.$$

如果在 n 的 k 分拆中有 k_i 个分部量为 i （$1 \leqslant i \leqslant n$），那么可以把该分拆记为

$$n = k_1 \cdot 1 + k_2 \cdot 2 + \cdots + k_n \cdot n,$$

有时也记为

$$n = 1^{k_1} 2^{k_2} \cdots n^{k_n}.$$

例如，$B(9, 5) = 5$，9 的所有 5 分拆为

$$\begin{aligned}
9 &= 5 + 1 + 1 + 1 + 1 = 1 \cdot 5 + 4 \cdot 1 \\
&= 4 + 2 + 1 + 1 + 1 = 1 \cdot 4 + 1 \cdot 2 + 3 \cdot 1 \\
&= 3 + 3 + 1 + 1 + 1 = 2 \cdot 3 + 3 \cdot 1 \\
&= 3 + 2 + 2 + 1 + 1 = 1 \cdot 3 + 2 \cdot 2 + 2 \cdot 1 \\
&= 2 + 2 + 2 + 2 + 1 = 4 \cdot 2 + 1 \cdot 1.
\end{aligned}$$

表 5.6.1 列出了当 $n = 1, 2, 3, 4, 5$ 时 n 的所有 k 分拆（$1 \leqslant k \leqslant n$）.

表 5.6.1   分拆表

k n	1	2	3	4	5
1	1				
2	2	1^2			
3	3	12	1^3		
4	4	$13, 2^2$	$1^2 2$	1^4	
5	5	$14, 23$	$1^2 3, 12^2$	$1^3 2$	1^5

下面的定理 5.6.3 给出了分拆数 $B(n,k)$ 满足的递推关系. 通过此递推关系, 可以递归地求出分拆数.

定理 5.6.3 n 的 k 分拆数 $B(n,k)$ 满足递推关系

$$B(n+k, k) = B(n,1) + B(n,2) + \cdots + B(n,k) \qquad (5.6.6)$$

及

$$B(n,1) = 1, \quad B(n,n) = 1. \qquad (5.6.7)$$

证明   由 $B(n,k)$ 的定义易知等式 (5.6.7) 成立, 下面证明递推关系 (5.6.6). 为此, 我们考虑 n 分成至多 k 个分部的分拆, 这样的分拆总数为

$$B(n,1) + B(n,2) + \cdots + B(n,k).$$

n 的每个分成至多 k 个分部的分拆可表示为

$$n = n_1 + n_2 + \cdots + n_m + 0 + \cdots + 0,$$

这个和式中包含 k 项, 并且

$$n_1 \geqslant n_2 \geqslant \cdots \geqslant n_m \geqslant 1 \quad (1 \leqslant m \leqslant k).$$

我们将 n 的这个 m 分拆映射到 $n+k$ 的 k 分拆如下

$$n + k = (n_1 + 1) + (n_2 + 1) + \cdots + (n_m + 1) + 1 + \cdots + 1,$$

该和式中包含 k 项, 并且

$$n_1 + 1 \geqslant n_2 + 1 \geqslant \cdots \geqslant n_m + 1 \geqslant 2.$$

设上面确定的映射为 f, 因为不同的 n 分为至多 k 个分部的分拆对应着 $n+k$ 不同的 k 分拆, 所以 f 是单射. 又因为每个 $n+k$ 的 k 分拆

$$n + k = l_1 + l_2 + \cdots + l_k$$

在 f 作用下的原像是每个 l_i $(1 \leqslant i \leqslant k)$ 减去 1, 再保留不为零的那些项而得到的 n 的一个分部数至多为 k 的分拆, 所以 f 是满射. 因此, f 是一一映射, 于是有

$$B(n+k, k) = B(n,1) + B(n,2) + \cdots + B(n,k).$$

定理 5.6.3 提供了对 $B(n,k)$ 逐行递推的计算方法, 见表 5.6.2. 例如

$$B(9,5) = B(4,1) + B(4,2) + B(4,3) + B(4,4) + B(4,5)$$
$$= 1 + 2 + 1 + 1 + 0$$
$$= 5.$$

表 5.6.2

$B(n,k)$ ╲ k n	1	2	3	4	5	6	⋯	$B(n)$
1	1							1
2	1	1						2
3	1	1	1					3
4	1	2	1	1				5
5	1	2	2	1	1			7
6	1	3	3	2	1	1		11
⋮	⋮	⋮	⋮	⋮	⋮	⋮	⋯	⋮

下面的例 1 说明,对于某些分拆数,可以通过枚举出不同的分拆来求出.

例 1 正整数 n 的 2 分拆数为

$$B(n,2) = \left\lfloor \frac{n}{2} \right\rfloor,$$

其中,$\left\lfloor \frac{n}{2} \right\rfloor$ 表示小于等于 $\frac{n}{2}$ 的最大整数.

证明 设 n 的 2 分拆为

$$n = n_1 + n_2 \quad (n_1 \geqslant n_2).$$

因 $n_1 \geqslant n_2$,所以 n_2 恰能取 $1,2,\cdots,\left\lfloor \frac{n}{2} \right\rfloor$ 中的任一个,故

$$B(n,2) = \left\lfloor \frac{n}{2} \right\rfloor.$$

5.6.3 分拆的 Ferrers 图

研究分拆数性质的一种简单有效的组合手段就是 Ferrers 图. 设 n 的一个 k 分拆为

$$n = n_1 + n_2 + \cdots + n_k \quad (n_1 \geqslant n_2 \geqslant \cdots \geqslant n_k), \tag{5.6.8}$$

我们在一条水平直线上画 n_1 个点,在其下面一条直线上画 n_2 个点,且使这两条直

线上的第一个点在同一条竖线上,其他点依次与上一行的点对齐;依此类推,最后在第 k 条直线上画 n_k 个点,第一个点与前面各行的第一个点均在同一条竖线上,其他点依次与上面各行的点对齐.这样得到的点阵图叫作 n 的 k 分拆(5.6.8)的 Ferrers 图.

例如,15 的 4 分拆

$$15 = 5 + 5 + 3 + 2 \qquad (5.6.9)$$

的 Ferrers 图如图 5.6.1 所示.反过来,对于 n 的一个 Ferrers 图,又可按上述规则对应于 n 的唯一的一个分拆.所以,n 的分拆同它的 Ferrers 图之间是一一对应的.

把一个 Ferrers 图的各行改成列,但其相对位置不变,这样又得到一个 Ferrers 图,叫作原 Ferrers 图的**共轭图**.例如,图 5.6.1 对应的共轭图是图 5.6.2.

图 5.6.1   图 5.6.2

共轭 Ferrers 图所对应的分拆叫作原分拆的共轭分拆.例如,图 5.6.2 对应的分拆

$$15 = 4 + 4 + 3 + 2 + 2 \qquad (5.6.10)$$

是分拆(5.6.9)的共轭分拆.若 n 的一个分拆与其共轭分拆相同,则该分拆称为 n 的自共轭分拆.

从分拆的 Ferrers 图可以证明以下一些定理:

定理 5.6.4 n 的 k 分拆的个数等于 n 的最大分部量为 k 的分拆数.

证明   上面定义的分拆的共轭运算是一个映射,它将 n 的最大分部量为 k 的分拆映射到 n 的 k 分拆.例如,分拆(5.6.9)是 15 的最大分部量为 5 的分拆,其共轭分拆(5.6.10)是 15 的一个 5 分拆.并且这个映射显然是一一的,所以两者相等.

定理 5.6.5 n 的自共轭分拆的个数等于 n 的各分部量都是奇数且两两不等的分拆的个数.

证明   为了证明这个性质,我们将借助于 Ferrers 图建立一个 n 的各分部量为奇数且两两不等的分拆到 n 的自共轭分拆之间的一一对应.

设 n 的一个分部量为奇数且两两不等的分拆为

$$n = (2n_1 + 1) + (2n_2 + 1) + \cdots + (2n_k + 1), \qquad (5.6.11)$$

其中

$$n_1 > n_2 > \cdots > n_k \geqslant 0.$$

由 n 的分拆(5.6.11)，我们构造 n 的一个自共轭分拆的 Ferrers 图. 在第 1 行与第 1 列都画 $n_1 + 1$ 个点，共有 $2n_1 + 1$ 个点；画完第 1 行和第 1 列后，在第 2 行与第 2 列再各画 $n_2 + 1$ 个点，共 $2n_2 + 1$ 个点，此时，第 2 行与第 2 列中加上第 1 行与第 1 列已画的点，都已有 $n_2 + 2$ 个点；……；在第 k 行与第 k 列再画 $n_k + 1$ 个点，共 $2n_k + 1$ 个点. 因为 $n_1 > n_2 > \cdots > n_k$，所以如此画出的 n 个点的点阵图的每一行都不比下一行的点数少，因而是 n 的一个分拆的 Ferrers 图. 且由上面的构造法知，该 Ferrers 图是对称的，所以其对应的分拆是自共轭的. 例如，用上述方法由分拆

$$17 = 9 + 5 + 3$$
$$= (2 \cdot 4 + 1) + (2 \cdot 2 + 1) + (2 \cdot 1 + 1)$$

构造的 Ferrers 图如图 5.6.3 所示，对应的自共轭分拆为

$$17 = 5 + 4 + 4 + 3 + 1.$$

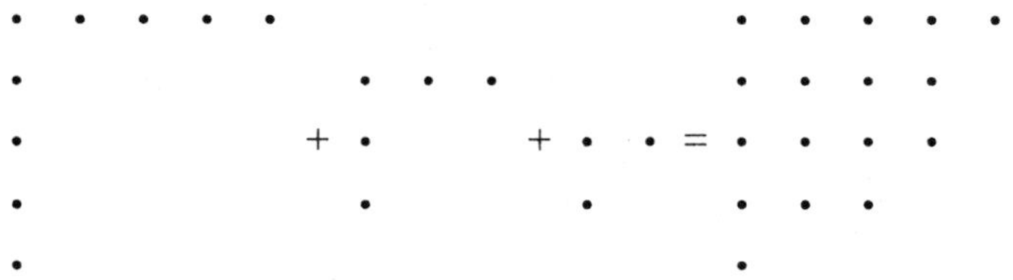

图 5.6.3

显然，上面建立的 n 的分部量为奇数且两两不等的分拆与 n 的自共轭分拆之间的对应关系是一一的，所以定理的结论成立.

定理 5.6.6　n 的分部量两两不等的分拆的个数等于 n 的各分部量都是奇数的分拆的个数.

证明　证明的方法还是建立定理中提及的两类不同的分拆之间的一一对应.

在一个 n 的各分部量为奇数的分拆中，假设数 $2k + 1$ 出现 p 次，我们将 p 写成 2 的幂次和的形式

$$p = 2^{i_1} + 2^{i_2} + \cdots \quad (i_1 > i_2 > \cdots),$$

则这种表示法是唯一的. 我们将 n 的这个分拆的 Ferrers 图中这 $p \cdot (2k + 1)$ 个点按下列方法重排：各行的点数分别为 $(2k + 1) \cdot 2^{i_1}, (2k + 1) \cdot 2^{i_2}, \cdots$，如此将原来那个分拆的 Ferrers 图中所有的点重排了一次. 然后再将各行按点数递降的顺序排列，就得到 n 的另一个分拆的 Ferrers 图.

例如，分拆

$$24 = 2 \cdot 5 + 3 \cdot 3 + 5 \cdot 1$$

的 Ferrers 图如图 5.6.4 所示. 我们将重复数 $2,3,5$ 分别写成 2 的幂次和的形式

$$2 = 2^1,$$
$$3 = 2^1 + 2^0,$$
$$5 = 2^2 + 2^0,$$

则由上述方法构造出的新 Ferrers 图如图 5.6.5 所示,它所对应的 24 的分拆为

$$24 = 10 + 6 + 4 + 3 + 1.$$

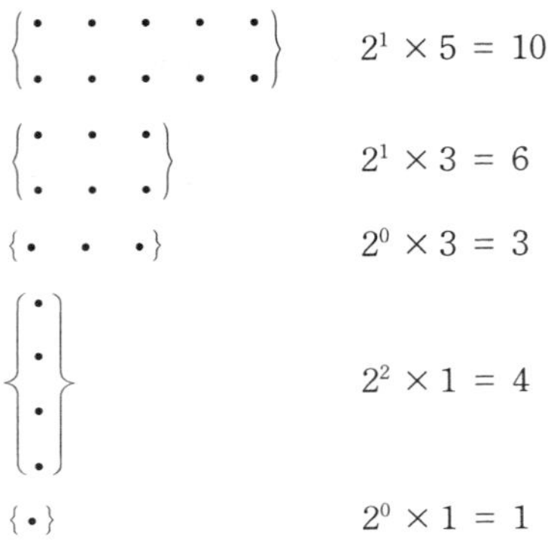

$$2^1 \times 5 = 10$$
$$2^1 \times 3 = 6$$
$$2^0 \times 3 = 3$$
$$2^2 \times 1 = 4$$
$$2^0 \times 1 = 1$$

图 5.6.4

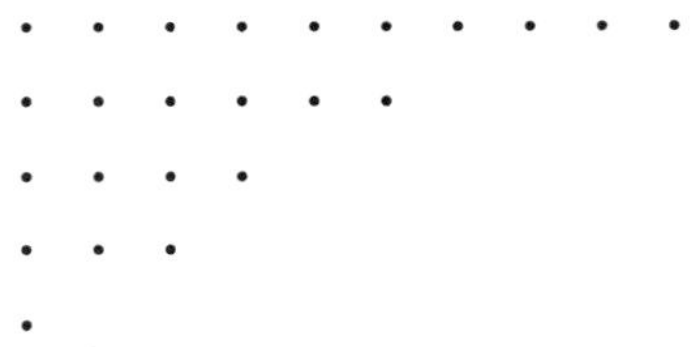

图 5.6.5

在新的 Ferrers 图中,各行的点数为 $(2k+1) \cdot 2^i$ 的形式. 在各行点数的表达式 $(2k+1) \cdot 2^i$ 中,参数 k 和 i 中必有一个不同,所以各行的点数互不相同,因而它所对应的分拆的各分部量不同.

如上建立了两类分拆之间的一一对应. 事实上,任一自然数表示成 2 的幂次和的形式是唯一的,从而上面建立的映射是单射. 另外,上面构造新的 Ferrers 图的方法显然是可逆的,所以上面的映射是满射.

综合以上分析,n 的分部量两两不等的分拆的个数等于 n 的分部量都是奇数的分拆的个数.

例 2　n 的最小分部量为 1 的 k 分拆数等于 $n-1$ 的 $k-1$ 分拆数.

证明　设 n 的一个最小分部量为 1 的 k 分拆为

$$n = n_1 + n_2 + \cdots + n_{k-1} + 1, \tag{5.6.12}$$

则显然

$$n - 1 = n_1 + n_2 + \cdots + n_{k-1} \tag{5.6.13}$$

是 $n-1$ 的一个 $k-1$ 分拆. 上面显然构造了一个从 n 的最小分部量为 1 的 k 分拆到 $n-1$ 的 $k-1$ 分拆之间的一一对应,所以此两类分拆数相等.

5.6.4　分拆数的生成函数

在上一小节中,我们介绍了正整数的(无序)分拆,并利用 Ferrers 图讨论了分拆数的一些性质. 本小节我们介绍分拆数的生成函数,并利用生成函数来分析分拆数的一些性质.

定理 5.6.7　令 $B(n)$ 表示正整数 n 的所有分拆数,$B_r(n)$ 表示 n 的各分部量都不超过 r 的分拆数,$B_H(n)$ 表示 n 的各分部量都属于集合 H 的分拆数,则它们相应的生成函数分别为:

(1) $\sum\limits_{n=0}^{\infty} B_r(n)x^n = \dfrac{1}{(1-x)(1-x^2)\cdots(1-x^r)}$;

(2) $\sum\limits_{n=0}^{\infty} B_H(n)x^n = \prod\limits_{j \in H} \dfrac{1}{1-x^j}$;

(3) $\sum\limits_{n=0}^{\infty} B(n)x^n = \prod\limits_{j=1}^{\infty} \dfrac{1}{1-x^j}$.

证明　(1) 给定 n 的一个分部量不超过 r 的分拆

$$n = k_1 \cdot 1 + k_2 \cdot 2 + \cdots + k_r \cdot r, \tag{5.6.14}$$

则它对应着不定方程

$$n = 1 \cdot x_1 + 2 \cdot x_2 + \cdots + r \cdot x_r \tag{5.6.15}$$

的一组非负整数解 $(k_1, k_2, \cdots, k_r)$;反之亦然. 所以,$B_r(n)$ 等于方程 (5.6.15) 的非负整数解的个数.

现要寻找序列 $\{B_r(n)\}$ 的生成函数,为此,考察下列 r 个幂级数的乘积

$$(1 + x + x^2 + \cdots)[1 + x^2 + (x^2)^2 + \cdots]\cdots[1 + x^r + (x^r)^2 + \cdots], \tag{5.6.16}$$

它的展开式中,每一项 x^n 必可写成

$$x^n = x^{k_1} \cdot (x^2)^{k_2} \cdots (x^r)^{k_r} = x^{k_1 + 2k_2 + \cdots + rk_r},$$

此处,x^{k_1} 取自第 1 个括号,$\cdots\cdots$,$(x^r)^{k_r}$ 取自第 r 个括号. 从而有

$$n = 1 \cdot k_1 + 2 \cdot k_2 + \cdots + r \cdot k_r,$$

即 $(k_1, k_2, \cdots, k_r)$ 是方程 (5.6.15) 的一组非负整数解. 反之,方程 (5.6.15) 的一

组非负整数解就对应着式(5.6.16)的展开式中的一个项 x^n. 因此,方程(5.6.15)的非负整数解数等于式(5.6.16)的展开式中 x^n 的系数.

综上所述,有

$$\sum_{n=0}^{\infty} B_r(n)x^n = \frac{1}{(1-x)(1-x^2)\cdots(1-x^r)}.$$

(2) 令 $H = \{h_1, h_2, \cdots, h_k, \cdots\}$ 是整数集合,且满足 $h_1 < h_2 < \cdots < h_k < \cdots$. 类似于(1)的证明可知,$B_H(n)$ 等于方程

$$h_1x_1 + h_2x_2 + \cdots + h_kx_k + \cdots = n$$

的非负整数解的个数,所以它的生成函数为

$$\sum_{n=0}^{\infty} B_H(n)x^n = (1 + x^{h_1} + x^{2h_1} + \cdots)(1 + x^{h_2} + x^{2h_2} + \cdots)\cdots$$

$$= \prod_{j\in H} \frac{1}{1-x^j}.$$

(3) 当 $H = \{1,2,3,\cdots\}$ 时,$B_H(n) = B(n)$,从而有

$$\sum_{n=0}^{\infty} B(n)x^n = \prod_{j=1}^{\infty} \frac{1}{1-x^j}.$$

注意,这里是无穷乘积,当 $j > N$ 时,幂级数

$$\frac{1}{1-x^j} = 1 + x^j + x^{2j} + \cdots$$

在乘积展开式中对 $x, x^2, \cdots, x^N$ 的系数没有贡献. 这说明形式幂级数的前 $N+1$ 项之和 $\sum_{n=0}^{N} B(n)x^n$ 是由有限乘积 $\prod_{j=1}^{N} \frac{1}{1-x^j}$ 完全确定的.

从上述结果可以得到下面两个推论:

推论 5.6.1 n 的 r 分拆数的生成函数为

$$\frac{x^r}{(1-x)(1-x^2)\cdots(1-x^r)}.$$

证明   由定理 5.6.4 知,将 n 分成 r 个分部量的分拆数 $B(n,r)$ 等于 n 的最大分部量为 r 的分拆数 $B_r(n) - B_{r-1}(n)$,所以

$$\sum_{n=0}^{\infty} B(n,r)x^n = \sum_{n=0}^{\infty} [B_r(n) - B_{r-1}(n)]x^n$$

$$= \prod_{i=1}^{r} \frac{1}{1-x^i} - \prod_{i=1}^{r-1} \frac{1}{1-x^i}$$

$$= \frac{x^r}{(1-x)(1-x^2)\cdots(1-x^r)}.$$

推论 5.6.2　n 的各分部量两两互不相同的分拆数等于 n 的各分部量都是奇数的分拆数.

证明　n 的各分部量两两互不相同的分拆数的生成函数为

$$\prod_{j=1}^{\infty}(1+x^j)=\frac{1-x^2}{1-x}\cdot\frac{1-x^4}{1-x^2}\cdot\frac{1-x^6}{1-x^3}\cdot\frac{1-x^8}{1-x^4}\cdots\frac{1-x^{2n}}{1-x^n}\cdots$$

$$=\frac{1}{1-x}\cdot\frac{1}{1-x^3}\cdot\frac{1}{1-x^5}\cdots$$

$$=\prod_{j=1}^{\infty}\frac{1}{1-x^{2j-1}}.$$

上式右端的无穷乘积是 n 的各分部量都是奇数的生成函数,由此得到本推论.

习　　题

1. 求下列序列的生成函数:

(1) $0,0,0,-1,1,\cdots,(-1)^{n-2},\cdots$;

(2) $5,6,7,\cdots,n+5,\cdots$;

(3) $0,1\cdot3,2\cdot4,\cdots,n(n+2),\cdots$;

(4) $0,1\cdot2,2\cdot3,\cdots,n(n+1),\cdots$.

2. 利用生成函数计算下列和式:

(1) $1^3+2^3+\cdots+n^3$;

(2) $1\cdot3+2\cdot4+\cdots+n(n+2)$;

(3) $1\cdot2+2\cdot3+\cdots+n(n+1)$.

3. 序列 $\left\{\frac{1}{n+1}\right\}$ 的指数型生成函数为 $\frac{1}{x}[e(x)-1]$.

(1) 证明:序列 $\left\{\sum_{i=0}^{n}\frac{n!}{(n-i+1)!(i+1)!}\right\}$ 的指数型生成函数为 $\frac{1}{x^2}[e(x)-1]^2$;

(2) 计算 $\sum_{i=0}^{n}\frac{n!}{(n-i+1)!(i+1)!}$.

4. 从 $\{n\cdot a,n\cdot b,n\cdot c\}$ 中取出 n 个字母,要求 a 的个数为偶数,问有多少种

取法?

5. 由字母 a,b,c,d,e 组成的长为 n 的字中,要求 a 与 b 的个数之和为偶数,问这样的字有多少个?

6. 证明:方程

$$x_1 + x_2 + \cdots + x_7 = 13 \quad 和 \quad x_1 + x_2 + \cdots + x_{14} = 6$$

有相同数目的非负整数解.

7. 设多重集合 $S = \{\infty \cdot e_1, \infty \cdot e_2, \infty \cdot e_3, \infty \cdot e_4\}$,$a_n$ 表示集合 S 满足下列条件的 n 组合数,分别求数列 $\{a_n\}$ 的生成函数:

(1) 每个 e_i $(i = 1,2,3,4)$ 出现奇数次;

(2) 每个 e_i $(i = 1,2,3,4)$ 出现 3 的倍数次;

(3) e_1 不出现,e_2 至多出现 1 次;

(4) e_1 出现 1,3 或 11 次,e_2 出现 2,4 或 5 次;

(5) 每个 e_i $(i = 1,2,3,4)$ 至少出现 10 次.

8. 用恰好 k 种可能的颜色做旗子,使得每面旗子由 n $(n \geqslant k)$ 条彩带构成,且相邻两条彩带的颜色不同,求不同的旗子数.

9. 在 10^2 和 10^6 之间有多少个整数,其各位数字之和等于 5?

10. 用生成函数法证明下列等式:

(1) $\dbinom{n-1}{r} + \dbinom{n-1}{r-1} = \dbinom{n}{r}$;

(2) $\dbinom{n+2}{r} - 2\dbinom{n+1}{r} + \dbinom{n}{r} = \dbinom{n}{r-2}$;

(3) $\displaystyle\sum_{j=0}^{q} (-1)^j \dbinom{q}{j} \dbinom{n+q-j}{r} = \dbinom{n}{r-q}$.

11. 设多重集合 $S = \{\infty \cdot e_1, \infty \cdot e_2, \cdots, \infty \cdot e_k\}$,$a_n$ 表示 S 满足下列条件的 n 排列数,分别求数列 $\{a_n\}$ 的指数型生成函数:

(1) S 的每个元素出现奇数次;

(2) S 的每个元素至少出现 4 次;

(3) e_i 至少出现 i 次 $(i = 1,2,\cdots,k)$;

(4) e_i 至多出现 i 次 $(i = 1,2,\cdots,k)$.

12. 设有砝码重为 1 g 的 3 个,重为 2 g 的 4 个,重为 4 g 的 2 个,问能称出多少种重量?各有几种方案?

13. 证明:当 $m \equiv 0 \pmod 6$ 时,有

$$B(m,3) = \frac{m^2}{12}.$$

14. 设将 N 无序分拆成正整数之和且使得这些正整数都小于或等于 m 的方法数为 $B'(N,m)$. 证明

$$B'(N,m) = B'(N,m-1) + B'(N-m,m).$$

15. 设 (N,n,m) 表示将 N 有序分拆成 n 个分部量且每个分部量都小于或等于 m 的分拆数. 证明 (N,n,m) 就是 $(x+x^2+\cdots+x^m)^n$ 的展开式中 x^N 的系数.

16. 假定工人 A 适合工作 $3,4,5$,工人 B 适合工作 $2,3$,而工人 C 适合工作 $1,5$. 同样,每一名工人至少指定一项工作,每一项工作不超过一名工人,一名工人只得到他所适合的一项工作. 建立一个生成函数并使用它回答下列问题.

(1) 有多少种方法给一名工人指定一项工作?

(2) 有多少种方法给两名工人指定工作?

(3) 有多少种方法给三名工人指定工作?

17. 假设 $a_{n+1} = (n+1)b_n$,且 $a_0 = b_0 = 1$. 如果 $A(x)$ 是序列 $\{a_n\}$ 的指数生成函数,$B(x)$ 是序列 $\{b_n\}$ 的指数生成函数,推导 $A(x)$ 和 $B(x)$ 之间的关系.

18. 令 h_n 表示具有 $n+2$ 条边的凸边形区域被其对角线所分成的区域数,假设没有三条对角线共点. 定义 $h_0 = 0$. 证明

$$h_n = h_{n-1} + \binom{n+1}{3} + n \quad (n \geqslant 1).$$

然后确定生成函数,并由此得出 h_n 的公式.

19. 如果要把棋盘上偶数个方格涂成红色,试确定用红色、白色和蓝色对 $1 \times n$ 棋盘的方格涂色的方法数.

20. 在一个程序设计课程里,每个学生的每个任务最多可以运行十次. 教员发现某个任务共运行了 38 次. 设有 15 名学生,每个学生对这一任务至少做一次. 求观察到的总次数的组合数.

21. 证明

$$\sum_{k=0}^{n} 2^k \binom{2n-k}{k} = 2^{2n}.$$

第 6 章 递 推 关 系

递推关系几乎在所有的数学分支中都有重要作用,对于组合数学更是如此.这是因为每个组合问题都有它的组合结构,而在许多情况下递推关系是刻画组合结构的最合适的工具.如何建立递推关系,已给的递推关系有何性质,以及如何求解递推关系等,是递推关系中的几个基本问题.

本章首先讨论递推关系的建立问题,然后对一些常见的递推关系做比较深入的讨论,并给出其解法.

6.1   递推关系的建立

在 4.3.2 小节中讨论集合 $\{1,2,\cdots,n\}$ 的错排数 D_n 时,我们建立了关于 D_n 的递推关系

$$\begin{cases} D_n = (n-1)(D_{n-1} + D_{n-2}) & (n \geqslant 3), \\ D_1 = 0, \quad D_2 = 1, \end{cases} \tag{6.1.1}$$

并由此推出了

$$\begin{cases} D_n = nD_{n-1} + (-1)^n & (n \geqslant 2), \\ D_1 = 0. \end{cases} \tag{6.1.2}$$

等式(6.1.1)和等式(6.1.2)都是递推关系的例子.等式(6.1.1)给出了 n 元错排数 D_n 同 $n-1$ 元错排数及 $n-2$ 元错排数 D_{n-2} 之间的关系,这样,由初值 D_1 和 D_2 就可以计算出 D_3,由 D_2 和 D_3 又可以计算出 D_4,如此可以逐个计算出错排数序列 $D_1, D_2, D_3, \cdots$.而等式(6.1.2)给出了 n 元错排数 D_n 同 $n-1$ 元错排数 D_{n-1} 之间的关系,这样由初始值 D_1 就唯一地确定了错排数序列.

定义 6.1.1　给定一个数的序列 $H(0),H(1),\cdots,H(n),\cdots$. 若存在整数 n_0，使当 $n \geqslant n_0$ 时，可以用等号（或大于号，小于号）将 $H(n)$ 与其前面的某些项 $H(i)$（$0 \leqslant i < n$）联系起来，这样的式子就叫作递推关系.

下面通过几个例子来看看如何建立递推关系，至于递推关系的求解，将在后面的几节中讨论.

例 1（**Hanoi 塔问题**）　现有 A,B,C 三根立柱以及 n 个大小不等的中空圆盘，这些圆盘自小到大套在 A 柱上形成塔形，如图 6.1.1 所示. 要把 n 个圆盘从 A 柱上搬到 C 柱上，并保持原来的顺序不变，要求每次只能从一根立柱上拿下一个圆盘放在另一根立柱上，且不允许大盘压在小盘上. 问至少要搬多少次？

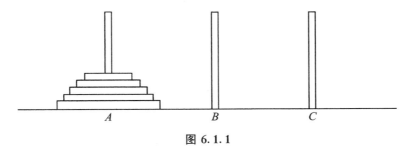

图 6.1.1

解　记 $f(n)$ 为 n 个圆盘从 A 柱搬到 C 柱所需的最小次数. 整个搬动过程可以分成三个阶段：

（1）将套在 A 柱上面的 $n-1$ 个圆盘从 A 柱按要求搬到 B 柱，搬动次数为 $f(n-1)$；

（2）把 A 柱上最下面的那个圆盘搬到 C 柱上，搬动次数为 1；

（3）把 B 柱上的 $n-1$ 个圆盘按要求搬到 C 柱上，搬动次数为 $f(n-1)$.

由加法原则知

$$f(n) = 2f(n-1) + 1,$$

又显然 $f(1) = 1$，所以有如下带有初值的递推关系

$$\begin{cases} f(n) = 2f(n-1) + 1, \\ f(1) = 1. \end{cases}$$

例 2　在信道上传输由 a,b,c 三个字母组成的长为 n 的字符串，若字符串中有两个 a 连续出现，则信道就不能传输. 令 $f(n)$ 表示信道可以传输的长为 n 的字符串的个数，求 $f(n)$ 满足的递推关系.

解　信道上能够传输的长度为 n（$n \geqslant 2$）的字符串可分成如下四类：

（1）最左字符为 b；

（2）最左字符为 c；

（3）最左两个字符为 ab；

（4）最左两个字符为 ac.

如图 6.1.2 所示，前两类字符串分别有 $f(n-1)$ 个，后两类字符串分别有 $f(n-2)$ 个.容易求出 $f(1)=3,f(2)=8$,从而得到
$$\begin{cases} f(n)=2f(n-1)+2f(n-2) & (n\geqslant 3),\\ f(1)=3, \quad f(2)=8. \end{cases}$$

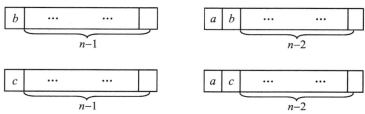

图 6.1.2

例 3 考虑 0,1 字符串中"010"子串的相继出现问题.例如,在 110101010101 中,我们说"010"在第 5 位和第 9 位出现,而不是在第 7 位和第 11 位出现,在整个字符串中"010"共出现两次.计算 n 位 0,1 字符串中"010"子串在第 n 位出现的字符串有多少?

解 设"010"子串在第 n 位出现的长为 n 的 0,1 字符串的个数为 $f(n)$,则显然 $f(3)=1,f(4)=2,f(5)=3$.

最后 3 位是"010"的 n 位 0,1 字符串有 2^{n-3} 个,其中"010"在第 n 位出现的字符串有 $f(n)$ 个,而"010"不在第 n 位出现,当且仅当最后 5 位形如"01010",并且"010"在第 $n-2$ 位出现,所以这类字符串共有 $f(n-2)$ 个.从而有
$$\begin{cases} f(n)=2^{n-3}-f(n-2) & (n\geqslant 5),\\ f(3)=1, \quad f(4)=2. \end{cases}$$

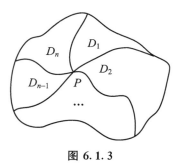

图 6.1.3

例 4 设 P 是平面上 n 个连通区域 $D_1,D_2,\cdots,D_n$ 的公共交界点,如图 6.1.3 所示.现用 k 种颜色对其着色,要求有公共边界的相邻区域着以不同的颜色.令 $f(n)$ 表示不同的着色方案数,求它所满足的递推关系.

解 将所有满足要求的着色方案分成两类($n\geqslant 4$)：

（1）D_1 与 D_{n-1} 同色. 此时，D_n 有 $k-1$ 种着色方案. 可将 D_1 与 D_{n-2} 看成相邻区域，$D_1,D_2,\cdots,D_{n-2}$ 的着色方案数为 $f(n-2)$. 故此类着色方案数为 $(k-1)\cdot f(n-2)$.

（2）D_1 与 D_{n-1} 异色. 此时，D_n 有 $k-2$ 种着色方案. 此时，可将 D_1 与 D_{n-1} 看成相邻的区域. 又 $D_1,D_2,\cdots,D_{n-1}$ 用 k 种颜色着色的方案数为 $f(n-1)$，故此类着色方案数为 $(k-2)f(n-1)$.

而容易求得 $f(2)=k(k-1),f(3)=k(k-1)(k-2)$，从而有

$$\begin{cases} f(n)=(k-1)f(n-2)+(k-2)f(n-1) & (n\geqslant 4),\\ f(2)=k(k-1),\quad f(3)=k(k-1)(k-2). \end{cases}$$

例 5　设 X 是一具有乘法运算的代数系统，乘法不满足结合律，用 xy 表示 x 对 y 之积. 如果

$$x_1,x_2,\cdots,x_n\in X,$$

而且这 n 个元素依上面列出的顺序所能作出的一切可能的积彼此不同，其个数记为 $f(n)$，求 $f(n)$ 满足的递推关系.

解　例如，对于 $x_1,x_2,x_3\in X$，符合题意的积有 2 个：

$$(x_1x_2)x_3,\quad x_1(x_2x_3),$$

所以 $f(3)=2$.

如果在 $x_1x_2\cdots x_n$ 的某些字母间加上括号，但不改变字母间的相互位置关系，使得这 n 个字母间的乘法可以按所加括号指明的运算方式进行运算，那么 $f(n)$ 就是加括号的方法的个数.

最外层的两对括号形如

$$(x_1\cdots x_r)(x_{r+1}\cdots x_n)\quad (1\leqslant r\leqslant n-1),$$

当 $r=1$ 或 $n-1$ 时，通常简记为

$$x_1(x_2\cdots x_n)=(x_1)(x_2\cdots x_n),$$
$$(x_1\cdots x_{n-1})x_n=(x_1\cdots x_{n-1})(x_n).$$

在前一个括号中有 $f(r)$ 种加括号的方法，在后一个括号中又有 $f(n-r)$ 种加括号的方法，当 r 遍历 $1,2,\cdots,n-1$ 时，就得到

$$\begin{aligned} f(n)&=f(1)f(n-1)+f(2)f(n-2)+\cdots\\ &\quad +f(n-2)f(2)+f(n-1)f(1)\\ &=\sum_{i=1}^{n-1}f(i)f(n-i)\quad (n>1). \end{aligned}$$

初始值为

$$f(1)=1,\quad f(2)=1.$$

6.2　常系数线性齐次递推关系的求解

定义 6.2.1　设 k 是给定的正整数,若数列 $f(0),f(1),\cdots,f(n),\cdots$ 的相邻 $k+1$ 项间满足关系

$$f(n) = c_1(n)f(n-1) + c_2(n)f(n-2) + \cdots$$
$$+ c_k(n)f(n-k) + g(n), \tag{6.2.1}$$

对 $n \geqslant k$ 成立,其中 $c_k(n) \neq 0$,则称该关系为 $\{f(n)\}$ 的 k 阶线性递推关系.如果 $c_1(n),c_2(n),\cdots,c_k(n)$ 都是常数,则称之为 k 阶常系数线性递推关系.如果 $g(n) = 0$,则称之为齐次的.

如果有一个数列代入递推关系(6.2.1),使得其对任何 $n \geqslant k$ 都成立,则称这个数列是递推关系(6.2.1)的解.

常系数线性齐次递推关系的一般形式为

$$f(n) = c_1f(n-1) + c_2f(n-2) + \cdots$$
$$+ c_kf(n-k) \quad (n \geqslant k,\ c_k \neq 0). \tag{6.2.2}$$

定义 6.2.2　方程

$$x^k - c_1x^{k-1} - c_2x^{k-2} - \cdots - c_k = 0 \tag{6.2.3}$$

叫作递推关系(6.2.2)的特征方程.它的 k 个根 $q_1,q_2,\cdots,q_k$(可能有重根)叫作该递推关系的特征根,其中,$q_i\ (i = 1,2,\cdots,k)$ 是复数.

引理 6.2.1　设 q 是非零复数,则 $f(n) = q^n$ 是递推关系(6.2.2)的解,当且仅当 q 是它的特征根.

证明　设 $f(n) = q^n$ 是递推关系(6.2.2)的解,即

$$q^n = c_1q^{n-1} + c_2q^{n-2} + \cdots + c_kq^{n-k} \quad (n \geqslant k).$$

因为 $q \neq 0$,所以

$$q^k = c_1q^{k-1} + c_2q^{k-2} + \cdots + c_k,$$

即 q 是递推关系(6.2.2)的特征根.反之亦然.

引理 6.2.2　如果 $h_1(n),h_2(n)$ 都是递推关系(6.2.2)的解,b_1,b_2 是常数,则 $b_1h_1(n) + b_2h_2(n)$ 也是递推关系(6.2.2)的解.

证明　因为 $h_1(n),h_2(n)$ 都是递推关系(6.2.2)的解,所以

$$b_1h_1(n) + b_2h_2(n) = b_1[c_1h_1(n-1) + \cdots + c_kh_1(n-k)]$$

$$+ b_2 \left[c_1 h_2(n-1) + \cdots + c_k h_2(n-k) \right]$$
$$= c_1 \left[b_1 h_1(n-1) + b_2 h_2(n-1) \right] + \cdots$$
$$+ c_k \left[b_1 h_1(n-k) + b_2 h_2(n-k) \right],$$

从而 $b_1 h_1(n) + b_2 h_2(n)$ 也是递推关系(6.2.2)的解.

由引理 6.2.1 和引理 6.2.2 知,若 $q_1, q_2, \cdots, q_k$ 是递推关系(6.2.2)的特征根,$b_1, b_2, \cdots, b_k$ 是常数,那么

$$f(n) = b_1 q_1^n + b_2 q_2^n + \cdots + b_k q_k^n$$

也是递推关系(6.2.2)的解.

定义 6.2.3 如果对于递推关系(6.2.2)的每个解 $h(n)$,都可以选择一组常数 $c_1', c_2', \cdots, c_k'$,使得

$$h(n) = c_1' q_1^n + c_2' q_2^n + \cdots + c_k' q_k^n$$

成立,则称 $b_1 q_1^n + b_2 q_2^n + \cdots + b_k q_k^n$ 是递推关系(6.2.2)的通解,其中,$b_1, b_2, \cdots, b_k$ 为任意常数.

定理 6.2.1 设 $q_1, q_2, \cdots, q_k$ 是递推关系(6.2.2)的 k 个互不相等的特征根,则

$$f(n) = b_1 q_1^n + b_2 q_2^n + \cdots + b_k q_k^n \qquad (6.2.4)$$

是递推关系(6.2.2)的通解.

证明 由前面的分析可知,对任意一组 $b_1, b_2, \cdots, b_k$,$f(n)$ 是递推关系(6.2.2)的解.

下面证明:递推关系(6.2.2)的任意一个解 $h(n)$ 都可以表示成(6.2.4)的形式.$h(n)$ 是(6.2.2)的解,故 $h(n)$ 由 k 个初值 $h(0) = a_0, h(1) = a_1, \cdots, h(k-1) = a_{k-1}$ 唯一地确定.若 $h(n)$ 可以表示成式(6.2.4)的形式,则有

$$\begin{cases} b_1 + b_2 + \cdots + b_k = a_0, \\ b_1 q_1 + b_2 q_2 + \cdots + b_k q_k = a_1, \\ \cdots, \\ b_1 q_1^{k-1} + b_2 q_2^{k-1} + \cdots + b_k q_k^{k-1} = a_{k-1}. \end{cases} \qquad (6.2.5)$$

如果方程组(6.2.5)有唯一解 $b_1', b_2', \cdots, b_k'$,这说明可以找到 k 个常数 $b_1', b_2', \cdots, b_k'$,使得

$$h(n) = b_1' q_1^n + b_2' q_2^n + \cdots + b_k' q_k^n$$

成立,从而 $b_1 q_1^n + b_2 q_2^n + \cdots + b_k q_k^n$ 是该递推关系的通解.考察方程组(6.2.5),它的系数行列式为

$$\begin{vmatrix} 1 & 1 & \cdots & 1 \\ q_1 & q_2 & \cdots & q_k \\ \vdots & \vdots & \vdots & \vdots \\ q_1^{k-1} & q_2^{k-1} & \cdots & q_k^{k-1} \end{vmatrix} = \prod_{1 \leqslant i < j \leqslant k} (q_j - q_i),$$

这是著名的 Vandermonde 行列式. 因为 $q_1, q_2, \cdots, q_k$ 互不相等,所以该行列式不等于零,这也就是说方程组(6.2.5)有唯一解. 所以,$h(n)$ 可以表示成式(6.2.4)的形式.

故式(6.2.4)是递推关系(6.2.2)的通解.

例1 求解 6.1 节例 2 中的递推关系

$$\begin{cases} f(n) = 2f(n-1) + 2f(n-2), \\ f(1) = 3, \quad f(2) = 8. \end{cases}$$

解 先求这个递推关系的通解. 它的特征方程为

$$x^2 - 2x - 2 = 0,$$

解这个方程,得

$$x_1 = 1 + \sqrt{3}, \quad x_2 = 1 - \sqrt{3}.$$

所以,通解为

$$f(n) = c_1(1 + \sqrt{3})^n + c_2(1 - \sqrt{3})^n.$$

代入初值来确定 c_1 和 c_2,得

$$\begin{cases} c_1(1 + \sqrt{3}) + c_2(1 - \sqrt{3}) = 3, \\ c_1(1 + \sqrt{3})^2 + c_2(1 - \sqrt{3})^2 = 8. \end{cases}$$

求解这个方程组,得

$$c_1 = \frac{2 + \sqrt{3}}{2\sqrt{3}}, \quad c_2 = \frac{-2 + \sqrt{3}}{2\sqrt{3}}.$$

因此,所求的字符串个数为

$$f(n) = \frac{2 + \sqrt{3}}{2\sqrt{3}}(1 + \sqrt{3})^n + \frac{-2 + \sqrt{3}}{2\sqrt{3}}(1 - \sqrt{3})^n \quad (n = 1, 2, \cdots).$$

例2 核反应堆中有 α 和 β 两种粒子,每秒钟内一个 α 粒子可反应产生三个 β 粒子,而一个 β 粒子又可反应产生一个 α 粒子和两个 β 粒子. 若在时刻 $t = 0$ 时反应堆中只有一个 α 粒子,问 $t = 100$ 秒时反应堆中将有多少个 α 粒子?多少个 β 粒子?共有多少个粒子?

解 设在 t 时刻的 α 粒子数为 $f(t)$,β 粒子数为 $g(t)$,根据题设,可以列出下面的递推关系

$$\begin{cases} g(t) = 3f(t-1) + 2g(t-1) & (t \geqslant 1), & (6.2.6) \\ f(t) = g(t-1) & (t \geqslant 1), & (6.2.7) \\ g(0) = 0, \quad f(0) = 1. \end{cases}$$

由式(6.2.7)得到

$$f(t-1) = g(t-2),$$

把这个等式代入式(6.2.6),得

$$\begin{cases} g(t) = 3g(t-2) + 2g(t-1) & (t \geqslant 2), & (6.2.8) \\ g(0) = 0, \quad g(1) = 3. \end{cases}$$

递推关系(6.2.8)的特征方程为

$$x^2 - 2x - 3 = 0,$$

其特征根为

$$x_1 = 3, \quad x_2 = -1.$$

所以,该递推关系的通解为

$$g(t) = c_1 \cdot 3^t + c_2 \cdot (-1)^t.$$

代入初值 $g(0) = 0, g(1) = 3$,得

$$\begin{cases} c_1 + c_2 = 0, \\ 3c_1 - c_2 = 3. \end{cases}$$

解这个方程组,得

$$c_1 = \frac{3}{4}, \quad c_2 = -\frac{3}{4}.$$

所以,该递推关系的解为

$$g(t) = \frac{3}{4} \cdot 3^t - \frac{3}{4} \cdot (-1)^t.$$

从而求得

$$f(t) = g(t-1) = \frac{3}{4} \cdot 3^{t-1} - \frac{3}{4} \cdot (-1)^{t-1},$$

$$f(t) + g(t) = \frac{3}{4} \cdot 3^{t-1} - \frac{3}{4} \cdot (-1)^{t-1} + \frac{3}{4} \cdot 3^t - \frac{3}{4} \cdot (-1)^t = 3^t.$$

因此

$$f(100) = \frac{3}{4} \cdot 3^{99} - \frac{3}{4} \cdot (-1)^{99}$$

$$= \frac{3}{4}(3^{99} + 1),$$

$$g(100) = \frac{3}{4} \cdot 3^{100} - \frac{3}{4} \cdot (-1)^{100} = \frac{3}{4}(3^{100} - 1),$$

故

$$f(100) + g(100) = 3^{100}.$$

对于 k 阶常系数线性齐次递推关系,当特征根 $q_1, q_2, \cdots, q_k$ 互不相等时,我们已经给出了求通解的方法.但是,当 $q_1, q_2, \cdots, q_k$ 中有重根时,这种方法就不再适用,换句话说,$c_1 q_1^n + c_2 q_2^n + \cdots + c_k q_k^n$ 就不再是原递推关系的通解.请看下面的例子.

例 3 求解递推关系

$$\begin{cases} f(n) = 4f(n-1) - 4f(n-2), \\ f(0) = 1, \quad f(1) = 3. \end{cases} \tag{6.2.9}$$

解 递推关系(6.2.9)的特征方程为

$$x^2 - 4x + 4 = 0,$$

其特征根为

$$x_1 = x_2 = 2.$$

由引理 6.2.1,可知 2^n 是递推关系(6.2.9)的解(不考虑初值).我们不妨试试 $n2^n$,把它代入式(6.2.9),得

$$
\begin{aligned}
n2^n - 4(n-1)2^{n-1} + 4(n-2)2^{n-2} &= n2^n - (n-1)2^{n+1} + (n-2)2^n \\
&= 2^n [n - 2(n-1) + (n-2)] \\
&= 0,
\end{aligned}
$$

这说明 $n2^n$ 也是递推关系(6.2.9)的解.易知 $n2^n$ 与 2^n 线性无关,所以原递推关系的通解为

$$f(n) = c_1 2^n + c_2 n 2^n.$$

代入初值 $f(0) = 1, f(1) = 3$,得

$$\begin{cases} c_1 = 1, \\ 2c_1 + 2c_2 = 3. \end{cases}$$

解这个方程组,得

$$c_1 = 1, \quad c_2 = \frac{1}{2}.$$

所以,原递推关系的解为

$$f(n) = 2^n + 2^{n-1} n.$$

下面分析,当特征根有重根时,常系数线性齐次递推关系(6.2.2)的通解的一般形式.

设递推关系

$$f(n) = c_1 f(n-1) + c_2 f(n-2) + \cdots + c_k f(n-k) \quad (n \geqslant k, \ c_k \neq 0)$$

的特征方程为
$$x^k - c_1 x^{k-1} - c_2 x^{k-2} - \cdots - c_k = 0.$$
令
$$P(x) = x^k - c_1 x^{k-1} - c_2 x^{k-2} - \cdots - c_k,$$
$$P_n(x) = x^{n-k} \cdot P(x)$$
$$= x^n - c_1 x^{n-1} - c_2 x^{n-2} - \cdots - c_k x^{n-k}.$$

如果 q 是 $P(x) = 0$ 的二重根,则 q 也是 $P_n(x) = 0$ 的二重根,那么 q 是 $P_n{}'(x) = 0$ 的根.其中,$P_n{}'(x)$ 是 $P_n(x)$ 的微商,即
$$P_n{}'(x) = n x^{n-1} - c_1(n-1)x^{n-2} - c_2(n-2)x^{n-3}$$
$$- \cdots - c_k(n-k)x^{n-k-1}.$$

因此,q 是 $x P_n{}'(x) = 0$ 的根.而
$$x P_n{}'(x) = n x^n - c_1(n-1)x^{n-1} - c_2(n-2)x^{n-2}$$
$$- \cdots - c_k(n-k)x^{n-k},$$

代入 $x = q$,得
$$n q^n - c_1(n-1)q^{n-1} - c_2(n-2)q^{n-2} - \cdots - c_k(n-k)q^{n-k} = 0.$$
这说明 $n q^n$ 是原递推关系的解.

类似地可以证明,如果 q 是 $P(x) = 0$ 的三重根,那么 q 就是 $x P_n{}'(x) = 0$ 的二重根,即 q 是 $x P_n{}'(x) = 0$ 和 $x[x P_n{}'(x)]' = 0$ 的根,从而证明 $n q^n, n^2 q^n$ 也是原递推关系的解.

一般地,可以证明以下的结论:如果 q 是 $P(x) = 0$ 的 e 重根,则 $q^n, n q^n,$ $n^2 q^n, \cdots, n^{e-1} q^n$ 都是原递推关系的解.

定理 6.2.2 设 $q_1, q_2, \cdots, q_t$ 是递推关系(6.2.2)的全部不同的特征根,其重数分别为 $e_1, e_2, \cdots, e_t$ ($e_1 + e_2 + \cdots + e_t = k$),那么递推关系(6.2.2)的通解为
$$f(n) = f_1(n) + f_2(n) + \cdots + f_t(n),$$
其中
$$f_i(n) = (b_{i_1} + b_{i_2} n + \cdots + b_{i_{e_i}} n^{e_i-1}) \cdot q_i^n \quad (1 \leqslant i \leqslant t).$$

证明 由前面的讨论知
$$f(n) = f_1(n) + f_2(n) + \cdots + f_t(n)$$
是递推关系(6.2.2)的解.再由初值 $f(0) = a_0, f(1) = a_1, \cdots, f(k-1) = a_k$,得到关于 $b_{i_j}(1 \leqslant i \leqslant t, 1 \leqslant j \leqslant e_i)$ 的线性方程组,其系数行列式的值为(证明略)
$$\prod_{i=1}^{t} (-q_i)^{\binom{e_i}{2}} \prod_{1 \leqslant i < j \leqslant t} (q_j - q_i)^{e_i \cdot e_j} \neq 0,$$
故可由初值唯一地确定 b_{i_j}.这说明递推关系(6.2.2)的任意解均可写成

$$f(n) = \sum_{i=1}^{t} f_i(n)$$

的形式,其中,$f_i(n)$ 如前所示.

例 4　求解递推关系
$$\begin{cases} f(n) = -f(n-1) + 3f(n-2) + 5f(n-3) + 2f(n-4), \\ f(0) = 1, \quad f(1) = 0, \quad f(2) = 1, \quad f(3) = 2. \end{cases}$$

解　该递推关系的特征方程为
$$x^4 + x^3 - 3x^2 - 5x - 2 = 0,$$

其特征根为
$$x_1 = x_2 = x_3 = -1, \quad x_4 = 2.$$

由定理 6.2.2,对应于 $x = -1$ 的解为
$$f_1(n) = c_1(-1)^n + c_2 n(-1)^n + c_3 n^2(-1)^n,$$

对应于 $x = 2$ 的解为
$$f_2(n) = c_4 2^n.$$

因此,递推关系的通解为
$$\begin{aligned} f(n) &= f_1(n) + f_2(n) \\ &= c_1(-1)^n + c_2 n(-1)^n + c_3 n^2(-1)^n + c_4 2^n. \end{aligned}$$

代入初始值,得到方程组
$$\begin{cases} c_1 + c_4 = 1, \\ -c_1 - c_2 - c_3 + 2c_4 = 0, \\ c_1 + 2c_2 + 4c_3 + 4c_4 = 1, \\ -c_1 - 3c_2 - 9c_3 + 8c_4 = 2, \end{cases}$$

解这个方程组,得
$$c_1 = \frac{7}{9}, \quad c_2 = -\frac{1}{3}, \quad c_3 = 0, \quad c_4 = \frac{2}{9}.$$

所以,原递推关系的解为
$$f(n) = (-1)^n \frac{7}{9} - (-1)^n \frac{1}{3} n + \frac{2}{9} \cdot 2^n.$$

6.3　常系数线性非齐次递推关系的求解

k 阶常系数线性非齐次递推关系的一般形式为

$$f(n) = c_1 f(n-1) + c_2 f(n-2) + \cdots + c_k f(n-k) + g(n) \quad (n \geqslant k),$$

$$(6.3.1)$$

其中,$c_1, c_2, \cdots, c_k$ 为常数,$c_k \neq 0, g(n) \neq 0$. 递推关系(6.3.1)对应的齐次递推关系为

$$f(n) = c_1 f(n-1) + c_2 f(n-2) + \cdots + c_k f(n-k). \quad (6.3.2)$$

定理 6.3.1 k 阶常系数线性非齐次递推关系(6.3.1)的通解是递推关系(6.3.1)的特解加上其相应的齐次递推关系(6.3.2)的通解.

证明 设 $f'(n)$ 是递推关系(6.3.1)的特解,$f''(n)$ 是递推关系(6.3.2)的解,则

$$\begin{aligned}
f'(n) + f''(n) &= \left[c_1 f'(n-1) + c_2 f'(n-2) + \cdots \right.\\
&\quad \left. + c_k f'(n-k) + g(n) \right]\\
&\quad + \left[c_1 f''(n-1) + c_2 f''(n-2) + \cdots + c_k f''(n-k) \right]\\
&= c_1 \left[f'(n-1) + f''(n-1) \right] + \cdots\\
&\quad + c_k \left[f'(n-k) + f''(n-k) \right] + g(n).
\end{aligned}$$

所以,$f'(n) + f''(n)$ 是递推关系(6.3.1)的解.

反之,任给递推关系(6.3.1)的一个解 $f(n)$,与上类似,可以证明 $f(n) - f'(n)$ 是递推关系(6.3.2)的解. 而 $f(n) = \left[f(n) - f'(n) \right] + f'(n)$,所以 $f(n)$ 可以表示成 $f'(n)$ 与递推关系(6.3.2)的解之和.

综合以上分析,定理成立.

对于一般的 $g(n)$,k 阶常系数线性非齐次递推关系(6.3.1)没有普遍的解法,只有在某些简单的情况下,可以用待定系数法求出递推关系(6.3.1)的特解. 表 6.3.1 对于几种 $g(n)$ 给出了递推关系(6.3.1)的特解 $f'(n)$ 的一般形式. 在 6.5 节,我们将用生成函数的方法证明表 6.3.1 中特解的正确性.

表 6.3.1

$g(n)$	特征多项式 $P(x)$	特解 $f'(n)$ 的一般形式
β^n	$P(\beta) \neq 0$	$a\beta^n$
	β 是 $P(x) = 0$ 的 m 重根	$an^m\beta^n$
n^s	$P(1) \neq 0$	$b_s n^s + b_{s-1} n^{s-1} + \cdots + b_1 n + b_0$
	1 是 $P(x) = 0$ 的 m 重根	$n^m(b_s n^s + b_{s-1} n^{s-1} + \cdots + b_1 n + b_0)$
$n^s\beta^n$	$P(\beta) \neq 0$	$(b_s n^s + b_{s-1} n^{s-1} + \cdots + b_1 n + b_0)\beta^n$
	β 是 $P(x) = 0$ 的 m 重根	$n^m(b_s n^s + b_{s-1} n^{s-1} + \cdots + b_1 n + b_0)\beta^n$

例 1 求解递推关系
$$\begin{cases} f(n) = 2f(n-1) + 4^{n-1}, \\ f(0) = 1. \end{cases}$$

解 因为 4 不是特征方程的根,所以该递推关系的非齐次特解为 $4^{n-1}a$. 将其代入递推关系,得
$$4^{n-1}a = 2 \cdot 4^{n-2}a + 4^{n-1},$$
比较等式两边 4^{n-1} 的系数,得
$$a = \frac{1}{2}a + 1,$$
从而
$$a = 2.$$
而相应齐次递推关系的通解为 $2^n c$,由定理 6.3.1 知,非齐次递推关系的通解为
$$f(n) = 2^n c + 4^{n-1} \cdot 2.$$
由初值 $f(0) = 1$,得
$$2^0 c + 4^{0-1} \cdot 2 = 1,$$
从而
$$c = \frac{1}{2},$$
故
$$f(n) = \frac{1}{2}(2^n + 4^n).$$

从例 1 可以看出,求解常系数线性非齐次递推关系的基本步骤是:首先用待定系数法通过递推关系(不带初值)求出特解,然后用常系数线性齐次递推关系的通解与初值解出递推关系的解.

例 2 求和 $1^4 + 2^4 + \cdots + n^4$.

解 令
$$f(n) = 1^4 + 2^4 + \cdots + n^4,$$
它满足递推关系
$$\begin{cases} f(n) = f(n-1) + n^4, \\ f(0) = 0. \end{cases}$$
因为 1 是特征方程的一重根,所以该递推关系的特解为
$$n(b_4 n^4 + b_3 n^3 + b_2 n^2 + b_1 n + b_0).$$
将其代入递推关系,并比较等号两边 n^i $(0 \leqslant i \leqslant 4)$ 的系数,得到

$$\begin{cases} -5b_4 + b_3 + 1 = b_3, \\ 10b_4 - 4b_3 + b_2 = b_2, \\ -10b_4 + 6b_3 - 3b_2 + b_1 = b_1, \\ 5b_4 - 4b_3 + 3b_2 + 2b_1 + b_0 = b_0, \\ -b_4 + b_3 - b_2 + b_1 - b_0 = 0. \end{cases}$$

解得

$$b_0 = \frac{1}{30}, \ b_1 = 0, \ b_2 = \frac{1}{3}, \ b_3 = \frac{1}{2}, \ b_4 = \frac{1}{5},$$

即非齐次特解为

$$f'(n) = \frac{n}{30}(6n^4 + 15n^3 + 10n^2 - 1).$$

而相应齐次递推关系的通解为

$$f''(n) = 1^n c.$$

由定理 6.3.1 知,非齐次通解为

$$f(n) = f'(n) + f''(n)$$
$$= c + \frac{n}{30}(6n^4 + 15n^3 + 10n^2 - 1).$$

又由 $f(0) = 0$ 可求得 $c = 0$,故

$$f(n) = \frac{n}{30}(6n^4 + 15n^3 + 10n^2 - 1)$$
$$= \frac{n}{30}(n + 1)(2n + 1)(3n^2 + 3n - 1).$$

例 3　求解递推关系

$$\begin{cases} f(n) - 4f(n-1) + 4f(n-2) = n \cdot 2^n, \\ f(0) = 0, \quad f(1) = 1. \end{cases}$$

解　由于 2 是特征方程的二重根,所以该递推关系的特解为

$$f'(n) = n^2(b_1 n + b_0) \cdot 2^n.$$

将它代入递推关系,并比较等号两边 n 的系数及常数项,得到

$$\begin{cases} 6b_1 = 1, \\ -6b_1 + 2b_0 = 0, \end{cases}$$

解得

$$b_0 = \frac{1}{2}, \quad b_1 = \frac{1}{6}.$$

而相应齐次递推关系的通解为 $(c_0 + c_1 n) \cdot 2^n$,从而非齐次递推关系的通解为

$$f(n) = \left[(c_0 + c_1 n) + n^2 \left(\frac{n}{6} + \frac{1}{2} \right) \right] \cdot 2^n.$$

再由初值 $f(0) = 0, f(1) = 1$, 求得 $c_0 = 0, c_1 = -\dfrac{1}{6}$. 于是

$$f(n) = \frac{1}{6}(n^3 + 3n^2 - n) \cdot 2^n.$$

例 4　求解 Hanoi 塔问题满足的递推关系

$$\begin{cases} f(n) = 2f(n-1) + 1, \\ f(0) = 0. \end{cases}$$

解　相应的特征方程为 $x = 2$, 故齐次通解为 $2^n c$. 设非齐次特解为 b, 代入原递推关系, 得

$$b - 2b = 1,$$

所以特解为 $b = -1$. 根据前面的分析, 可知该递推关系的通解为

$$f(n) = 2^n c - 1.$$

代入初值 $f(0) = 0$, 得 $c = 1$. 所以

$$f(n) = 2^n - 1.$$

6.4　用迭代归纳法求解递推关系

迭代归纳法也是求解递推关系的一种方法, 尤其对于某些非线性的递推关系, 不存在求解的一般性方法和公式, 不妨用这种方法来试一试. 下面通过几个例子来说明.

例 1　求解递推关系

$$\begin{cases} f(n) = f(n-1) + n^3, \\ f(0) = 0. \end{cases}$$

解　先用迭代法求解该递推关系, 得

$$\begin{aligned}
f(n) &= f(n-1) + n^3 \\
&= f(n-2) + (n-1)^3 + n^3 \\
&= \cdots \\
&= f(1) + 2^3 + \cdots + (n-1)^3 + n^3 \\
&= f(0) + 1^3 + 2^3 + \cdots + (n-1)^3 + n^3 \\
&= 1^3 + 2^3 + \cdots + (n-1)^3 + n^3.
\end{aligned}$$

能否找到 $f(n)$ 的一个简单表达式呢? 为此, 我们考察该数列的前 5 项, 得

$$f(0) = 0 = 0^2,$$
$$f(1) = 1^3 = 1 = 1^2,$$
$$f(2) = 1^3 + 2^3 = 9 = 3^2$$
$$= (1 + 2)^2,$$
$$f(3) = 1^3 + 2^3 + 3^3 = 36 = 6^2$$
$$= (1 + 2 + 3)^2,$$
$$f(4) = 1^3 + 2^3 + 3^3 + 4^3 = 100 = 10^2$$
$$= (1 + 2 + 3 + 4)^2.$$

由此,我们得出 $f(n)$ 的前 5 项满足

$$f(n) = (0 + 1 + \cdots + n)^2$$
$$= \frac{n^2(n + 1)^2}{4}.$$

要证明上式的确是原递推关系的解,我们用归纳法.

当 $n = 0$ 时,$f(0) = 0$,上式成立.

假设 $n = k$ 时上式成立,即

$$f(k) = \frac{1}{4}k^2(k + 1)^2,$$

则由递推关系,有

$$f(k + 1) = f(k) + (k + 1)^3$$
$$= \frac{1}{4}k^2(k + 1)^2 + (k + 1)^3$$
$$= \frac{1}{4}(k + 1)^2(k + 2)^2.$$

故由归纳法知

$$f(n) = \frac{1}{4}n^2(n + 1)^2$$

是原递推关系的解.

迭代法并不仅仅局限于如例 1 所示的直接导出 $f(n)$ 的表达式. 利用迭代法,还可以先将原递推关系化简,然后再求解.

下面介绍解递推关系常用的几个技巧.

1. 将非齐次递推关系齐次化

例 2 求解递推关系

$$\begin{cases} f(n) = 2f(n - 1) + 4^{n-1}, \\ f(1) = 3. \end{cases} \tag{6.4.1}$$

解 由递推关系(6.4.1)可以得到

$$f(n-1) = 2f(n-2) + 4^{n-2},$$

将上式乘以 -4 后再与式(6.4.1)相加,得

$$f(n) = 6f(n-1) - 8f(n-2). \tag{6.4.2}$$

如此我们得到了二阶齐次递推关系(6.4.2),它需要两个初值才能确定解.将 $f(1) = 3$ 代入递推关系(6.4.1),得

$$f(2) = 2f(1) + 4^{2-1} = 10.$$

所以有

$$\begin{cases} f(n) = 6f(n-1) - 8f(n-2), \\ f(1) = 3, \quad f(2) = 10. \end{cases}$$

它的特征方程为

$$x^2 - 6x + 8 = 0,$$

解得两个特征根为

$$x_1 = 2, \quad x_2 = 4,$$

于是,通解为

$$f(n) = A \cdot 2^n + B \cdot 4^n.$$

由初值 $f(1) = 3, f(2) = 10$,求得 $A = B = \dfrac{1}{2}$.故

$$f(n) = \frac{1}{2}(2^n + 4^n).$$

2. 将变系数的一阶线性递推关系化为常系数线性递推关系

例3 求解递推关系

$$\begin{cases} f(n) = \dfrac{n+1}{2n}f(n-1) + 1, \\ f(0) = 1. \end{cases}$$

解 令

$$\begin{aligned} f(n) &= \frac{n+1}{2n} \cdot \frac{n}{2(n-1)} \cdot \cdots \cdot \frac{2}{2 \cdot 1} \cdot h(n) \\ &= \frac{n+1}{2^n}h(n), \end{aligned}$$

代入上述递推关系并化简,即得到关于 $h(n)$ 的递推关系

$$\begin{cases} h(n) = h(n-1) + \dfrac{2^n}{n+1}, \\ h(0) = 1. \end{cases}$$

解得

$$h(n) = \sum_{k=0}^{n} \frac{2^k}{k+1},$$

从而

$$f(n) = \frac{n+1}{2^n} \sum_{k=0}^{n} \frac{2^k}{k+1}.$$

一般地,一阶线性递推关系可以表示成

$$f(n) = c(n)f(n-1) + g(n).$$

令

$$f(n) = c(n)c(n-1)\cdots c(1)h(n),$$

则有

$$h(n) = h(n-1) + \frac{g(n)}{c(n)c(n-1)\cdots c(1)},$$

它把变系数化为常系数.

3. 将一阶高次递推关系通过变量代换化为一阶线性递推关系

例 4 求解递推关系

$$\begin{cases} f(n) = 3f^2(n-1), \\ f(0) = 1. \end{cases} \tag{6.4.3}$$

解 对递推关系(6.4.3)两边取自然对数,得

$$\ln f(n) = \ln 3 + 2\ln f(n-1).$$

令 $h(n) = \ln f(n)$,得

$$\begin{cases} h(n) = 2h(n-1) + \ln 3, \\ h(0) = 0. \end{cases}$$

解得

$$h(n) = (2^n - 1)\ln 3,$$

从而

$$f(n) = 3^{2^n - 1}.$$

最后,作为一个应用,我们来讨论快速排序算法的平均复杂度.关于快速排序算法在最佳情况下和最坏情况下的复杂度,一般的"数据结构"教材中都有讨论,请参阅有关内容.

例 5 分析快速排序算法的平均复杂度.

解 设要排序的序列为 $x_f, x_{f+1}, \cdots, x_l$,将该序列排成升序.将快速排序算法记作 Quicksort(f, l),该算法的描述如下:

(1) 若 $f \geqslant l$,则算法结束;

(2) $i \leftarrow f + 1$;

　　当 $x_i < x_f$ 时,做 $i \leftarrow i + 1$(从左到右找到大于 x_f 的第一个数 x_i);

　　$j \leftarrow l$;

　　当 $x_j > x_f$ 时,做 $j \leftarrow j - 1$(从右到左找到小于 x_f 的第一个数 x_j);

(3) 当 $i < j$ 时,做 $x_i \longleftrightarrow x_j$ (x_i 和 x_j 交换),$i \leftarrow i + 1, j \leftarrow j - 1$;

　　当 $x_i < x_f$ 时,做 $i \leftarrow i + 1$;

　　当 $x_j > x_f$ 时,做 $j \leftarrow j - 1$;

　　转(3);

　　$x_f \longleftrightarrow x_j$(把 x_f 放好,将原来的序列划分成两个序列);

(4) Quicksort$(f, j - 1)$(对子序列递归地排序);

(5) Quicksort$(j + 1, l)$(对子序列递归地排序).

例如,下面给出了排序 13 个数的一个实例,按照算法执行步骤(1),(2) 和(3),各步交换的结果如图 6.4.1 所示.

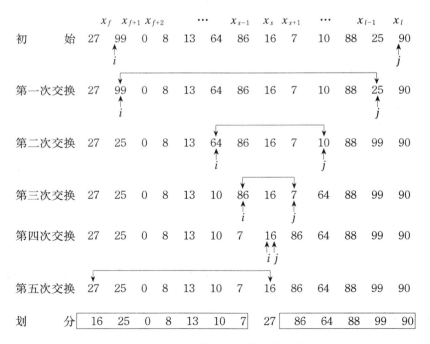

图 6.4.1　一个快速排序算法的实例

不难看到,到步骤(3)结束时,$x_{f+1}, \cdots, x_{s-1}$ 分别与 x_f 比较了一次,$x_{s+2}, \cdots, x_l$

也分别与 x_f 比较了一次,而 x_s, x_{s+1} 各与 x_f 比较了两次,这 n 个数共比较了 $n+1$ 次.令 C_n 表示对 n 个数进行快速排序所需的平均比较次数,P_s 表示 x_f 为第 s 个最小数的概率.如果假设对任意 s,这个概率都相等,即 $P_s = \dfrac{1}{n}$,那么有

$$C_n = \sum_{s=1}^{n} \frac{1}{n}(n+1+C_{s-1}+C_{n-s})$$
$$= n+1+\frac{2}{n}\sum_{s=0}^{n-1}C_s,$$

即

$$nC_n = n(n+1)+2\sum_{s=0}^{n-1}C_s.$$

用 $n-1$ 代替 n,得

$$(n-1)C_{n-1} = n(n-1)+2\sum_{s=0}^{n-2}C_s.$$

把上面两个等式相减,得
$$nC_n-(n-1)C_{n-1} = 2n+2C_{n-1},$$
化简得
$$nC_n = (n+1)C_{n-1}+2n.$$
使用迭代法,得

$$\frac{C_n}{n+1} = \frac{C_{n-1}}{n}+\frac{2}{n+1}$$
$$= \frac{2}{n+1}+\frac{2}{n}+\cdots+\frac{2}{3}+\frac{C_1}{2}.$$

因为 $C_1 = 0$,所以有

$$\frac{C_n}{n+1} = 2\sum_{k=3}^{n+1}\frac{1}{k}.$$

而由图 6.4.2 可知

$$\sum_{k=3}^{n+1}\frac{1}{k} < \int_2^{n+1}\frac{1}{x}\mathrm{d}x,$$

故

$$\sum_{k=3}^{n+1}\frac{1}{k} = O(\ln n),$$

所以

$$C_n = O(n\ln n).$$

由于交换的次数小于比较的次数,所以快速排序算法的平均复杂度就

是 $O(n\ln n)$.

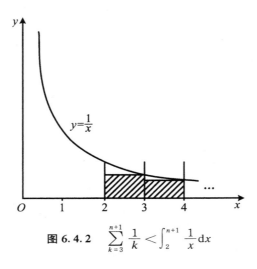

图 6.4.2 $\quad \displaystyle\sum_{k=3}^{n+1} \frac{1}{k} < \int_{2}^{n+1} \frac{1}{x} \mathrm{d}x$

6.5　用生成函数求解递推关系

利用生成函数求解各类递推关系有广泛的适用性,给定关于 $f(n)$ 的递推关系式,求解 $f(n)$ 的基本步骤是:

(1) 令 $A(x) = \displaystyle\sum_{n=0}^{\infty} f(n)x^n$;

(2) 将关于 $f(n)$ 的递推关系式转化成关于 $A(x)$ 的方程式;

(3) 解出 $A(x)$,将 $A(x)$ 展开成 x 的幂级数, x^n 的系数即是 $f(n)$.

例1　求解递推关系

$$\begin{cases} f(n) = 7f(n-1) - 12f(n-2), \\ f(0) = 2, \quad f(1) = 7. \end{cases}$$

解　令

$$A(x) = \sum_{n=0}^{\infty} f(n)x^n,$$

则有

$$A(x) - f(0) - f(1)x = \sum_{n=2}^{\infty} f(n)x^n$$

$$= \sum_{n=2}^{\infty} \left[7f(n-1) - 12f(n-2) \right] x^n$$

$$= 7x \sum_{n=1}^{\infty} f(n)x^n - 12x^2 \sum_{n=0}^{\infty} f(n)x^n$$

$$= 7x \left[A(x) - f(0) \right] - 12x^2 A(x).$$

将 $f(0) = 2, f(1) = 7$ 代入上式并整理,得

$$A(x) = \frac{2 - 7x}{1 - 7x + 12x^2} = \frac{1}{1 - 3x} + \frac{1}{1 - 4x} = \sum_{n=0}^{\infty} (3^n + 4^n) x^n,$$

所以

$$f(n) = 3^n + 4^n.$$

下面研究用生成函数求解递推关系的一般性理论.

6.5.1　用生成函数求解常系数线性齐次递推关系

设有常系数线性齐次递推关系

$$f(n) = c_1 f(n-1) + c_2 f(n-2) + \cdots + c_k f(n-k)$$

$$(c_k \neq 0, \ n \geqslant k). \tag{6.5.1}$$

我们令

$$A(x) = \sum_{n=0}^{\infty} f(n)x^n,$$

则

$$A(x) - f(0) - f(1)x - \cdots - f(k-1)x^{k-1}$$

$$= \sum_{n=k}^{\infty} f(n)x^n$$

$$= \sum_{n=k}^{\infty} \left[c_1 f(n-1) + c_2 f(n-2) + \cdots + c_k f(n-k) \right] x^n$$

$$= c_1 x \sum_{n=k-1}^{\infty} f(n)x^n + c_2 x^2 \sum_{n=k-2}^{\infty} f(n)x^n + \cdots + c_k x^k \sum_{n=0}^{\infty} f(n)x^n$$

$$= c_1 x \left[A(x) - f(0) - f(1)x - \cdots - f(k-2)x^{k-2} \right] + c_2 x^2 \left[A(x) - f(0) \right.$$

$$\left. - f(1)x - \cdots - f(k-3)x^{k-3} \right] + \cdots + c_k x^k A(x).$$

整理后得到

$$A(x)(1 - c_1 x - c_2 x^2 - \cdots - c_k x^k) = f(0) + \left[f(1) - c_1 f(0) \right] x + \cdots$$

$$+ \big[f(k-1) - c_1 f(k-2) - \cdots - c_{k-1} f(0) \big] x^{k-1},$$

简写成

$$A(x) = \frac{P(x)}{Q(x)},$$

其中

$$P(x) = f(0) + \big[f(1) - c_1 f(0) \big] x + \cdots$$
$$+ \big[f(k-1) - c_1 f(k-2) - \cdots - c_{k-1} f(0) \big] x^{k-1},$$
$$Q(x) = 1 - c_1 x - c_2 x^2 - \cdots - c_k x^k.$$

由此可以看出，$Q(x)$ 由递推关系中的系数 $c_1, c_2, \cdots, c_k$ 完全确定，$P(x)$ 由系数 $c_1, c_2, \cdots, c_k$ 以及初值 $f(0), f(1), \cdots, f(k-1)$ 完全确定.

下面我们来分析 $\dfrac{P(x)}{Q(x)}$ 的展开式，从而找到 $f(n)$ 的表达式. 首先通过 $Q(x)$ 与特征方程的关系来分析 $Q(x)$ 的因子分解形式.

如果递推关系(6.5.1)的特征方程

$$C(x) = x^k - c_1 x^{k-1} - c_2 x^{k-2} - \cdots - c_{k-1} x - c_k = 0 \qquad (6.5.2)$$

有 t 个不同的特征根 $q_1, q_2, \cdots, q_t$，它们的重数分别为 $m_1, m_2, \cdots, m_t$（$m_1 + m_2 + \cdots + m_t = k$），那么特征多项式 $C(x)$ 就有如下的分解式

$$C(x) = x^k - c_1 x^{k-1} - c_2 x^{k-2} - \cdots - c_{k-1} x - c_k$$
$$= (x - q_1)^{m_1} (x - q_2)^{m_2} \cdots (x - q_t)^{m_t}. \qquad (6.5.3)$$

而

$$x^k C\left(\frac{1}{x}\right) = 1 - c_1 x - c_2 x^2 - \cdots - c_{k-1} x^{k-1} - c_k x^k = Q(x),$$

由 $C(x)$ 的分解式(6.5.3)得

$$x^k C\left(\frac{1}{x}\right) = x^k \left(\frac{1}{x} - q_1\right)^{m_1} \left(\frac{1}{x} - q_2\right)^{m_2} \cdots \left(\frac{1}{x} - q_t\right)^{m_t}$$
$$= (1 - q_1 x)^{m_1} (1 - q_2 x)^{m_2} \cdots (1 - q_t x)^{m_t},$$

因此

$$Q(x) = (1 - q_1 x)^{m_1} (1 - q_2 x)^{m_2} \cdots (1 - q_t x)^{m_t}.$$

从而

$$A(x) = \frac{P(x)}{Q(x)} = \frac{P(x)}{(1 - q_1 x)^{m_1} (1 - q_2 x)^{m_2} \cdots (1 - q_t x)^{m_t}}. \qquad (6.5.4)$$

我们可以先对式(6.5.4)进行分项表示，然后展开每个分项，从而得到 $A(x)$ 的展开式，最后由 $A(x)$ 的展开式得到 $f(n)$ 的表达式.

由于式(6.5.4)是有理分式，且分子 $P(x)$ 的次数低于分母 $Q(x)$ 的次数，由后

面的定理 6.5.1 可得式(6.5.4) 有如下的分项表示

$$A(x) = \frac{d_{11}}{1 - q_1 x} + \frac{d_{12}}{(1 - q_1 x)^2} + \cdots + \frac{d_{1m_1}}{(1 - q_1 x)^{m_1}}$$

$$+ \frac{d_{21}}{1 - q_2 x} + \frac{d_{22}}{(1 - q_2 x)^2} + \cdots + \frac{d_{2m_2}}{(1 - q_2 x)^{m_2}}$$

$$+ \cdots + \frac{d_{t1}}{1 - q_t x} + \frac{d_{t2}}{(1 - q_t x)^2} + \cdots + \frac{d_{tm_t}}{(1 - q_t x)^{m_t}}$$

$$= \sum_{i=1}^{t} \sum_{j=1}^{m_i} \frac{d_{ij}}{(1 - q_i x)^j}. \tag{6.5.5}$$

因此, $A(x)$ 的幂级数展开式中 x^n 的系数为

$$f(n) = \sum_{i=1}^{t} \sum_{j=1}^{m_i} d_{ij} \binom{j + n - 1}{n} q_i^{\,n}, \tag{6.5.6}$$

其中, d_{ij} 为常数.

定理 6.5.1 设 $\dfrac{P(x)}{Q(x)}$ 是有理分式,且多项式 $P(x)$ 的次数低于 $Q(x)$ 的次数,则 $\dfrac{P(x)}{Q(x)}$ 有分项表示,且表示是唯一的.

证明 设 $Q(x)$ 的次数为 n,对 n 用数学归纳法.

当 $n = 1$ 时, $P(x)$ 是常数,命题成立.

假设对小于 n 的所有正整数命题成立,下面证明对正整数 n 命题成立.设 q 是 $Q(x) = 0$ 的 k 重根,则

$$Q(x) = (x - q)^k Q_1(x) \quad (Q_1(q) \neq 0).$$

不妨设 $P(x)$ 与 $Q(x)$ 互素,否则可以约去它们的公因子.用待定系数法,设

$$\frac{P(x)}{Q(x)} = \frac{A}{(x - q)^k} + \frac{P_1(x)}{(x - q)^{k-1} Q_1(x)}, \tag{6.5.7}$$

其中, A 为待定系数, $P_1(x)$ 为待定多项式.整理得

$$A Q_1(x) + (x - q) P_1(x) = P(x). \tag{6.5.8}$$

因为 $P(x)$ 与 $Q(x)$ 无公因子,所以 $P(x)$ 不含因子 $x - q$,故 $P(q) \neq 0$.而 $Q_1(x)$ 中也不含因子 $x - q$,故 $Q_1(q) \neq 0$.在式(6.5.8)中令 $x = q$,得

$$A = \frac{P(q)}{Q_1(q)} \neq 0. \tag{6.5.9}$$

将式(6.5.9)代入式(6.5.8),得

$$P_1(x) = \frac{P(x) - \dfrac{P(q)}{Q_1(q)} Q_1(x)}{x - q}. \tag{6.5.10}$$

由式(6.5.9)与式(6.5.10)可知,$\dfrac{P(x)}{Q(x)}$ 可以唯一表示成式(6.5.7)的表示形式.因为 $(x-q)^{k-1}Q_1(x)$ 的次数等于 $Q(x)$ 的次数减 1,$P_1(x)$ 的次数小于 $P(x)$ 的次数,由归纳法知

$$\frac{P_1(x)}{(x-q)^{k-1}Q_1(x)}$$

可唯一地分项表示,因此

$$\frac{P(x)}{Q(x)}$$

可唯一地分项表示.

证毕.

下面我们来进一步分析式(6.5.6)中 $f(n)$ 的表达式形式.

若特征方程(6.5.2)没有重根,设 $q_1,q_2,\cdots,q_k$ 是其 k 个不同的根,则式 (6.5.6)简化为形如

$$f(n)=\sum_{i=1}^{k}d_i q_i{}^n,$$

这正是我们在本章 6.2 节中定理 6.2.1 给出的通解的形式.

若特征方程(6.5.2)有重根,设 q_i 是其 $m_i(m_i>1)$ 重根,我们考虑式(6.5.6)中的一部分

$$\sum_{j=1}^{m_i}d_{ij}\binom{j+n-1}{n},\qquad(6.5.11)$$

其中

$$\binom{j+n-1}{n}=\binom{n+j-1}{j-1}$$

是 n 的 $j-1$ 次多项式.可以证明(见习题 15),对于任意一组 $d_{i1},d_{i2},\cdots,d_{im_i}$,式 (6.5.11)可以唯一地表示成

$$\sum_{j=1}^{m_i}d_{ij}{}' n^{j-1},$$

其中,$d_{ij}{}'$ 为常数.因此,式(6.5.6)可简写成

$$f(n)=\sum_{i=1}^{t}\Big(\sum_{j=1}^{m_i}d_{ij}{}' n^{j-1}\Big)q_i{}^n,$$

这也正是我们在本章 6.2 节中定理 6.2.2 给出的通解的形式.

下面再给出一个例子说明如何用生成函数来求解常系数线性齐次递推关系.

例 2 求解递推关系

$$\begin{cases} f(n) = 4f(n-1) - 4f(n-2) & (n \geqslant 2) \\ f(0) = 0, \quad f(1) = 1. \end{cases}$$

解　令

$$A(x) = \sum_{n=0}^{\infty} f(n)x^n,$$

则有

$$\begin{aligned} A(x) - f(0) - f(1)x &= \sum_{n=2}^{\infty} f(n)x^n \\ &= \sum_{n=2}^{\infty} \left[4f(n-1) - 4f(n-2) \right] x^n \\ &= 4x \sum_{n=1}^{\infty} f(n)x^n - 4x^2 \sum_{n=0}^{\infty} f(x)x^n \\ &= 4x \cdot \left[A(x) - f(0) \right] - 4x^2 A(x). \end{aligned}$$

将 $f(0) = 0, f(1) = 1$ 代入上式并整理,得

$$A(x) = \frac{x}{4x^2 - 4x + 1} = \frac{x}{(1-2x)^2}.$$

设

$$A(x) = \frac{C_1}{1-2x} + \frac{C_2}{(1-2x)^2},$$

其中,C_1, C_2 为待定系数.通过比较等式两边分子的常数项与 1 次项系数,可得

$$\begin{cases} C_1 + C_2 = 0, \\ -2 \cdot C_1 = 1, \end{cases}$$

所以,$C_1 = -\dfrac{1}{2}, C_2 = \dfrac{1}{2}.$

$$\begin{aligned} A(x) &= -\frac{1}{2} \cdot \frac{1}{1-2x} + \frac{1}{2} \cdot \frac{1}{(1-2x)^2} \\ &= -\frac{1}{2} \sum_{n=0}^{\infty} 2^n x^n + \frac{1}{2} \sum_{n=0}^{\infty} \binom{n+1}{n} \cdot 2^n \cdot x^n. \end{aligned}$$

故

$$f(n) = -\frac{1}{2} \cdot 2^n + \frac{1}{2} \cdot (n+1) \cdot 2^n = \frac{1}{2} \cdot n \cdot 2^n.$$

6.5.2　用生成函数求解常系数线性非齐次递推关系

利用生成函数求解递推关系的适用性很广,用生成函数可以寻找常系数线性

非齐次递推关系的特解结构. 下面以 $g(n) = n^s \beta^n$ 为例来求非齐次递推关系的特解, 得到与 6.3 节相同的特解形式, 从而证明 6.3 节特解形式的正确性.

设有常系数线性非齐次递推关系

$$f(n) = c_1 f(n-1) + c_2 f(n-2) + \cdots + c_k f(n-k) + n^s \beta^n$$
$$(c_k \neq 0, \ n \geqslant k), \tag{6.5.12}$$

其中, β 为常数, s 为非负整数. 令

$$A(x) = \sum_{n=0}^{\infty} f(n) x^n,$$

代入递推关系 (6.5.12), 类似于前面对齐次递推关系的分析, 得

$$A(x) = \frac{P(x)}{Q(x)} + \frac{1}{Q(x)} \sum_{n=k}^{\infty} n^s \beta^n x^n, \tag{6.5.13}$$

其中, $\dfrac{P(x)}{Q(x)}$ 是齐次递推关系的部分得到的. 因此, 在分析非齐次特解时, 可以仅考虑 $\dfrac{1}{Q(x)} \displaystyle\sum_{n=k}^{\infty} n^s \beta^n x^n$, 而

$$\sum_{n=k}^{\infty} n^s \beta^n x^n = \sum_{i=0}^{\infty} (k+i)^s \beta^{k+i} x^{k+i}$$
$$= \beta^k x^k \sum_{i=0}^{\infty} (k+i)^s (\beta x)^i. \tag{6.5.14}$$

由习题 17 知, 上式中 $(k+i)^s$ 可唯一表示成

$$(k+i)^s = d_0 + d_1 \binom{i+1}{i} + d_2 \binom{i+2}{i} + \cdots + d_s \binom{i+s}{i},$$

其中, $d_0, d_1, \cdots, d_s$ 为常数. 通过比较等式两边 $i^s, i^{s-1}, \cdots, i$ 的系数和常数项, 可以依次确定 $d_s, d_{s-1}, \cdots, d_0$. 这样, 式 (6.5.14) 可以写成

$$\sum_{n=k}^{\infty} n^s \beta^n x^n = \beta^k x^k \left[\sum_{i=0}^{\infty} \left(d_0 + d_1 \binom{i+1}{i} + \cdots + d_s \binom{i+s}{i} \right) (\beta x)^i \right]$$
$$= \beta^k x^k \left[\frac{d_0}{1-\beta x} + \frac{d_1}{(1-\beta x)^2} + \cdots + \frac{d_s}{(1-\beta x)^{s+1}} \right]$$
$$= \frac{R(x)}{(1-\beta x)^{s+1}},$$

其中, $R(x)$ 是 x 的不超过 $k+s$ 次的多项式. 将此结果代入式 (6.5.13), 得

$$A(x) = \frac{P(x)}{Q(x)} + \frac{R(x)}{Q(x)(1-\beta x)^{s+1}},$$

其中, $R(x)$ 是 x 的 $k+s$ 次多项式, 而 $Q(x)(1-\beta x)^{s+1}$ 是 x 的 $k+s+1$ 次多项式, 因而 $A(x)$ 可以展开成类似于式 (6.5.5) 的部分分式之和.

下面根据 β 是否是原递推关系的特征根来分别讨论递推关系的特解形式.

(1) 若 β 不是递推关系的特征根,则 $A(x)$ 分解成部分分式之和时,除 $Q(x)$ 的因子确定的一些部分分式之外,还有

$$\frac{e_1}{1-\beta x} + \frac{e_2}{(1-\beta x)^2} + \cdots + \frac{e_{s+1}}{(1-\beta x)^{s+1}},$$

它们确定了递推关系(6.5.12)的一个特解.其中,x^n 的系数为

$$\left[e_1 + e_2 \binom{n+1}{n} + \cdots + e_{s+1} \binom{n+s}{n} \right] \beta^n,$$

展开整理后可以得到特解

$$f^*(n) = (b_0 + b_1 n + \cdots + b_s n^s) \beta^n.$$

(2) 若 β 是递推关系的 m 重特征根,则有理分式 $A(x)$ 的分母中包含 $(1-\beta x)^{m+s+1}$ 因子,与它相关的部分分式中,

$$\frac{e_1}{1-\beta x} + \frac{e_2}{(1-\beta x)^2} + \cdots + \frac{e_m}{(1-\beta x)^m}$$

可以归入齐次通解,因此非齐次特解可以仅考虑部分分式

$$\frac{e_{m+1}}{(1-\beta x)^{m+1}} + \cdots + \frac{e_{m+s+1}}{(1-\beta x)^{m+s+1}},$$

其中,x^n 的系数为

$$\left[e_{m+1} \binom{n+m}{n} + \cdots + e_{m+s+1} \binom{n+m+s}{n} \right] \beta^n. \qquad (6.5.15)$$

由于 β 是递推关系的 m 重特征根,x^n 的系数中 n 的次数低于 m 的项都可以归入齐次通解,不必在特解中保留.将 x^n 的系数公式(6.5.15)展开,并去掉其中 n 的次数低于 m 的项,则可以得到特解

$$f^*(n) = n^m (b_0' + b_1' n + \cdots + b_s' n^s) \beta^n,$$

这正是本章 6.3 节中所建议的特解形式,从而说明这些特解形式的正确性.

前面我们用生成函数分析了常系数线性递推关系解的形式.事实上,用生成函数求解递推关系的基本步骤都是一样的,只是有时在展开 $A(x)$ 时有困难.

例 2　求解递推关系

$$\begin{cases} f(n) = f(n-1) + n^4, \\ f(0) = 0. \end{cases}$$

解　令

$$A(x) = \sum_{n=0}^{\infty} f(n) x^n,$$

代入递推关系,得

$$A(x) - f(0) = \sum_{n=1}^{\infty} \left[f(n-1) + n^4 \right] x^n$$

$$= xA(x) + \sum_{n=1}^{\infty} n^4 x^n,$$

解得

$$A(x) = \frac{1}{1-x} \sum_{n=1}^{\infty} n^4 x^n.$$

利用

$$G\{k^3\} = \frac{x(1 + 4x + x^2)}{(1-x)^4},$$

求得

$$G\{k^4\} = \frac{x(1 + 11x + 11x^2 + x^3)}{(1-x)^5},$$

所以

$$A(x) = \frac{x(1 + 11x + 11x^2 + x^3)}{(1-x)^6}$$

$$= (x + 11x^2 + 11x^3 + x^4) \sum_{i=1}^{\infty} \binom{i+5}{i} x^i.$$

于是，x^n 的系数 $f(n)$ 为

$$f(n) = \binom{n-1+5}{n-1} + 11\binom{n-2+5}{n-2} + 11\binom{n-3+5}{n-3} + \binom{n-4+5}{n-4}$$

$$= \frac{1}{30} n(n+1)(6n^3 + 9n^2 + n - 1).$$

例 3 求解递推关系

$$\begin{cases} f(n) = 2f(n-1) + 4^{n-1} \quad (n \geqslant 2), \\ f(1) = 3. \end{cases}$$

解 令

$$A(x) = \sum_{n=1}^{\infty} f(n) x^n,$$

代入递推关系，得

$$A(x) - f(1)x = \sum_{n=2}^{\infty} \left[2f(n-1) + 4^{n-1} \right] x^n$$

$$= 2xA(x) + 4x^2 \sum_{n=0}^{\infty} (4x)^n,$$

解得

$$A(x) = \frac{(3-8x)x}{(1-2x)(1-4x)} = x\left(\frac{1}{1-2x} + \frac{2}{1-4x}\right).$$

所以，x^n 的系数 $f(n)$ 为

$$f(n) = \frac{1}{2}(2^n + 4^n).$$

习　题

1. 在平面上画 n 条直线，每对直线都在不同的点相交，它们构成的无限区域数记为 $f(n)$，求 $f(n)$ 满足的递推关系．

2. n 位三进制数中，没有 1 出现在任何 2 的右边的序列的数目记为 $f(n)$，求 $f(n)$ 满足的递推关系．

3. n 位四进制数中，若：

(1) 有偶数个 0 的序列共有 $f(n)$ 个；

(2) 有偶数个 0 且有偶数个 1 的序列共有 $g(n)$ 个．

求 $f(n)$，$g(n)$ 满足的递推关系．

4. 凸 $n+2$ 边形中，由所有对角线分割的区域数记为 $f(n)$．假设没有三条对角线交于一点，求 $f(n)$ 满足的递推关系．

5. 求 n 位 0,1 序列中“010”只出现一次且在第 n 位出现的序列数 $f(n)$．

6. 求解下列递推关系：

(1) $\begin{cases} f(n) = f(n-1) + 9f(n-2) - 9f(n-3) \ (n \geqslant 3), \\ f(0) = 0, \ f(1) = 1, \ f(2) = 2; \end{cases}$

(2) $\begin{cases} f(n) = 3f(n-2) - 2f(n-3) \ (n \geqslant 3), \\ f(0) = 1, \ f(1) = 0, \ f(2) = 0; \end{cases}$

(3) $\begin{cases} f(n) = 4f(n-1) - 3f(n-2) + 3^n \ (n \geqslant 2), \\ f(0) = 1, \ f(1) = 2. \end{cases}$

7. 求解下列递推关系：

(1) $\begin{cases} nf(n) + (n-1)f(n-1) = 2^n \ (n \geqslant 1), \\ f(0) = 789; \end{cases}$

(2) $\begin{cases} f^2(n) - 2f(n-1) = 0 \ (n \geqslant 1), \\ f(0) = 4; \end{cases}$

(3) $\begin{cases} f(n) = nf(n-1) + n! \ (n \geqslant 1), \\ f(0) = 2. \end{cases}$

8. 求解下列递推关系:

(1) $\begin{cases} f(n) = (n+2)f(n-1) \ (n \geqslant 1), \\ f(0) = 1; \end{cases}$

(2) $\begin{cases} f(n) = f(n-1) + \dfrac{1}{n(n+1)} \ (n \geqslant 1), \\ f(0) = 1; \end{cases}$

(3) $\begin{cases} f(n+2) - f(n) = 3 \cdot 2^n + 4 \cdot (-1)^n, \\ f(0) = 0, \ f(1) = 1. \end{cases}$

9. 求下列 n 阶行列式 $d(n)$ 的值:

$$d(n) = \begin{vmatrix} 2 & 1 & 0 & 0 & \cdots & 0 & 0 \\ 1 & 2 & 1 & 0 & \cdots & 0 & 0 \\ 0 & 1 & 2 & 1 & \cdots & 0 & 0 \\ \vdots & \vdots & \vdots & \vdots & \vdots & \vdots & \vdots \\ 0 & 0 & 0 & 0 & \cdots & 2 & 1 \\ 0 & 0 & 0 & 0 & \cdots & 1 & 2 \end{vmatrix}.$$

10. 求解习题 $1 \sim 4$ 所列出的递推关系.

11. $1 \times n$ 棋盘用红、白、蓝三种颜色着色,不允许相邻两格都着红色,求着色方案数满足的递推关系,并求出着色方案数.

12. 求矩阵

$$A = \begin{pmatrix} 3 & -1 \\ 0 & 2 \end{pmatrix}^{100}.$$

13. 从 1 到 n 的自然数中选取 k 个不同且不相邻的数,设此选取的方案数为 $f(n, k)$.

(1) 求 $f(n, k)$ 满足的递推关系;

(2) 用归纳法求 $f(n, k)$;

(3) 若设 1 与 n 算是相邻的数,并设在此假定下从 1 到 n 的自然数中选取 k 个不同且不相邻的数的方案数为 $g(n, k)$,试利用 $f(n, k)$ 求 $g(n, k)$.

14. 利用生成函数求解下列递推关系:

(1) $\begin{cases} f(n) = 4f(n-2), \\ f(0) = 0, \ f(1) = 1; \end{cases}$

(2) $\begin{cases} f(n) = f(n-1) + 9f(n-2) - 9f(n-3), \\ f(0) = 0, f(1) = 1, f(2) = 2; \end{cases}$

(3) $\begin{cases} f(n) = 3f(n-2) - 2f(n-3), \\ f(0) = 1, f(1) = f(2) = 0. \end{cases}$

15. 设 k 为正整数,证明:对任意一组常数 $d_1, d_2, \cdots, d_k$,表达式 $\sum_{j=1}^{k} d_j \binom{n+j-1}{j-1}$ 可唯一地表示成一个 $k-1$ 次多项式;反之亦然.

16. 某人有 n 元线,她每天要去菜市场买一次菜,每次买菜的品种很单调,或者买一元钱的蔬菜,或者买两元钱的猪肉,或者买两元钱的鱼.那么,她有多少种不同的方式花完这 n 元钱?

17. 在一圆周上任取 n 个不相同的点,过每两点作一条弦.假设这些弦中没有三条在圆内相交于一点,令 a_n 表示这些弦将圆分成的区域数.证明

$$a_n = \binom{n}{4} + \binom{n}{2} + 1.$$

18. 设集合 $S_n = \{1, 2, \cdots, n\}$,若 X 是 S_n 的子集,把 X 中的所有数的和称为 X 的"容量"(规定空集的容量为 0).若 X 的容量为奇(偶)数,则称 X 为 S_n 的奇(偶)子集.

(1) 求证:S_n 的奇子集与偶子集个数相等;

(2) 求证:当 $n \geqslant 3$ 时,S_n 的所有奇子集的容量之和与所有偶子集的容量之和相等;

(3) 求 S_n ($n \geqslant 3$) 的所有奇子集的容量之和.

19. 确定 $f(n)$ 的一个递推关系,$f(n)$ 是一个平面被 n 个圆划分的区域数量,其中每一对圆正好相交于两点且没有三个圆相交于一点.

20. 求由 $0, 1, 2, 3$ 作成的含有偶数个 0 的 n- 可重复排列的个数.

21. m ($m \geqslant 2$) 个人互相传球,接球后即传给别人.首先由甲发球,并把它作为第一次传球.求经过 n 次传球后,球又回到甲手的传球方式数 a_n.

第7章　特殊计数序列

本章将介绍三个特殊的计数序列,Fibonacci 数、Catalan 数以及第二类 Stirling 数.其中 Fibonacci 数列和 Catalan 数列是使用递推关系的典型问题,它们经常出现在组合计数问题中,而且这两个数列本身的应用也十分广泛.第二类 Stirling 数是一类重要计数问题 —— 集合分划的计数序列,是一种常见的计数方法.

在介绍第二类 Stirling 数之后,我们将在 7.4 节介绍不同类型的分配问题以及相应的计数模型,并给出一些例子来解释这些计数模型的应用.

7.1　Fibonacci 数

关于 Fibonacci 数列的问题是一个古老的数学问题,它是由意大利著名数学家 Fibonacci 于 1202 年提出来的.这个问题是:把一对兔子(雌、雄各一只)在某年的开始放到围栏中,每个月这对兔子都生出一对新兔子,其中雌、雄各一只.从第二个月开始,每对新兔子每个月也生出一对新兔子,也是雌、雄各一只.问一年后围栏中有多少对兔子?

对于 $n = 1, 2, \cdots$,令 $f(n)$ 表示第 n 个月开始时围栏中的兔子对数.显然有 $f(1) = 1, f(2) = 2$.在第 n 个月的开始,那些第 $n-1$ 个月初已经在围栏中的兔子仍然存在,而且每对在第 $n-2$ 个月初就存在的兔子将在第 $n-1$ 个月生出一对新兔子,所以有

$$\begin{cases} f(n) = f(n-1) + f(n-2) & (n \geqslant 3), \\ f(1) = 1, \quad f(2) = 2. \end{cases} \tag{7.1.1}$$

这是一个带有初值的递推关系. 如果我们规定 $f(0) = 1$, 则递推关系 (7.1.1) 就变成

$$\begin{cases} f(n) = f(n-1) + f(n-2) & (n \geqslant 2), \\ f(0) = 1, \quad f(1) = 1. \end{cases} \tag{7.1.2}$$

满足递推关系 (7.1.2) 的数列就叫作 Fibonacci 数列, 它的项就叫作 Fibonacci 数.

下面我们来求解这个递推关系. 它的特征方程为

$$x^2 - x - 1 = 0,$$

其特征根为

$$x_1 = \frac{1 + \sqrt{5}}{2}, \quad x_2 = \frac{1 - \sqrt{5}}{2}.$$

所以, 通解为

$$f(n) = c_1 \left(\frac{1 + \sqrt{5}}{2} \right)^n + c_2 \left(\frac{1 - \sqrt{5}}{2} \right)^n.$$

代入初值来确定 c_1 和 c_2, 得到方程组

$$\begin{cases} c_1 + c_2 = 1, \\ \dfrac{1 + \sqrt{5}}{2} c_1 + \dfrac{1 - \sqrt{5}}{2} c_2 = 1. \end{cases}$$

解这个方程组, 得

$$c_1 = \frac{1}{\sqrt{5}} \cdot \frac{1 + \sqrt{5}}{2}, \quad c_2 = -\frac{1}{\sqrt{5}} \cdot \frac{1 - \sqrt{5}}{2}.$$

所以, 原递推关系的解为

$$f(n) = \frac{1}{\sqrt{5}} \left(\frac{1 + \sqrt{5}}{2} \right)^{n+1} - \frac{1}{\sqrt{5}} \left(\frac{1 - \sqrt{5}}{2} \right)^{n+1} \quad (n = 0, 1, 2, \cdots).$$

Fibonacci 数常出现在组合计数问题中. 例如, 用多米诺骨牌 (可看作一个 2×1 大小的长方块) 完全覆盖一个 $n \times 2$ 的棋盘, 覆盖的方案数等于 Fibonacci 数 $f(n)$. 如图 7.1.1(a) 所示, 如果用一个牌覆盖第一列的两个方格, 那么剩下的是 $(n-1) \times 2$ 的棋盘的覆盖问题. 如图 7.1.1(b) 所示, 如果用两个牌覆盖第一行的前两格和第二行的前两格, 那么剩下的是 $(n-2) \times 2$ 的棋盘的覆盖问题. 由加法原则, 这两类覆盖的方案数之和就是 $n \times 2$ 的棋盘的覆盖方案数. 令 $g(n)$ 表示 $n \times 2$ 的棋盘的覆盖方案数, 则有

$$\begin{cases} g(n) = g(n-1) + g(n-2) & (n \geqslant 3), \\ g(1) = 1, \quad g(2) = 2. \end{cases}$$

这和 Fibonacci 数的递推关系完全一样.

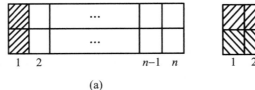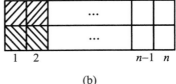

$$(a) \qquad\qquad\qquad (b)$$

图 7.1.1

另一个问题是:一个小孩上楼梯,每次可上一阶或两阶,问上 n 阶楼梯有多少种不同的方法?

记小孩上 n 阶楼梯的方法数为 $h(n)$,这些方法可以分成两类:第一步上一阶的和第一步上两阶的,其方法数分别为 $h(n-1)$ 和 $h(n-2)$.显然,$h(1)=1$,$h(2)=2$.所以

$$\begin{cases} h(n) = h(n-1) + h(n-2) & (n \geqslant 3), \\ h(1) = 1, \quad h(2) = 2. \end{cases}$$

我们再次得到了 Fibonacci 数所满足的递推关系.

从上面三个简单的例子可以看出,这些问题在表面上毫无共同之处,但它们有相同的组合结构,它们都确定出 Fibonacci 数列.Fibonacci 数是数学中的一个基本概念,它有许多重要性质,下面我们给大家介绍几个.

(1) Fibonacci 数 $f(n)$ 可以表示为二项式系数之和,即

$$f(n) = \binom{n}{0} + \binom{n-1}{1} + \cdots + \binom{n-k}{k},$$

其中,$k = \left\lfloor \dfrac{n}{2} \right\rfloor$.

证明 当 $k > \left\lfloor \dfrac{n}{2} \right\rfloor$ 时,有 $n-k < k$,即 $\binom{n-k}{k} = 0$.所以,我们只需证明下面的等式成立就可以了,即证明

$$f(n) = \binom{n}{0} + \binom{n-1}{1} + \cdots + \binom{n-k}{k} + \cdots + \binom{0}{n}.$$

用归纳法证明.当 $n = 0,1$ 时,有

$$f(0) = \binom{0}{0} = 1, \quad f(1) = \binom{1}{0} + \binom{0}{1} = 1,$$

等式成立.假设对 $0,1,\cdots,n \ (n \geqslant 1)$,等式都成立,则有

$$f(n+1) = f(n) + f(n-1)$$

$$= \left[\binom{n}{0} + \binom{n-1}{1} + \cdots + \binom{0}{n} \right]$$

$$+ \left[\binom{n-1}{0} + \binom{n-2}{1} + \cdots + \binom{0}{n-1} \right]$$

$$= \binom{n}{0} + \left[\binom{n-1}{1} + \binom{n-1}{0} \right] + \cdots + \left[\binom{0}{n} + \binom{0}{n-1} \right]$$

$$= \binom{n+1}{0} + \binom{n}{1} + \cdots + \binom{1}{n} + \binom{0}{n+1}.$$

由归纳法,命题成立.

(2) $f(0) + f(1) + \cdots + f(n) = f(n+2) - 1$.

证明　由递推关系得

$$f(0) = f(2) - f(1),$$
$$f(1) = f(3) - f(2),$$
$$\cdots,$$
$$f(n) = f(n+2) - f(n+1).$$

把以上各式的左边和右边分别相加,得

$$f(0) + f(1) + \cdots + f(n) = f(n+2) - f(1)$$
$$= f(n+2) - 1.$$

(3) $f(0) + f(2) + \cdots + f(2n) = f(2n+1)$.

证明　由递推关系得

$$f(0) = f(1),$$
$$f(2) = f(3) - f(1),$$
$$\cdots,$$
$$f(2n) = f(2n+1) - f(2n-1).$$

把以上各式的两边分别相加,得

$$f(0) + f(2) + \cdots + f(2n) = f(2n+1).$$

(4) $f(1) + f(3) + \cdots + f(2n-1) = f(2n) - 1$.

证明　由(2)和(3)容易得证.

(5) $f^2(0) + f^2(1) + \cdots + f^2(n) = f(n)f(n+1)$.

证明　由递推关系得

$$f^2(0) = f(1)f(0),$$
$$f^2(1) = f(1)[f(2) - f(0)]$$
$$= f(2)f(1) - f(1)f(0),$$

$$\cdots,$$
$$f^2(n) = f(n)[f(n+1) - f(n-1)]$$
$$= f(n+1)f(n) - f(n)f(n-1).$$

把以上各式的两边分别相加,得

$$f^2(0) + f^2(1) + \cdots + f^2(n) = f(n+1)f(n).$$

(6) $f(n+m) = f(m-1)f(n+1) + f(m-2)f(n)\ (m \geqslant 2)$.

证明 对 m 进行归纳.

当 $m = 2$ 时,有

$$f(n+2) = f(n+1) + f(n)$$
$$= f(1)f(n+1) + f(0)f(n),$$

等式成立.

同理可知,当 $m = 3$ 时,等式也成立.

假设对一切 $m \leqslant k\ (k \geqslant 3)$,等式成立,那么

$$f(n+k+1) = f(n+k) + f(n+k-1)$$
$$= [f(k-1)f(n+1) + f(k-2)f(n)]$$
$$+ [f(k-2)f(n+1) + f(k-3)f(n)]$$
$$= [f(k-1) + f(k-2)]f(n+1)$$
$$+ [f(k-2) + f(k-3)]f(n)$$
$$= f(k)f(n+1) + f(k-1)f(n).$$

由归纳法,命题成立.

利用性质(6),我们可以将比较大的 n 的 Fibonacci 数化成比较小的 n' 的 Fibonacci 数,从而使计算起来更方便.

7.2　Catalan 数

Catalan 数首先是由 Euler 在精确计算凸 n 边形不同的三角形剖分的个数问题时得到的,它经常出现在组合计数问题中.

这个问题是:在一个凸 n 边形中,通过插入内部不相交的对角线将其分成一些三角形区域,问有多少种不同的分法?

由几何学知识,凸 n 边形的一个划分需引 $n-3$ 条互不相交的对角线,将内部

区域分成 $n-2$ 个三角形.

令 $h(n)$ 表示将一个 $n+1$ 条边的凸多边形划分为三角形的方法数,并且规定 $h(1)=1$.

当 $n=2$ 时,三角形中不需要插入对角线,故 $h(2)=1$.

当 $n=3$ 时,插入对角线的方法有两种,如图 7.2.1(a) 和(b)所示,故 $h(3)=2$.

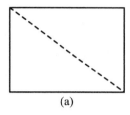 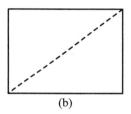

(a)   (b)

图 7.2.1

当 $n \geqslant 4$ 时,考虑一个凸 $n+1$ 边形,它的顶点分别用 $A_1, A_2, \cdots, A_{n+1}$ 表示,如图 7.2.2 所示.取定多边形的一条边 $A_1 A_{n+1}$,任取多边形的顶点 A_{k+1} $(k=1,2,\cdots,n-1)$,将 A_{k+1} 分别与 A_1, A_{n+1} 之间连线,得三角形 T.三角形 T 将凸 $n+1$ 边形分成 T, R_1 和 R_2 三部分,其中,R_1 为 $k+1$ 边形,R_2 为 $n-k+1$ 边形.因此,R_1 可以用 $h(k)$ 种方法划分,R_2 可以用 $h(n-k)$ 种方法划分,所以

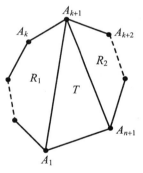

$$h(n) = \sum_{k=1}^{n-1} h(k)h(n-k). \qquad (7.2.1)$$

图 7.2.2

整理式(7.2.1),可得

$$h(n) - 2h(1)h(n-1) = \sum_{k=2}^{n-2} h(k)h(n-k). \qquad (7.2.2)$$

下面将要证明

$$\sum_{k=2}^{n-2} h(k)h(n-k) = \frac{2(n-3)}{n}h(n-1).$$

考虑一个凸 n 边形,它的顶点用 $B_1, B_2, \cdots, B_n$ 表示,如图 7.2.3 所示.任取凸 n 边形的一条对角线 $B_1 B_{k+1}$,把凸 n 边形分成 r_1 和 r_2 两部分,它们分别是凸 $k+1$ 边形和凸 $n-k+1$ 边形,于是,以 $B_1 B_{k+1}$ 为分割线的剖分方案数为 $h(k)h(n-k)$ $(2 \leqslant k \leqslant n-2)$.因此,从 B_1 引出的诸对角线的剖分方案数为

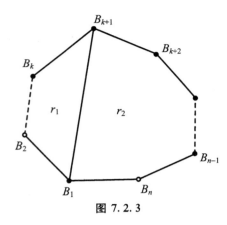

图 7.2.3

$$\sum_{k=2}^{n-2} h(k) h(n-k).$$

这里，B_1 可换成 $B_2, B_3, \cdots, B_n$，从而总的剖分数为

$$n \sum_{k=2}^{n-2} h(k) h(n-k).$$

注意，这里有重复计数出现.一是同一条对角线由其关联的两个顶点分别计算了一次，故总数应该除以 2；二是一个三角形剖分是由 $n-3$ 条对角线构成的，而它们每条都分别作为分割线将凸 n 边形分成 r_1 和 r_2 两部分，在划分方法数中计算了一次，故总数应除以 $n-3$.于是

$$h(n-1) = \frac{1}{2(n-3)} \cdot n \cdot \sum_{k=2}^{n-2} h(k) h(n-k),$$

即

$$\sum_{k=2}^{n-2} h(k) h(n-k) = \frac{2(n-3)}{n} h(n-1).$$

将上式代入等式(7.2.2)，得

$$h(n) = 2h(1)h(n-1) + \frac{2(n-3)}{n} h(n-1)$$

$$= \frac{4n-6}{n} h(n-1),$$

化简得

$$nh(n) = (4n-6) h(n-1).$$

令 $nh(n) = E(n)$，则有

$$\begin{cases} E(n) = (4n-6) \cdot \dfrac{E(n-1)}{n-1} \\ \qquad = \dfrac{2n-2}{n-1} \cdot \dfrac{2n-3}{n-1} \cdot E(n-1), \\ E(1) = 1. \end{cases}$$

由迭代法，得

$$E(n) = \frac{2n-2}{n-1} \cdot \frac{2n-3}{n-1} \cdot E(n-1)$$

$$= \frac{2n-2}{n-1} \cdot \frac{2n-3}{n-1} \cdot \frac{2n-4}{n-2} \cdot \frac{2n-5}{n-2} \cdot E(n-2)$$

$$= \cdots$$

$$= \frac{2n-2}{n-1} \cdot \frac{2n-3}{n-1} \cdot \frac{2n-4}{n-2} \cdot \frac{2n-5}{n-2} \cdot \cdots \cdot \frac{4 \times 3}{2 \times 2} \cdot \frac{2 \times 1}{1 \times 1} \cdot E(1)$$

$$= \frac{(2n-2)!}{(n-1)!(n-1)!}$$

$$= \binom{2n-2}{n-1},$$

所以

$$h(n) = \frac{1}{n}E(n) = \frac{1}{n}\binom{2n-2}{n-1}.$$

由归纳法不难证明 $h(n)$ 就是所求的解. 我们称 $h(n)$ 为 Catalan 数. 前面介绍的求解 Catalan 数的方法很复杂,设计得很巧妙. 下面我们来用生成函数的方法给出 Catalan 数的求解. 读者可以从中体会到生成函数求解递推关系的优越性.

　　求解卷积形式的递推关系

$$\begin{cases} f(n) = f(1)f(n-1) + f(2)f(n-2) + \cdots + f(n-1)f(1) & (n \geqslant 2), \\ f(1) = 1. \end{cases}$$

　　解　令

$$A(x) = \sum_{n=1}^{\infty} f(n)x^n,$$

代入递推关系,得

$$\begin{aligned} A(x) &= f(1)x + \sum_{n=2}^{\infty} \big[f(1)f(n-1) + f(2)f(n-2) \\ &\quad + \cdots + f(n-1)f(1)\big]x^n \\ &= x + A^2(x), \end{aligned}$$

所以

$$A^2(x) - A(x) + x = 0,$$

解得

$$A(x) = \frac{1}{2}(1 + \sqrt{1-4x}) \quad \text{或} \quad A(x) = \frac{1}{2}(1 - \sqrt{1-4x}).$$

由 $A(x)$ 的定义知 $A(0) = 0$,故只能取

$$A(x) = \frac{1}{2}(1 - \sqrt{1-4x}).$$

利用牛顿二项式定理,有

$$\sqrt{1 - 4x} = 1 + \sum_{n=1}^{\infty} \frac{\frac{1}{2}\left(\frac{1}{2} - 1\right)\cdots\left(\frac{1}{2} - n + 1\right)}{n!}(-4)^n x^n$$

$$= 1 + \sum_{n=1}^{\infty} \left(-\frac{2}{n}\right)\binom{2n-2}{n-1}x^n.$$

代入 $A(x)$,得

$$A(x) = \sum_{n=1}^{\infty} \frac{1}{n}\binom{2n-2}{n-1}x^n.$$

所以,x^n 的系数 $f(n)$ 为

$$f(n) = \frac{1}{n}\binom{2n-2}{n-1},$$

此为 Catalan 数.

在 $n = 5$ 时,可得

$$h(5) = \frac{1}{5} \cdot \binom{8}{4} = 14,$$

具体的剖分方案如图 7.2.4 所示.

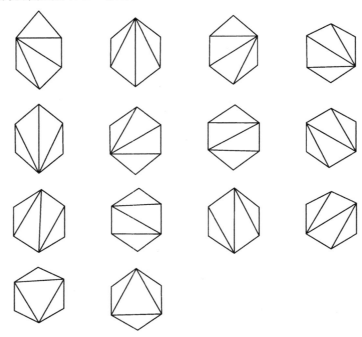

图 7.2.4　凸 6 边形的剖分方案

Catalan 数经常出现在组合计数问题中,下面给出几个例子.

例 1 求 n 个数 $a_1, a_2, \cdots, a_n$ 的乘积

$$P = a_1 a_2 \cdots a_n,$$

其中,乘法不满足结合律,不改变各数的顺序,只用括号表示成对的乘积,共有多少种不同的乘法方案?

解 此问题就是 6.1 节中我们曾讨论过的例 5,设对 n 个数的乘积有 $f(n)$ 种方案,则有

$$\begin{cases} f(n) = \displaystyle\sum_{k=1}^{n} f(k) f(n-k), \\ f(1) = 1. \end{cases}$$

它与 Catalan 数满足同一个递推关系.

例 2 有 n 个叶子的完全二叉树的个数为 Catalan 数 $h(n)$.

证明 下面建立 n 个叶子的完全二叉树同例 1 中 n 个数乘积的加括号方法之间的一一对应.

将完全二叉树的 n 个叶子按顺序分别用 n 个数 $a_1, a_2, \cdots, a_n$ 来标记.设 v 是二叉树的一个内结点,若 v 的两个儿子分别标记为 x_1, x_2,则 v 标记为 $(x_1 x_2)$.如此,该二叉树的根的标记对应于 n 个数的乘积 $a_1 a_2 \cdots a_n$ 的一种加括号的方法,显然二者之间构成一一对应.例如,$n = 4$ 时的对应关系如图 7.2.5 所示.

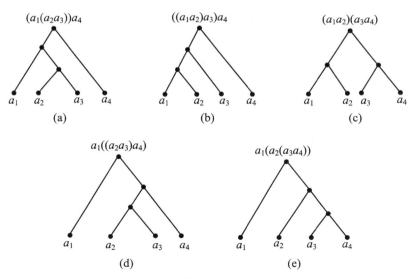

图 7.2.5

注意在图 7.2.5 的根的标记中省略了最外层的括号,它不影响 $a_1a_2\cdots a_n$ 的运算顺序.所以,n 个叶子的完全二叉树的个数为 Catalan 数 $h(n)$.

例 3 从 $(0,0)$ 点到 (n,n) 点的除端点外不接触直线 $y = x$ 的路径数为 $2h(n)$,其中,$h(n)$ 为 Catalan 数.

证明 先考虑对角线下方的路径.这种路径都是从 $(0,0)$ 点出发,经过 $(1,0)$ 点及 $(n,n-1)$ 点到达 (n,n) 点的.我们可以把它看作是从 $(1,0)$ 点出发到达 $(n,n-1)$ 点的不接触对角线的路径.

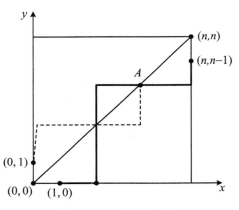

图 7.2.6 路径的反射

从 $(1,0)$ 点到 $(n,n-1)$ 点的所有的路径数为 $\binom{2n-2}{n-1}$.对其中任意一条接触对角线的路径,我们可把它从最后离开对角线的点(如图7.2.6中的 A 点)到 $(1,0)$ 点之间的部分关于对角线作一个反射,就得到一条从 $(0,1)$ 点出发经过 A 点到达 $(n,n-1)$ 点的路径.反之,任何一条从 $(0,1)$ 点出发,穿过对角线而到达 $(n,n-1)$ 点的非降路径,也可以通过这样的反射对应到一条从 $(1,0)$ 点出发接触到对角线而到达 $(n,n-1)$ 点的路径.从 $(0,1)$ 点到达 $(n,n-1)$ 点的路径数为 $\binom{2n-2}{n}$,从而在对角线下方且不接触对角线的路径数为

$$\binom{2n-2}{n-1} - \binom{2n-2}{n}.$$

由对称性可知,所求的路径数为

$$2\left[\binom{2n-2}{n-1} - \binom{2n-2}{n}\right] = \frac{2}{n}\binom{2n-2}{n-1} = 2h(n).$$

7.3　集合的分划与第二类 Stirling 数

定义 7.3.1　设 $A_1, A_2, \cdots, A_k$ 是 A 的 k 个子集,若它们满足:

(i) $A_i \neq \varnothing\ (1 \leqslant i \leqslant k)$;

(ii) $A_i \bigcap A_j = \varnothing\ (1 \leqslant i \neq j \leqslant k)$;

(iii) $A = A_1 \bigcup A_2 \bigcup \cdots \bigcup A_k$.

则称 $\{A_1, A_2, \cdots, A_k\}$ 是 A 的一个 k 分划,并记为

$$A = A_1 \dot{\bigcup} A_2 \dot{\bigcup} \cdots \dot{\bigcup} A_k. \tag{7.3.1}$$

称 $A_i\ (1 \leqslant i \leqslant k)$ 为 A 的 k 分划(7.3.1)的一个块.

定义 7.3.2　一个 n 元集合的全部 k 分划的个数叫作第二类 Stirling 数,记作 $S(n,k)$.

例如,集合 $A = \{1,2,3,4\}$ 有 7 个 2 分划,它们是

$$
\begin{aligned}
\{1,2,3,4\} &= \{1\} \dot{\bigcup} \{2,3,4\} \\
&= \{2\} \dot{\bigcup} \{1,3,4\} \\
&= \{3\} \dot{\bigcup} \{1,2,4\} \\
&= \{4\} \dot{\bigcup} \{1,2,3\} \\
&= \{1,2\} \dot{\bigcup} \{3,4\} \\
&= \{1,3\} \dot{\bigcup} \{2,4\} \\
&= \{1,4\} \dot{\bigcup} \{2,3\},
\end{aligned}
$$

故 $S(4,2) = 7$.在 A 的 2 分划 $A = \{1,4\} \dot{\bigcup} \{2,3\}$ 中,$\{1,4\}$ 与 $\{2,3\}$ 是该 2 分划的两个块.

由 $S(n,k)$ 的定义易知:

(1) $S(n,1) = 1$;

(2) $S(n,n) = 1$;

(3) $S(n,k) = 0\ (k > n)$.

$S(n,k)$ 是一个重要的计数函数,对任何正整数 n 和 k,$S(n,k)$ 均有意义.下

面我们介绍 $S(n,k)$ 的一些最基本的性质.

定理 7.3.1　第二类 Stirling 数 $S(n,k)$ 满足递推关系

$$S(n+1,k) = S(n,k-1) + kS(n,k) \quad (1 \leqslant k \leqslant n).$$

证明　$S(n+1,k)$ 是集合 $A = \{a_1, a_2, \cdots, a_n, a_{n+1}\}$ 的 k 分划的个数,这些 k 分划可以分成两类:

第(1)类:$\{a_{n+1}\}$ 是 A 的 k 分划中的一块.这时,只需对集合 $A - \{a_{n+1}\}$ 进行 $k-1$ 分划,再加上 $\{a_{n+1}\}$ 这一块,就构成了 A 的 k 分划.因此,这类分划有 $S(n,k-1)$ 个.

第(2)类:$\{a_{n+1}\}$ 不是 A 的 k 分划中单独的一块.此时,先构造 $A - \{a_{n+1}\}$ 的 k 分划,共有 $S(n,k)$ 种方法.然后,对于 $A - \{a_{n+1}\}$ 的每个 k 分划,将 a_{n+1} 加到该 k 分划的 k 个块中的某一块,从而构成 A 的 k 分划.因此,由乘法原则,集合 A 的此类 k 分划共有 $kS(n,k)$ 个.

综合以上分析,由加法原则,有

$$S(n+1,k) = S(n,k-1) + kS(n,k).$$

事实上,定理 7.3.1 的证明过程也给出了一种构造所有 k 分划的方法.例如, 集合 $\{1,2,3,4,5\}$ 的 2 分划数为

$$S(5,2) = S(4,1) + 2 \times S(4,2) = 1 + 2 \times 7 = 15,$$

因而它共有 15 个 2 分划.

前面的例子中已给出了 $\{1,2,3,4\}$ 的 7 个 2 分划,下面根据定理 7.3.1 的证明办法来构造 $\{1,2,3,4,5\}$ 的 15 个 2 分划.

(1) $\{5\}$ 是一块,则只有唯一的一个 2 分划,即

$$\{1,2,3,4,5\} = \{1,2,3,4\} \; \dot\cup \; \{5\};$$

(2) $\{5\}$ 不是单独的一块,则 5 可以加进 $\{1,2,3,4\}$ 的每一个 2 分划 的两个块中的任一块,从而构成 $\{1,2,3,4,5\}$ 的 14 个不同的 2 分划,即:

(i) 5 在第一块*中,2 分划为

$$\{1,2,3,4,5\} = \{1,5\} \; \dot\cup \; \{2,3,4\}$$

$$= \{2,5\} \; \dot\cup \; \{1,3,4\}$$

$$= \{3,5\} \; \dot\cup \; \{1,2,4\}$$

$$= \{4,5\} \; \dot\cup \; \{1,2,3\}$$

　　$*$　集合的分划中,各块之间没有顺序关系,这里所说的"第一块"只是前面例子中的书写顺序,下同.

$$= \{1,2,5\} \mathbin{\dot\cup} \{3,4\}$$

$$= \{1,3,5\} \mathbin{\dot\cup} \{2,4\}$$

$$= \{1,4,5\} \mathbin{\dot\cup} \{2,3\};$$

(ii) 5 在第二块中, 2 分划为

$$\{1,2,3,4,5\} = \{1\} \mathbin{\dot\cup} \{2,3,4,5\}$$

$$= \{2\} \mathbin{\dot\cup} \{1,3,4,5\}$$

$$= \{3\} \mathbin{\dot\cup} \{1,2,4,5\}$$

$$= \{4\} \mathbin{\dot\cup} \{1,2,3,5\}$$

$$= \{1,2\} \mathbin{\dot\cup} \{3,4,5\}$$

$$= \{1,3\} \mathbin{\dot\cup} \{2,4,5\}$$

$$= \{1,4\} \mathbin{\dot\cup} \{2,3,5\}.$$

由定理 7.3.1 中的递推关系可以计算出任何 $S(n,k)$ 的值, 将其列成表, 则与杨辉三角形类似, 见表 7.3.1.

表 7.3.1

$S(n,k)$ ╲ k n	1	2	3	4	5	6	7
1	1						
2	1	1					
3	1	3	1				
4	1	7	6	1			
5	1	15	25	10	1		
6	1	31	90	65	15	1	
7	1	63	301	350	140	21	1

定理 7.3.2　第二类 Stirling 数 $S(n,k)$ 满足下列性质:

(1) $S(n,2) = 2^{n-1} - 1$;

(2) $S(n,n-1) = \dbinom{n}{2}$.

证明　由定理 7.3.1 中的递推关系, 有:

(1) $S(n,2) = S(n-1,1) + 2S(n-1,2)$
$\qquad\qquad = 1 + 2[S(n-2,1) + 2S(n-2,2)]$
$\qquad\qquad = 1 + 2 + 4S(n-2,2)$
$\qquad\qquad = \cdots$
$\qquad\qquad = 1 + 2 + 2^2 + \cdots + 2^{n-2}S(2,2)$
$\qquad\qquad = 2^{n-1} - 1.$

(2) $S(n,n-1)$
$\qquad = S(n-1,n-2) + (n-1)S(n-1,n-1)$
$\qquad = S(n-2,n-3) + (n-2)S(n-2,n-2) + (n-1)$
$\qquad = \cdots$
$\qquad = S(2,1) + 2 + 3 + \cdots + (n-1)$
$\qquad = \dfrac{1}{2}n(n-1)$
$\qquad = \dbinom{n}{2}.$

这两个公式也可以由它们的组合意义来解释:

(1) $S(n,2)$ 是 n 元集合 $A = \{a_1, a_2, \cdots, a_n\}$ 的 2 分划数. 先取出 a_1,则对于 $a_2, a_3, \cdots, a_n$,每个元素都有两种选择,即 a_i $(2 \leqslant i \leqslant n)$ 与 a_1 在同一块里,或者 a_i 与 a_1 不在同一块里,不同的选择就构成了集合 A 的不同的 2 分划. 但这里要排除掉 $a_2, a_3, \cdots, a_n$ 都与 a_1 在同一块中的情形(此时不构成集合 A 的 2 分划). 由此可知,n 元集合 A 的 2 分划数为 $2^{n-1} - 1$.

(2) $S(n,n-1)$ 是 n 元集合的 $n-1$ 分划,由于分划中各块是非空的,所以每个 $n-1$ 分划中必有一块为 2 个元素,其余各块都恰有 1 个元素. 所以,对于 n 元集合的每个 $n-1$ 分划,只要确定了有两个元素的那一块,整个 $n-1$ 分划就确定了. 因此,$S(n,n-1)$ 就是在 n 元集合中选取 2 个元素的方法数 $\dbinom{n}{2}$.

下面的定理 7.3.3 给出了第二类 Stirling 数满足的另一个递推关系,该递推关系也提供了另一种计算 $S(n,k)$ 的方法.

定理 7.3.3 第二类 Stirling 数 $S(n,k)$ 满足

$$S(n+1,k) = \sum_{m=k-1}^{n} \binom{n}{m} S(m,k-1).$$

证明 $S(n+1,k)$ 是集合 $A = \{a_1, a_2, \cdots, a_n, a_{n+1}\}$ 的 k 分划数. 对于 A 的一个 k 分划,设包含 a_{n+1} 的那块为 B,则其余的 $k-1$ 块构成了 $A - B$ 的一个 $k-1$

分划. 反过来, 给定 A 的一个含 a_{n+1} 的子集 B, 若 $|A - B| \geqslant k - 1$, 则 $A - B$ 的一个 $k - 1$ 分划加上 B 就构成了 A 的一个 k 分划.

综合以上分析, 我们可以如下构造 A 的 k 分划: 先取 A 的一个不含 a_{n+1} 的子集 C, 使 $|C| \geqslant k - 1$; 作出 C 的一个 $k - 1$ 分划, 再拼上 $A - C$, 就构成了 A 的一个 k 分划. 而 $m = |C|$ 可以取 $k - 1, k, \cdots, n$ 这些数. 对于确定的 m, 从 A 中取 C, 使 $|C| = m$ 的方案有 $\binom{n}{m}$ 种; 确定了 C 之后, C 的 $k - 1$ 分划数为 $S(m, k - 1)$. 由加法原则和乘法原则, 有

$$S(n + 1, k) = \sum_{m = k-1}^{n} \binom{n}{m} S(m, k - 1).$$

定理 7.3.3 说明在表 7.3.1 中可以通过左边一列的数值来求出右边一列的数值. 例如

$$\begin{aligned}
S(5, 3) &= \sum_{m=2}^{4} \binom{4}{m} S(m, 2) \\
&= \binom{4}{2} S(2, 2) + \binom{4}{3} S(3, 2) + \binom{4}{4} S(4, 2) \\
&= 6 \times 1 + 4 \times 3 + 1 \times 7 \\
&= 25.
\end{aligned}$$

定理 7.3.1 和定理 7.3.3 给出了两种递归求解 $S(n, k)$ 的方法. 下面通过指数型生成函数求出 $S(n, k)$ 的表达式.

在 5.5 节例 4 中, 我们用指数型生成函数求出了 $M = \{\infty \cdot a_1, \infty \cdot a_2, \cdots, \infty \cdot a_k\}$ 的 n 排列中每个 a_i $(1 \leqslant i \leqslant k)$ 至少出现一次的排列数为 *

$$P_n = \sum_{i=0}^{k} (-1)^i \binom{k}{i} (k - i)^n.$$

下面我们来分析 P_n 与第二类 Stirling 数之间的关系, 由此求出 $S(n, k)$ 的表达式.

设 $A = \{1, 2, \cdots, n\}$, $A = A_1 \dot{\cup} A_2 \dot{\cup} \cdots \dot{\cup} A_k$ 为 A 的一个 k 分划. 下面我们来建立 M 的每个 a_i $(1 \leqslant i \leqslant k)$ 至少出现一次的排列与 A 的 k 分划之间的关系.

给定 A 的一个 k 分划 $A = A_1 \dot{\cup} A_2 \dot{\cup} \cdots \dot{\cup} A_k$, 我们按照下列的方式构造 M 的一个 n 排列: 给定位置 $j \in A$ $(1 \leqslant j \leqslant n)$. 若 $j \in A_{i_e}$, 则 n 排列的第 j 个位置的元素为 $a_{i_e} (1 \leqslant i_e \leqslant k)$. 因为 $A_i \neq \varnothing (1 \leqslant i \leqslant k)$, 所以每个 a_i $(1 \leqslant i \leqslant k)$ 在 n 排列中至少出现一次. 另一方面, A 的 k 分划中每个块 $A_1, A_2, \cdots, A_k$ 无顺序

---

* 这里的 n, k 的含义与 5.5 节例 4 中 n, k 的含义刚好相反.

关系,也就是说,若将所有块的下标 $1,2,\cdots,k$ 作全排列,得到的是 A 的同一个 k 分划,但对应的 M 的 n 排列显然不同.所以 A 的每个 k 分划可以构造个 $k!$ 个 M 的 n 排列,而 n 排列中每个 a_i $(1 \leqslant i \leqslant k)$ 至少出现一次.

反之,任给 M 的一个 n 排列

$$a_{i_1} a_{i_2} \cdots a_{i_n}, \tag{7.3.2}$$

其中,每个 a_i $(1 \leqslant i \leqslant k)$ 至少出现一次,我们来构造 A 的一个 k 分划如下:任给 $j \in A$,将 j 分到块 A_{i_j} 中(注:块的下标 i_j 与 n 排列中第 j 个位置的元素 a_{i_j} 的下标 i_j 相同).因为每个 a_i $(1 \leqslant i \leqslant k)$ 在 n 排列(7.3.2)中至少出现一次,所以 $A_i \neq \varnothing$ $((1 \leqslant i \leqslant k))$.故 $A = A_1 \bigcup A_2 \bigcup \cdots \bigcup A_k$ 为 A 的 k 分划.

综上所述,$k!$ 个 M 的每个 a_i $(1 \leqslant i \leqslant k)$ 都至少出现一次的 n 排列与 A 的 k 分划构成一一对应.下面我们再给出一个简单的例子来解释.

例 1 $M = \{\infty \cdot a_1, \infty \cdot a_2, \infty \cdot a_3\}$,$A = \{1,2,3,4,5\}$,给 A 的 3 分划

$$A = \{1,4\} \bigcup \{2,3\} \bigcup \{5\},$$

则共有 $3! = 6$ 种不同的写法,分别如下

$$A = \{1,4\} \bigcup \{2,3\} \bigcup \{5\} = \{1,4\} \bigcup \{5\} \bigcup \{2,3\}$$
$$= \{2,3\} \bigcup \{1,4\} \bigcup \{5\} = \{2,3\} \bigcup \{5\} \bigcup \{1,4\}$$
$$= \{5\} \bigcup \{1,4\} \bigcup \{2,3\} = \{5\} \bigcup \{2,3\} \bigcup \{1,4\}.$$

对应的 6 个 5 排列分别为

$$a_1 a_2 a_2 a_1 a_3, \quad a_1 a_3 a_3 a_1 a_2,$$
$$a_2 a_1 a_1 a_2 a_3, \quad a_3 a_1 a_1 a_3 a_2,$$
$$a_2 a_3 a_3 a_2 a_1, \quad a_3 a_2 a_2 a_3 a_1.$$

由以上的分析,我们可以得到如下的定理 7.3.4.

定理 7.3.4 第二类 Stirling 数

$$S(n,k) = \frac{1}{k!} \sum_{i=0}^{k} (-1)^i \binom{k}{i} (k-i)^n.$$

7.4 分 配 问 题

所谓分配问题,粗略地说,就是把一些球放入一些盒子中的放法问题.本节中,

我们将前几章所讨论的各类计数问题的结果应用到分配问题上,得到不同类型的分配问题的分配方案数.

把 n 个球分放到 r 个盒子里,共有多少种不同的方案?本节中我们假定球在盒内是无序的,但我们要考虑以下三个方面的因素:

(i) n 个球是完全相同的还是完全不同的;

(ii) n 个盒子是完全相同的还是完全不同的;

(iii) 是否允许有空盒.

下面我们来分类讨论:

(1) 把 n 个完全不同的球放入 r 个不同的盒子里,允许有空盒的方案数为 r^n.

将 n 个不同的球分别记为 $x_1, x_2, \cdots, x_n$,r 个不同的盒子分别记为 $b_1, b_2, \cdots, b_r$. 每个球 x_i $(1 \leqslant i \leqslant n)$ 都可以放入 r 个不同的盒子 b_j $(1 \leqslant j \leqslant r)$ 中的任一个,即每个球都有 r 种不同的放法,因而 n 个不同的球共有 r^n 种放法.

事实上,这个问题可以看成 r 个不同的盒子所构成的多重集合 $M = \{\infty \cdot b_1, \infty \cdot b_2, \cdots, \infty \cdot b_r\}$ 的 n 排列问题. 对于 M 的一个 n 排列,我们将其映射到 $x_1, x_2, \cdots, x_n$ 放入 $b_1, b_2, \cdots, b_r$ 中的一种方案,若该 n 排列的第 i 个位置是 $b_{j_i} (1 \leqslant i \leqslant n)$,则将球 x_i 放入盒子 b_{j_i} 中.

例如,有 4 个不同的球 x_1, x_2, x_3, x_4 和 3 个不同的盒子 b_1, b_2, b_3,对应于 $M = \{\infty \cdot b_1, \infty \cdot b_2, \infty \cdot b_3\}$ 的 4 排列

$$b_1 b_2 b_2 b_1$$

的放法是 x_1 和 x_4 放在盒子 b_1 中,x_2 和 x_3 放在盒子 b_2 中.

上面建立的映射显然是一一映射,所以此类分配方案数等于多重集合 $M = \{\infty \cdot b_1, \infty \cdot b_2, \cdots, \infty \cdot b_r\}$ 的 n 排列数 r^n.

(2) 把 n 个完全不同的球放入 r 个不同的盒子里,不允许有空盒的方案数为 $r!S(n,r)$.

先认为盒子是完全相同的,把 n 个球构成的集合

$$A = \{x_1, x_2, \cdots, x_n\}$$

划分成 r 个非空子集 $A_1, A_2, \cdots, A_r$,即

$$A = A_1 \dot{\cup} A_2 \dot{\cup} \cdots \dot{\cup} A_r,$$

然后将每个 A_i $(1 \leqslant i \leqslant r)$ 放入一个盒子里,构成一个没有空盒的分配方案. 这里,$A_1, A_2, \cdots, A_r$ 是 A 的一个 r 分划,其方案数为 $S(n,r)$. 而这里 r 个盒子是完全不同的,所以,A 的 r 个子集的不同排列构成的分配方案是不同的. 由此可知,n 个不同的球放入 r 个不同的盒子里,不允许有空盒的方案数为 $r!S(n,r)$.

(3) 把 n 个完全不同的球放入 r 个相同的盒子里,不允许有空盒的方案数为 $S(n,r)$.

由(2) 的分析知,此类分配方案数为 $S(n,r)$.

(4) 把 n 个完全不同的球放入 r 个相同的盒子里,允许有空盒的方案数为

$$\sum_{i=1}^{r} S(n,i).$$

对于 n 个不同的球放入 r 个相同的盒子里并允许有空盒的一种放法,设有 i $(1 \leqslant i \leqslant r)$ 个盒子不空,而另外 $r-i$ 个盒子为空,这就相当于将 n 个不同的球放入 i 个相同的盒子里,并不允许有空盒的一种放法.由加法原则及(3)知,分配方案数为

$$\sum_{i=1}^{r} S(n,i).$$

(5) 把 n 个相同的球放入 r 个相同的盒子里,不允许有空盒的方案数为 $B(n,r)$.

这个问题相当于将整数 n 进行 r 分拆,方案数为 $B(n,r)$.

(6) 把 n 个相同的球放入 r 个相同的盒子里,允许有空盒的方案数为

$$\sum_{i=1}^{r} B(n,i).$$

类似于(4),由(5) 知这个问题相当于求整数 n 的不大于 r 的所有分拆数,即为

$$\sum_{i=1}^{r} B(n,i).$$

(7) 把 n 个相同的球放入 r 个完全不同的盒子里,允许有空盒的方案数为 $\binom{n+r-1}{n}$.

这个问题相当于求方程

$$x_1 + x_2 + \cdots + x_r = n$$

的非负整数解的个数.对应于该方程的一组解 $x_1, x_2, \cdots, x_r$,相当于将 x_1 个球放入第 1 个盒子里,将 x_2 个球放入第 2 个盒子里,……,将 x_r 个球放入第 r 个盒子里.所以,总的分配方案数为 $\binom{n+r-1}{n}$.

设 r 个不同的盒子分别为 $b_1, b_2, \cdots, b_r$,则这个问题也相当于求多重集合 $M = \{\infty \cdot b_1, \infty \cdot b_2, \cdots, \infty \cdot b_r\}$ 的 n 组合数.对于 M 的一个 n 组合,我们将其映射到 n 个球放入 r 个盒子里的一种放法:若该组合中有 x_i 个 b_i,就将 x_i 个球放入盒子 b_i $(1 \leqslant i \leqslant r)$ 中.上面的映射显然是一一映射,所以,此类分配方案数等于 M

的 n 组合数 $\binom{n+r-1}{n}$.

（8）把 n 个相同的球放入 r 个完全不同的盒子里，不允许有空盒的方案数为 $\binom{n-1}{r-1}$.

类似于（7），这里要求的是方程

$$x_1 + x_2 + \cdots + x_r = n \qquad\qquad (7.4.1)$$

的正整数解的个数.由定理 2.5.3 的证明知,其个数为 $\binom{n-1}{r-1}$.

事实上,方程（7.4.1）的一个正整数解也就是正整数 n 的一个有序 r 分拆,由定理 5.6.1 知,其个数为 $\binom{n-1}{r-1}$.

综合上述分析,我们得到各种情形下的分配方案数,见表 7.4.1.

表 7.4.1　分配方案数表

n 个球	r 个盒子	是否允许有空盒	分配方案数
不同	不同	允　许	r^n
不同	不同	不允许	$r!S(n,r)$
不同	相同	允　许	$\displaystyle\sum_{i=1}^{r} S(n,i)$
不同	相同	不允许	$S(n,r)$
相同	不同	允　许	$\binom{n+r-1}{n}$
相同	不同	不允许	$\binom{n-1}{r-1}$
相同	相同	允　许	$\displaystyle\sum_{i=1}^{r} B(n,i)$
相同	相同	不允许	$B(n,r)$

下面介绍几个有关分配问题的例子.

例 1　打桥牌时,52 张牌分发给 4 个人,每人 13 张,问每人有一张 A 的概率有多少?

解　首先给 4 个人每人发一张 A,然后再将剩下的 48 张牌分给 4 个人.这里将人看成盒子,把牌看成球,但这里的问题与（1）,（2）不同,要求了每个盒子里放入球的数目,所以不能机械地套用（1）,（2）中的公式.正确的做法是先从 48 张牌中选出

12 张给第一个人,再从剩下的 36 张牌中选出 12 张给第二个人,依次下去.所以,将 48 张牌分给 4 个人的方法数为

$$\frac{48!}{12!12!12!12!}.$$

每人发一张 A 的方法数为 4!,从而每人有一张 A 的方法数为

$$4! \cdot \frac{48!}{(12!)^4}.$$

而每人有 13 张牌的方法数为 $\frac{52!}{(13!)^4}$,由此可知,每人有一张 A 的概率为

$$\frac{(13!)^4 \cdot 48! \cdot 4!}{(12!)^4 \cdot 52!} \approx 10.55\%.$$

例 2 $(x + y + z)^4$ 的展开式有多少项?

解 $(x + y + z)^4$ 的展开式中的每一项都是 4 次方,相当于将 4 个无区别的球放入 3 个有标志的盒子 x, y, z 里,每个盒子中放进的球不加限制.

例如,x^4 相当于将 4 个球都放进盒子 x 中,盒子 y, z 为空;$x^2 yz$ 相当于将 2 个球放进盒子 x 中,盒子 y, z 中各放进一个球.

所以,$r = 4, n = 3$,项数

$$N = \binom{4 + 3 - 1}{4} = \binom{6}{4} = 15.$$

这 15 项分别为

$$x^4, \ x^3 y, \ x^3 z, \ x^2 yz, \ x^2 y^2,$$
$$x^2 z^2, \ xy^3, \ xz^3, \ xyz^2, \ xy^2 z,$$
$$y^2 z^2, \ y^3 z, \ z^3 y, \ y^4, \ z^4.$$

例 3 会议室中有 $2n + 1$ 个座位,现摆成 3 排,要求任何两排的座位数都要占大多数.问有多少种摆法?

解 这个问题相当于把 $2n + 1$ 个完全相同的球分配到 3 个不同的盒子里,如果没有附加限制,应该有

$$\binom{(2n + 1) + 3 - 1}{2n + 1} = \binom{2n + 3}{2}$$

种方案.不符合题意的摆法的特征是有一排至少有 $n + 1$ 个座位,这相当于将 $n + 1$ 个座位先放到 3 排中的某一排,再将剩下的 $(2n + 1) - (n + 1) = n$ 个座位任意分到 3 排中,这种摆法共有

$$3 \cdot \binom{(2n + 1) - (n + 1) + 3 - 1}{(2n + 1) - (n + 1)} = 3 \cdot \binom{n + 2}{2}$$

种方案.因此,符合题意的摆法有

$$\binom{2n+3}{2} - 3 \cdot \binom{n+2}{2} = \binom{n+1}{2}$$

种方案.

本例中,如果将座位总数改为 $2n$,如上,没有附加限制条件的摆法有

$$\binom{2n+3-1}{2n} = \binom{2n+2}{2}$$

种.不符合题意的摆法的特征是某一排最少有 n 个座位,如上,某一排最少有 n 个座位的摆法有

$$3 \cdot \binom{2n-n+2}{2n-n} = 3 \cdot \binom{n+2}{2} \tag{7.4.2}$$

种.但 $(0,n,n),(n,0,n),(n,n,0)$ 这 3 种方案中都有两排的座位不少于 n,所以在式(7.4.2)的计数中,这 3 种方案中的每一个都在相应的两排中各计算了一次.所以,不合题意的摆法有

$$3 \cdot \binom{n+2}{2} - 3$$

种,符合题意的摆法有

$$\binom{2n+2}{2} - \left[3 \cdot \binom{n+2}{2} - 3 \right] = \binom{n-1}{2}$$

种.

例 4 把 4 个相同的橘子和 6 个不同的苹果放到 5 个不同的盒子里,问每个盒子里有 2 个水果的概率有多大?

解 把 4 个相同的橘子放入 5 个不同的盒子里有 $\binom{4+5-1}{4} = \binom{8}{4}$ 种方法,把 6 个不同的苹果放入 5 个不同的盒子里有 5^6 种方法,总共有 $\binom{8}{4} \cdot 5^6$ 种分配方法.

每个盒子里有 2 个水果,有如下几种情况:

(1) (苹苹)(苹苹)(苹苹)(橘橘)(橘橘)

先从 5 个不同的盒子中选出 2 个放橘子,因为橘子是相同的,只要简单地一个盒子里放 2 个即可.剩下的 3 个不同的盒子放 6 个不同的苹果.此类共有

$$\binom{5}{2} \cdot \frac{6!}{2!2!2!}$$

种放法.

(2)（苹苹）（苹苹）（橘橘）（苹橘）（苹橘）

先从 5 个不同的盒子里选出 1 个放 2 个橘子,再从剩下的 4 个不同的盒子中选出 2 个各放 1 个橘子.剩下 6 个苹果放入 4 个不同的盒子里,这 4 个盒子里苹果的数量分别为 2 个、2 个、1 个、1 个.所以,共有

$$\binom{5}{1} \cdot \binom{4}{2} \cdot \frac{6!}{2!2!1!1!}$$

种方案.

(3)（苹苹）（苹橘）（苹橘）（苹橘）（苹橘）

与(2)类似,方法数为

$$\binom{5}{4} \cdot \frac{6!}{2!(1!)^4}.$$

综合上述分析,每个盒子里有 2 个水果的概率为

$$\frac{\binom{5}{2} \cdot \frac{6!}{(2!)^3} + \binom{5}{1} \cdot \binom{4}{2} \cdot \frac{6!}{(2!)^2} + \binom{5}{4} \cdot \frac{6!}{2!}}{\binom{8}{4} \cdot 5^6} \approx 7.4\%.$$

习　　题

1. 设 $f(0), f(1), \cdots, f(n), \cdots$ 是 Fibonacci 数列,证明:

(1) $f(1) + f(3) + \cdots + f(2n-1) = f(2n) - 1$;

(2) $f(0) + f(2) + \cdots + f(2n) = f(2n+1)$;

(3) $f(0) - f(1) + f(2) - \cdots + (-1)^n f(n) = (-1)^n f(n-1) + 1$;

(4) $f^2(0) + f^2(1) + \cdots + f^2(n) = f(n)f(n+1)$.

2. 设 $f(0), f(1), \cdots, f(n), \cdots$ 是 Fibonacci 数列.

(1) 证明

$$f(n)f(n+2) - f^2(n+1) = \pm 1;$$

(2) 当 n 是什么值时,等式右边为 1? 当 n 是什么值时,等式右边为 -1?

3. 设

$$\begin{cases} F(n) = F(n-1) + F(n-2), \\ F(1) = 1, \quad F(2) = 1. \end{cases}$$

(1) 证明

$$F(n) = F(k)F(n-k+1) + F(k-1)F(n-k) \quad (n > k > 1);$$

(2) 证明：$F(n) \mid F(m)$ 的充要条件是 $n \mid m$；

(3) 证明

$$F(m)F(n) = F(m+n-2) + F(m+n-6) + F(m+n-10) + \cdots$$

$$+ \begin{cases} F(m-n+1) & \text{（当 } n \text{ 为奇数）} \\ F(m-n+2) & \text{（当 } n \text{ 为偶数）} \end{cases} \quad (m \geqslant n \geqslant 2);$$

(4) 证明

$$\gcd(F(m), F(n)) = F(\gcd(m, n)),$$

其中，$\gcd(m, n)$ 为 m, n 的最大公约数.

4. $2n$ 个点均匀分布在一个圆周上，我们要用 n 条不相交的弦将这 $2n$ 个点配成 n 对，证明不同的配对方法数是第 $n+1$ 个 Catalan 数 $\dfrac{1}{n+1}\dbinom{2n}{n}$. 例如，本题图就给出了 8 个点的一种配对方案.

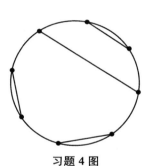

习题 4 图

5. n 个不同的字符按顺序进栈，问有多少种不同的出栈方式？

6. 在一圆周上取 n 个点，过每对点作一弦，且任何三条弦不在圆内共点，试求这些弦把圆分成的区域的个数.

7. 设 a_n 是 n 个元素的集合的划分个数，证明

$$a_{n+1} = \sum_{i=0}^{n} \binom{n}{i} a_i \quad (a_0 = 1).$$

8. 证明：从一个 n 元集合到一个 k 元集合的满射的个数为 $k!S(n,k)$.

9. 证明：

(1) $S(n, n-2) = \dbinom{n}{3} + 3\dbinom{n}{4}$;

(2) $S(n, n-3) = \dbinom{n}{4} + 10\dbinom{n}{5} + 15\dbinom{n}{6}$.

10. 把 n 个不同的球放入 m 个不同的盒子里，允许有空盒，则放球的方法数为

$$m^n = \sum_{k=1}^m \binom{m}{k} \cdot S(n,k) \cdot k!.$$

11. 将 n 个不同的球放入 r 个不同的盒子里,盒内的球是有序的,求其分配方案数.

12. 把 r 只相同的球放到 n 个不同的盒子里,每个盒子里至少包含 q 只球,问有多少种放法?

13. 在 $2n$ 个球中,有 n 个是相同的,求从这 $2n$ 个球中选取 n 个球的方案数.

14. 在 $3n+1$ 个球中,有 n 个是相同的,求从这 $3n+1$ 个球中选取 n 个球的方案数.

15. 一个教室里有两排座位,每排8个.有14名学生,其中的5个人总坐在前一排,另外有4个人总坐在后一排,问有多少种坐法?

16. 令 $\{S(n,r)\}$ 的生成函数为

$$A_r(x) = \sum_{n=r}^{\infty} S(n,r)x^n.$$

证明:

(1) $A_r(x) = \begin{cases} \dfrac{x}{1-x} & (r=1), \\[2mm] \dfrac{x}{1-rx}A_{r-1}(x) & (r>1); \end{cases}$

(2) $A_r(x) = \dfrac{x^r}{(1-x)(1-2x)\cdots(1-rx)}.$

17. 有多少个长度为 n 的 0 与 1 的串(有序数组),它们都不包含子串 010 与 101?

18. 称整数集合 $\{a_1,a_2,\cdots,a_k\}$ 是饱满的,若每个元 $a_i \geqslant k(i=1,2,\cdots,k)$. 证明集合 $\{1,2,\cdots,n\}$ 中饱满子集(空集也认为是饱满的)的个数是 F_{n+2}.

19. 贝尔数 b_n 被定义为 n 元集无序地分拆成非空子集的方法数,试证明:

(1) $b_n = \sum_{k=0}^{n} S_2(n,k);$

(2) $b_n = \sum_{k=0}^{n-1} \binom{n-1}{k} b_k.$

20. 证明:能够由数 $1,2,\cdots,2n$ 构造的,且满足

$$x_{11} < x_{12} < \cdots < x_{1n},$$
$$x_{21} < x_{22} < \cdots < x_{2n},$$

以及

$$x_{11} < x_{21},\ x_{12} < x_{22},\ \cdots,\ x_{1n} < x_{2n}$$

的 2 行 n 列数组

$$\begin{bmatrix} x_{11} & x_{12} & \cdots & x_{1n} \\ x_{21} & x_{22} & \cdots & x_{2n} \end{bmatrix}$$

的个数等于第 $n+1$ 个 Catalan 数 $\dfrac{1}{n+1}\dbinom{2n}{n}$.

第 8 章　Pólya 计数理论

8.1　引　　论

在组合计数问题中经常碰到以下两种困难：

（1）找出问题通解的表达式．这种困难往往可以通过引入生成函数来解决，从这个意义上讲，它是技术上的困难．

（2）区分所讨论的问题中哪些应该看成相同的，哪些是不同的；在计数的过程中避免重复或遗漏．这种困难是概念性的，因为它要依据具体问题的要求确切地给出对象异同的数学定义．也就是说，在对象集合上定义一个等价关系，计数的对象是等价类，而不是元素本身．

美国数学家 George Pólya 于 1937 年建立了一个重要定理（Pólya 计数定理），把生成函数的思想、群的观点以及权的概念融为一体，该定理已成为研究和解决多个自然科学分支中计数问题的理论基础．

为了理解困难（2），我们先来看一个例子．

例　用红、黄两种颜色对正方体的 6 个面进行着色，问有多少种不同的方案？

解　先把一个正方体的 6 个面看成是不同的，每个面可着成红色或黄色，共有 $2^6 = 64$ 种着色方案．但是，实际上 6 个面完全相同，而且正立方体可以作多种形式的转动．例如，一种着色方案是把上、下两个相对的面着红色，其他四个面着黄色；另一种着色方案是把左、右两个面着成红色，其他四个面着成黄色．我们转动这个立方体，把上面变成右面，右面变成下面，下面变成左面，左面变成上面，这时两种着色方案重合在一起，所以我们认为它们是相同着色方案．

表 8.1.1 列出了各种着红色面数相应的不同着色方案数及其代表的方案数．其中，2 面着红色的方案分别为相对两面着红色和相邻两面着红色；3 面着红色的方案分别为关联一个顶点的三个面着红色和连续三个面着红色．

表 8.1.1

着红色的面数	0	1	2	3	4	5	6	$\sum$
不同着色方案数	1	1	2	2	2	1	1	10
代表的方案数	1	6	15	20	15	6	1	64

如果用多种颜色进行着色,并且规定每种颜色的面数,那么计算不同的着色方案数就比较复杂了.又如果着色的对象不是正立方体的 6 个面,而是其 8 个顶点或者 12 条边,问题就更复杂了.

这里需要做两件事:明确给出两种着色方案异同的数学定义;对于 m 着色,如果规定了每种颜色出现的次数,对着色方案数给出统一的表达式.

为此,需要置换及置换群的基本知识.在 8.2 节和 8.3 节中,我们先对群和置换群方面的知识做一个简单的介绍.

8.2　群的基本概念

定义 8.2.1　给定非空集合 G 及其上的二元运算"·"如果:

(1)"·"运算在 G 上是封闭的,即对任意 $a,b \in G$,都有 $a \cdot b \in G$;

(2)"·"运算满足结合律,即对任意 $a,b,c \in G$,都有 $a \cdot (b \cdot c) = (a \cdot b) \cdot c$;

(3)存在 $e \in G$,使得对任意 $a \in G$,都满足 $e \cdot a = a \cdot e = a$.称 e 为 G 的单位元;

(4)对任意 $a \in G$,存在 $a^{-1} \in G$,满足 $a \cdot a^{-1} = a^{-1} \cdot a = e$.称 a^{-1} 为 a 的逆元.

则称代数系统 $(G, \cdot)$ 为群.

例 1　$\langle \mathbf{Z}, + \rangle, \langle \mathbf{Q}, + \rangle, \langle \mathbf{R}, + \rangle$ 都是群,其中 $\mathbf{Z}, \mathbf{Q}, \mathbf{R}$ 分别为整数集、有理数集和实数集,"+"是普通加法.在这三个群中,0 为其单位元,任意元素 x 的逆元为 $-x$.

例 2　$\langle \mathbf{Q} - \{0\}, \times \rangle, \langle \mathbf{R} - \{0\}, \times \rangle$ 都是群,其中 $\mathbf{Q}, \mathbf{R}$ 分别为有理数集和实数集,"×"为普通乘法.在这两个群中,1 为其单位元,任意元素 x 的逆元为 $\dfrac{1}{x}$.

例 3 设 n 为正整数,记 $\mathbf{Z}_n = \{0,1,\cdots,n-1\}$,"$+_n$","$\times_n$" 分别为模 n 加法和模 n 乘法,则:

(1) 对任意正整数 n,$\langle \mathbf{Z}_n, +_n \rangle$ 是群,

(2) 当 n 为素数时,$\langle \mathbf{Z}_n - \{0\}, \times_n \rangle$ 是群.

证明 (1) 易证 $\langle \mathbf{Z}_n, +_n \rangle$ 为群,0 为其单位元,0 的逆元为 0 自身,任意 $k \neq 0$ $(k \in \mathbf{Z}_n)$ 的逆元为 $n - k$.

(2) 假设 n 为素数.任给 $k, l \in \mathbf{Z}_n - \{0\}, 0 \leqslant k \times_n l \leqslant n-1$.下面证明 $k \times_n l \neq 0$.若 $k \times_n l = 0$,则 $n \mid kl$,又因为 n 为素数,所以 $n \mid k$ 或 $n \mid l$.而 $1 \leqslant k, l \leqslant n-1$,矛盾.所以 $k \times_n l \neq 0$.故 $\langle \mathbf{Z}_n - \{0\}, \times_n \rangle$ 是封闭的.

因为乘法满足结合律,易证"$\times_n$"也满足结合律.

任给 $k \in \mathbf{Z}_n - \{0\}, 1 \times_n k = k \times_n 1 = k$,故 1 为单位元.

任给 $k \in \mathbf{Z}_n$,由封闭性知,$1 \times_n k, 2 \times_n k, \cdots, (n-1) \times_n k \in \mathbf{Z}_n - \{0\}$.下面证明:$1 \times_n k, 2 \times_n k, \cdots, (n-1) \times_n k$ 互不相等.若不然,设 $1 \leqslant i < j \leqslant n$,使得 $i \times_n k = j \times_n k$,则 $(j-i) \times_n k = 0$,所以 $n \mid (j-i)k$,同封闭性的证明类似,可知这不可能.故 $1 \times_n k, 2 \times_n k, \cdots, (n-1) \times_n k$ 互不相等.同封闭性一起可知,存在 $1 \leqslant k' \leqslant n-1$,使得 $k' \times_n k = 1$.由于 $k \times_n k' = k' \times_n k = 1$,$k$ 有逆元.

综上可知:若 n 为素数,则 $\langle \mathbf{Z}_n - \{0\}, \times_n \rangle$ 是群.

若 n 不是素数,则 $\langle \mathbf{Z}_n - \{0\}, \times_n \rangle$ 不是群.例如取 $n = 4$,$\langle \{1,2,3\}, \times_4 \rangle$ 的单位元为 1,但 2 关于"$\times_4$"无逆元.

定义 8.2.2 设 $\langle G, \cdot \rangle$ 是群.若 G 是有限集,那么称 $\langle G, \cdot \rangle$ 为有限群,G 中元素的个数称为该有限群的阶数,记为 $|G|$;如果 G 是无限集,则称 $\langle G, \cdot \rangle$ 为无限群.

例如,例 1 和例 2 中的群都是无限群,而例 3 中的两个群都是有限群,其中 $\langle \mathbf{Z}_n, +_n \rangle$ 的阶为 n,$\langle \mathbf{Z}_n - \{0\}, \times_n \rangle$ 的阶为 $n-1$.

定理 8.2.1 设 $\langle G, \cdot \rangle$ 为群,e 为其单位元,则有:

(1) $e^{-1} = e$;

(2) G 中单位元唯一,每个元素的逆元唯一;

(3) "$\cdot$" 满足消去律,即任给 $a, b, c \in G$,若
$$a \cdot b = a \cdot c \quad \text{或} \quad b \cdot a = c \cdot a,$$
则 $b = c$ 成立;

(4) 任给 $a, b \in G$,有 $(a \cdot b)^{-1} = b^{-1} \cdot a^{-1}$.

证明 (1) 因为 $e \cdot e = e$,所以 $e^{-1} = e$.

(2) 设 e' 为 $\langle G, \cdot \rangle$ 的单位元.因为 e 为单位元,所以 $e \cdot e' = e'$;又因 e' 为单

位元,所以 $e = e \cdot e'$.故 $e = e \cdot e' = e'$.$\langle G , \cdot \rangle$ 的单位元唯一.

设 a_1^{-1} 与 a_2^{-1} 都是 a 的逆元,则

$$a_1^{-1} = a_1^{-1} \cdot (a \cdot a_2^{-1}) = (a_1^{-1} \cdot a) \cdot a_2^{-1} = a_2^{-1},$$

所以,每个元素的逆元唯一.

(3) 任给 $a , b , c \in G$,若 $a \cdot b = a \cdot c$,则 $a^{-1} \cdot (a \cdot b) = a^{-1} \cdot (a \cdot c)$,所以 $b = e \cdot b = (a^{-1} \cdot a) \cdot b = a^{-1} \cdot (a \cdot b) = a^{-1} \cdot (a \cdot c) = (a^{-1} \cdot a) \cdot c = e \cdot c = c$.同理,若 $b \cdot a = c \cdot a$,则 $b = c$.

(4) 任给 $a , b \in G$,$(b^{-1} \cdot a^{-1}) \cdot (a \cdot b) = b^{-1} \cdot (a^{-1} \cdot a) \cdot b = b^{-1} \cdot e \cdot b = b^{-1} \cdot b = e$,同理 $(a \cdot b) \cdot (b^{-1} \cdot a^{-1}) = e$,所以 $(a \cdot b)^{-1} = b^{-1} \cdot a^{-1}$.

给定群 $\langle G , \cdot \rangle$,其单位元为 e.任给 $a \in G$,因为"$\cdot$"满足结合律,可以给出如下的定义:

(1) $a^0 = e$;

(2) $a^n = a^{n-1} \cdot a$（$n \geqslant 1$）;

(3) $a^{-n} = (a^{-1})^n$.

通过归纳法可以证明,对任意 $a \in G$,任意整数 m , n,有 $a^m \cdot a^n = a^{m+n}$.

定义 8.2.3　设 $\langle G , \cdot \rangle$ 是群,H 是 G 的非空子集,如果 $\langle H , \cdot \rangle$ 也构成群,则称 $\langle H , \cdot \rangle$ 为 $\langle G , \cdot \rangle$ 的子群,记作 $H \subseteq G$.

例如,例 1 中群 $\langle \mathbf{Z} , + \rangle$,$\langle \mathbf{Q} , + \rangle$ 都是 $\langle \mathbf{R} , + \rangle$ 的子群,例 2 中群 $\langle \mathbf{Q} - \{0\} , \times \rangle$ 是 $\langle \mathbf{R} - \{0\} , \times \rangle$ 的子群.

定义 8.2.4　设 $\langle G , \cdot \rangle$ 是群,单位元为 e,$\langle H , \cdot \rangle$ 是 $\langle G , \cdot \rangle$ 的子群,如果 $H = \{e\}$ 或 $H = G$,则称 $\langle H , * \rangle$ 为 $\langle G , * \rangle$ 的平凡子群.

定理 8.2.2　设 $\langle G , \cdot \rangle$ 是群,$\langle H , \cdot \rangle$ 是 $\langle G , \cdot \rangle$ 的子群,那么,$\langle G , \cdot \rangle$ 的单位元一定是 $\langle H , \cdot \rangle$ 的单位元.

证明　设 e , e_1 分别为群 $\langle G , \cdot \rangle$,$\langle H , \cdot \rangle$ 的单位元,任取 $x \in H$,则 $x \in G$,且有 $e \cdot x = e_1 \cdot x$.由于群 $\langle G , \cdot \rangle$ 中运算"$\cdot$"满足消去律,所以 $e = e_1$.

定理 8.2.3　设 $\langle G , \cdot \rangle$ 是群,H 为 G 的非空子集,若任给 $a , b \in H$,都有 $a \cdot b^{-1} \in H$,则 $\langle H , \cdot \rangle$ 是 $\langle G , \cdot \rangle$ 的子群.

证明　设 e 为 $\langle G , \cdot \rangle$ 的单位元.因为 $H \neq \varnothing$,任取 $a \in H$,$a \cdot a^{-1} = e \in H$.任给 $a \in H$,因为 $e \in H$,所以 $e \cdot a^{-1} = a^{-1} \in H$.而任给 $a , b \in H$,由上知 $b^{-1} \in H$,所以 $a \cdot (b^{-1})^{-1} = a \cdot b \in H$,故 H 关于运算"$\cdot$"是封闭的.而因为 H 为 G 的子集合,自然"$\cdot$"在 H 上的满足结合律.

综上所述,$\langle H , \cdot \rangle$ 构成群,且是 $\langle G , \cdot \rangle$ 的子群.

定理 8.2.4　设 $\langle G , \cdot \rangle$ 是有限群,e 为其单位元,H 为 G 的非空子集.若任给

$a,b \in H$，都有 $a \cdot b \in H$，则 $\langle H, \cdot \rangle$ 是 $\langle G, \cdot \rangle$ 的子群.

证明 $H \neq \varnothing$.因为任取 $a,b \in H$，都有 $a \cdot b \in H$，对于取定 $c \in H$，有 c^1，$c^2, \cdots, c^n, \cdots \in H$.因为 $H \subseteq G$ 是有限集，所以，存在 $1 < i < j$，使得 $c^i = c^j$.因为"$\cdot$"在 G 上满足消去律，所以 $c^{j-i} = e$，而 $c^{-1} = c^{j-i-1} \in H$.任取 $a,b \in H$，由上知，$b^{-1} \in H$，所以由定理的条件可知，$a \cdot b^{-1} \in H$.由定理8.2.3知，定理8.2.4成立.

在讨论计数问题的分类时，涉及后面所讲的置换群，置换群都是有限群，在验证置换群的子群时，常用到定理8.2.4.

定义8.2.5 设 $\langle G, \cdot \rangle$ 是群，e 为其单位元.任给 $a \in G$，称满足 $a^n = e$ 的最小正整数 n 为 a 的阶.若不存在这样的正整数，则称 a 的阶为无限.若存在 $a \in G$，使得 $G = \{a^0, a^1, a^2, \cdots\}$，则称 G 是循环群，a 为群 $\langle G, \cdot \rangle$ 的生成元.

例如，在群 $\langle \mathbf{Z}, + \rangle$ 中，0 的阶为1，而任给 $k \neq 0, k$ 的阶均无限.在群 $\langle \mathbf{Z}_4, + \rangle$ 中，0 的阶为1，1 与 3 的阶为4，而 2 的阶则为2.可以证明，有限群中任意元素的阶均有限.而对于有限群 $\langle G, \cdot \rangle$ 来说，任给 $a \in G, a$ 的阶均为 $|G|$ 的因子.

8.3 置 换 群

置换群是一类重要的群，本章后面介绍的 Burnside 引理和 Pólya 计数定理都基于置换群.本节介绍置换群及其相关概念.

定义8.3.1 有限集合 D 上的一一映射称为 D 上的置换.

不失一般性，下文中我们取 n 元有限集合为 $D = \{1, 2, \cdots, n\}$ 来讨论置换和置换群.

设 σ 为 n 元集合 D 上的一个置换.由于 σ 是 D 上的一一映射，故
$$\sigma(1)\sigma(2)\cdots\sigma(n)$$
是 D 中元素的一个全排列，记 σ 为
$$\sigma = \begin{pmatrix} 1 & 2 & \cdots & n \\ \sigma(1) & \sigma(2) & \cdots & \sigma(n) \end{pmatrix}.$$

例1 $D = \{1,2,3\}$ 上的所有置换为
$$\begin{pmatrix} 1 & 2 & 3 \\ 1 & 2 & 3 \end{pmatrix}, \begin{pmatrix} 1 & 2 & 3 \\ 2 & 3 & 1 \end{pmatrix}, \begin{pmatrix} 1 & 2 & 3 \\ 3 & 1 & 2 \end{pmatrix},$$

$$\begin{pmatrix} 1 & 2 & 3 \\ 1 & 3 & 2 \end{pmatrix}, \quad \begin{pmatrix} 1 & 2 & 3 \\ 3 & 2 & 1 \end{pmatrix}, \quad \begin{pmatrix} 1 & 2 & 3 \\ 2 & 1 & 3 \end{pmatrix}.$$

$D = \{1, 2, \cdots, n\}$ 上的置换 σ 与 D 中元素的全排列 $\sigma(1)\sigma(2)\cdots\sigma(n)$ 一一对应，所以 D 上共有 $n!$ 个不同的置换，记 D 上所有置换的全体为 S_n.

既然 D 上的置换为 D 上的一一映射，可以定义 D 上置换的复合运算. 设

$$\sigma = \begin{pmatrix} 1 & 2 & \cdots & n \\ \sigma(1) & \sigma(2) & \cdots & \sigma(n) \end{pmatrix}$$

和

$$\tau = \begin{pmatrix} 1 & 2 & \cdots & n \\ \tau(1) & \tau(2) & \cdots & \tau(n) \end{pmatrix}$$

为 D 上的两个置换，定义 σ 和 τ 的复合为

$$\sigma \cdot \tau = \begin{pmatrix} 1 & 2 & \cdots & n \\ \sigma(\tau(1)) & \sigma(\tau(2)) & \cdots & \sigma(\tau(n)) \end{pmatrix}.$$

例 2　设 $D = \{1, 2, 3, 4\}$ 上的置换 σ 和 τ 分别为

$$\sigma = \begin{pmatrix} 1 & 2 & 3 & 4 \\ 3 & 2 & 4 & 1 \end{pmatrix}, \quad \tau = \begin{pmatrix} 1 & 2 & 3 & 4 \\ 2 & 4 & 3 & 1 \end{pmatrix},$$

则有

$$(\sigma \cdot \tau)(1) = \sigma(\tau(1)) = \sigma(2) = 2,$$

同理

$$(\sigma \cdot \tau)(2) = (1), \quad (\sigma \cdot \tau)(3) = 4, \quad (\sigma \cdot \tau)(4) = 3.$$

所以

$$\sigma \cdot \tau = \begin{pmatrix} 1 & 2 & 3 & 4 \\ 2 & 1 & 4 & 3 \end{pmatrix}.$$

类似可得

$$\tau \cdot \sigma = \begin{pmatrix} 1 & 2 & 3 & 4 \\ 3 & 4 & 1 & 2 \end{pmatrix}.$$

从上例可以看出，置换的复合运算不满足交换律. 由于映射的复合运算满足结合律，所以置换的复合运算满足结合律.

$D = \{1, 2, \cdots, n\}$ 上的恒等映射称为 D 上的恒等置换，通常记为 σ_I，即

$$\sigma_I = \begin{pmatrix} 1 & 2 & \cdots & n \\ 1 & 2 & \cdots & n \end{pmatrix}.$$

对 D 上的任意置换 σ，显然有

$$\sigma_I \cdot \sigma = \sigma \cdot \sigma_I = \sigma$$

成立. 由于 S_n 中的每个置换都是 D 上的一一映射, 所以 σ 存在逆映射 σ^{-1}, 定义为:

任给 $i \in D$, 若 $\sigma(i) = j$, 则 $\sigma^{-1}(j) = i$.

显然, σ^{-1} 也是 D 上的一个置换.

例 3   考虑 S_6 中的置换

$$\sigma = \begin{pmatrix} 1 & 2 & 3 & 4 & 5 & 6 \\ 5 & 6 & 3 & 1 & 2 & 4 \end{pmatrix}.$$

将第一行与第二行互换, 得

$$\begin{pmatrix} 5 & 6 & 3 & 1 & 2 & 4 \\ 1 & 2 & 3 & 4 & 5 & 6 \end{pmatrix}.$$

重新调整顺序, 得

$$\sigma^{-1} = \begin{pmatrix} 1 & 2 & 3 & 4 & 5 & 6 \\ 4 & 5 & 3 & 6 & 1 & 2 \end{pmatrix}.$$

从上面的分析可知, S_n 中所有的置换关于置换的复合运算 "·" 是封闭的, 满足结合律, 存在单位元, 而且 S_n 中每个元素关于 "·" 都有逆元. 综上可得下面的定理 8.3.1.

定理 8.3.1 $D = \{1, 2, \cdots, n\}$ 上所有置换的集合 S_n 关于置换的复合运算 "·" 构成群, 叫作 n 次对称群, 通常简记为 S_n.

S_n 的阶为 $n!$, S_n 的子群叫作 n 次置换群.

例 4   易知

$$S_3 = \left\{ \begin{pmatrix} 1 & 2 & 3 \\ 1 & 2 & 3 \end{pmatrix}, \begin{pmatrix} 1 & 2 & 3 \\ 2 & 3 & 1 \end{pmatrix}, \begin{pmatrix} 1 & 2 & 3 \\ 3 & 2 & 1 \end{pmatrix}, \begin{pmatrix} 1 & 2 & 3 \\ 1 & 3 & 2 \end{pmatrix}, \begin{pmatrix} 1 & 2 & 3 \\ 3 & 2 & 1 \end{pmatrix}, \begin{pmatrix} 1 & 2 & 3 \\ 2 & 1 & 3 \end{pmatrix} \right\}.$$

显然, S_3 以及

$$H_1 = \left\{ \begin{pmatrix} 1 & 2 & 3 \\ 1 & 2 & 3 \end{pmatrix}, \begin{pmatrix} 1 & 2 & 3 \\ 2 & 3 & 1 \end{pmatrix}, \begin{pmatrix} 1 & 2 & 3 \\ 3 & 1 & 2 \end{pmatrix} \right\},$$

$$H_2 = \left\{ \begin{pmatrix} 1 & 2 & 3 \\ 1 & 2 & 3 \end{pmatrix}, \begin{pmatrix} 1 & 2 & 3 \\ 1 & 3 & 2 \end{pmatrix} \right\}$$

关于置换的复合运算都构成置换群.

定义 8.3.2   设 σ 是 $D = \{1, 2, \cdots, n\}$ 上的置换, 若存在 D 中的 k 个不同的元素 $i_1, i_2, \cdots, i_k$, 使得 $\sigma(i_1) = i_2, \sigma(i_2) = i_3, \cdots, \sigma(i_{k-1}) = i_k, \sigma(i_k) = i_1$, 且对 D 中其余元素 d, 均有 $\sigma(d) = d$, 则称 σ 为一个长为 k 的轮换, 记作 $(i_1 i_2 \cdots i_k)$.

例如, $D = \{1, 2, 3, 4, 5, 6\}$ 上长为 3 的轮换

$$(1\ 3\ 5) = \begin{pmatrix} 1 & 2 & 3 & 4 & 5 & 6 \\ 3 & 2 & 5 & 4 & 1 & 6 \end{pmatrix}.$$

由轮换的定义,一个长为 k 的轮换 $(i_1 i_2 \cdots i_k)$ 可以有 k 个不同的表示方式: $(i_1 i_2 \cdots i_k) = (i_2 \cdots i_k i_1) = \cdots = (i_k i_1 \cdots i_{k-1})$. 如上例中 $(1\ 3\ 5) = (3\ 5\ 1) = (5\ 1\ 3)$.

若 σ 与 τ 是 D 上的两个轮换,若 σ 与 τ 的表达式中没有相同的元素,则称 σ 与 τ 为两个互不相交的轮换. 例如,$D = \{1, 2, \cdots, 6\}$ 的两个轮换 $\sigma = (1\ 3\ 5)$ 与 $\tau = (2\ 4\ 6)$ 不相交. 易证,两个不相交的轮换关于置换的复合运算是可交换的. 例如,前例中的 $(1\ 3\ 5) \cdot (2\ 4\ 6) = (2\ 4\ 6) \cdot (1\ 3\ 5)$.

定理 8.3.2 任一置换可表示成不相交的轮换之积.

证明 设 σ 为 $D = \{1, 2, \cdots, n\}$ 上的置换,任取 $i \in D$,构造序列 i(记作 $\sigma^0(i)$),$\sigma^1(i)$,$\sigma^2(i)$,$\cdots$. 由于 σ 为 D 上的映射,且 D 中元素个数有限,存在 $0 \leqslant l < k$,使得 $\sigma^l(i) = \sigma^k(i)$. 不妨设 k, l 为满足上面条件的最小非负整数,则有 $l = 0$. 否则 $l > 0$,由 k 与 l 的选择可知,$\sigma^{l-1}(i) \neq \sigma^{k-1}(i)$,而 $\sigma(\sigma^{l-1}(i)) = \sigma^l(i) = \sigma^k(i) = \sigma(\sigma^{k-1}(i))$,与 σ 是 D 上的一一映射矛盾,故 $l = 0$. 同理可以证明,i,$\sigma(i)$,$\cdots$,$\sigma^{k-1}(i)$ 互不相同,故可得轮换 $(i \sigma(i) \cdots \sigma^{k-1}(i))$.

若 $D - \{i, \sigma(i), \cdots, \sigma^{k-1}(i)\} = \varnothing$,则定理得证;否则从 $D - \{i, \sigma(i), \cdots, \sigma^{k-1}(i)\}$ 中任取一个元素重复上述过程,直到 D 为空,可将 σ 分解为一些不相交的轮换之积.

将一个置换分解成一些不相交的轮换之积之后,其中的每个轮换称为原置换的**轮换因子**.

例如,置换

$$\sigma = \begin{pmatrix} 1 & 2 & 3 & 4 & 5 & 6 & 7 & 8 & 9 \\ 2 & 5 & 6 & 4 & 8 & 7 & 3 & 1 & 9 \end{pmatrix} = (1258)(367)(4)(9).$$

σ 写成 2 个长为 1、1 个长为 3、1 个长为 4 的轮换之积,我们称它为 $1^2 3^1 4^1$ 型的置换. 一般地,若 σ 有 b_i 个长为 i 的不相交轮换因子 $(1 \leqslant i \leqslant n)$,则称 σ 是 $1^{b_1} 2^{b_2} \cdots n^{b_n}$ 型的置换. 对于 $b_i = 0$ 的那些因子(即不存在长为 i 的轮换因子),则不必写出. 为了方便,将置换表示成不相交的轮换之积时,有时将长度为 1 的轮换因子省去.

下面介绍几个置换群.

例 4 我们取一个正立方体,称之为定体,其顶点集合为 $\{1, 2, \cdots, 8\}$. 设想另一个正立方体与定体完全重合,并且顶点标记相同,称之为动体. 动体围绕正立方体的对称轴作各种旋转,使得动体与定体再度重合,每一种旋转都确定出顶点集合 $\{1, 2, \cdots, 8\}$ 上的一个置换 σ,动体的顶点 i 重合于定体的顶点 $\sigma(i)$. 这类旋转有如下 24 个:

(i) 不旋转. 对应于恒等置换

$$\sigma_1 = \begin{pmatrix} 1 & 2 & \cdots & 8 \\ 1 & 2 & \cdots & 8 \end{pmatrix},$$

确定出 1^8 型置换 1 个.

(ii) 以相对两面中心连线为轴的旋转.这种轴共有 3 条,对于每条轴可作 $90°$,

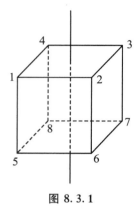

图 8.3.1

$180°$ 和 $270°$ 共 3 种旋转.图 8.3.1 中画出的轴对应的置换分别为

$$(1234)(5678),$$
$$(13)(24)(57)(68),$$
$$(1432)(5876).$$

这类旋转可以确定出 4^2 型置换 6 个,2^4 型置换 3 个.

(iii) 以相对两顶点连线为轴的旋转.这种轴共有 4 条,对于每条轴可作 $120°$ 和 $240°$ 两种旋转.图 8.3.2 中画出的轴对应的置换分别为

$$(168)(274), \quad (186)(247).$$

这类旋转可以确定出 $1^2 3^2$ 型置换 8 个.

(iv) 以相对两边中心连线为轴的旋转.这种轴共有 6 条,对于每条轴可作 $180°$ 旋转.图 8.3.3 中画出的轴对应的置换为

$$(15)(37)(46)(28).$$

这类旋转可以确定出 2^4 型置换 6 个.

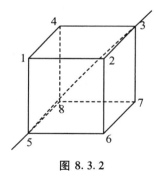

图 8.3.2

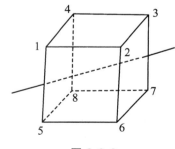

图 8.3.3

这里的 24 个置换构成 S_8 的一个子群,称为正立方体旋转群,它是 8 次 24 阶置换群.

例 5 我们取平面上一个正 n 边形,称之为定盘,其顶点集合为 $\{1,2,\cdots,n\}$.设想另一个正 n 边形与定盘完全重合,并且顶点标记相同,称之为动盘.如果只允

许动盘作平面旋转,那么绕中心旋转 $\frac{2\pi}{n}i$ $(1 \leqslant i \leqslant n)$ 角度,使得动盘与定盘重合.它们对应的 n 个顶点集合上的置换是 $\sigma, \sigma^2, \cdots, \sigma^{n-1}, \sigma^n = \sigma_I$,其中,$\sigma = (12\cdots n)$.它们构成以 σ 为生成元的 n 次循环群 C_n.图 8.3.4 给出了 $n = 8$ 的情况.

例 6 在例 5 中,如果允许动盘作平面旋转和空间翻转,使得动盘与定盘重合,那么,所确定的置换群中除去 n 个旋转外,还有 n 个沿对称轴的翻转.它们构成的顶点集合上的 $2n$ 个置换全体称为 n 次二面体,记作 D_n,则

$$D_n = \{\sigma_I, \sigma, \sigma^2, \cdots, \sigma^{n-1}, \tau, \tau\sigma, \tau\sigma^2, \cdots, \tau\sigma^{n-1}\},$$

其中

$$\sigma = (12\cdots n),$$
$$\tau = (1n)(2n-1)\cdots.$$

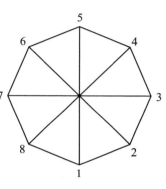

图 8.3.4

特别取 $n = 3, 4$ 时,如图 8.3.5 和图 8.3.6 所示,分别得到

$$D_3 = \{\sigma_I, (123), (132), (13), (12), (23)\},$$
$$\sigma = (123), \quad \tau = (13)$$

和

$$D_4 = \{\sigma_I, (1234), (13)(24), (1432), (14)(23), (13), (12)(34), (24)\},$$
$$\sigma = (1234), \quad \tau = (14)(23).$$

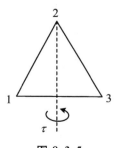

图 8.3.5

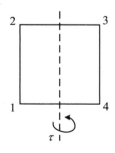

图 8.3.6

例 7 正立方体的 24 个旋转也确定出 6 个面构成的集合上的 24 个置换,它们构成 6 次 24 阶置换群.

类似地,正立方体的 24 个旋转也确定出 12 条边构成的集合上的 24 个置换,它们构成 12 次 24 阶置换群.

8.4　计数问题的数学模型

我们将 8.1 节中讨论的正立方体红、黄两面着色问题一般化,经过提炼,可以得到下面所描述的计数问题的数学模型.

定义 8.4.1　设 D, R 是有限集合,从 D 到 R 的映射全体记为

$$F = \{f \mid f: D \to R\},$$

G 是 D 上的一个置换群,对任意 $f_1, f_2 \in F$,若存在 $\sigma \in G$,使得对任意 $d \in D$,等式

$$f_1(d) = f_2(\sigma(d))$$

均成立,则称 f_1 与 f_2 是 G **等价的**.

定理 8.4.1　G 等价关系是 F 上的等价关系.

证明　(1) 自反性.对任意 $f \in F$ 以及任意 $d \in D$,均有

$$f(d) = f(\sigma_I(d)),$$

其中,σ_I 是 D 上的恒等置换.

(2) 对称性.若 f_1 与 f_2 是 G 等价的,则存在 $\sigma \in G$,对任意的 $d \in D$,有

$$f_1(d) = f_2(\sigma(d)).$$

因为 G 是群,所以 $\sigma^{-1} \in G$,对任意 $d \in D$,有

$$f_2(d) = f_1(\sigma^{-1}(d)).$$

所以,f_2 与 f_1 是 G 等价的.

(3) 传递性.若 f_1 与 f_2 是 G 等价的,f_2 与 f_3 是 G 等价的.则存在 $\sigma, \tau \in G$,对任意 $d \in D$,有

$$f_1(d) = f_2(\sigma(d)), \quad f_2(d) = f_3(\tau(d)).$$

所以

$$f_1(d) = f_3(\tau\sigma(d)),$$

因为 G 是群,所以 $\tau\sigma \in G$,故 f_1 与 f_3 是 G 等价的.

综上所述,G 等价关系是 F 上的等价关系.

在上面提到的数学模型中,我们可以将集合 D 理解为一组对象的全体,而从 D 到 R 的一个映射 f 则可理解为一个将 D 中全体元素进行安排的方案,这样,F 就是 D 中元素安排方案的全体.在 G 的置换下相同的安排方案认为是同类的方案,于

是,求不同类型的安排方案数就是求 F 上的 G 等价类数.

下面通过几个例子来说明.

例 1　对正立方体的 6 个面进行红、黄两色着色.着色方案全体 $F = \{f \mid f: D \to R\}$,其中,$D = \{上,下,左,右,前,后\}$,$R = \{红,黄\}$.设 f_1 和 f_2 分别是将上、下和左、右两面着红色,其余四面着黄色的着色方案.G 是 D 上的置换群(见 8.3 节例 4),其中有以前、后两面中心连线为轴沿顺时针方向旋转 90° 的置换 $\sigma =$(上,右,下,左),见表 8.4.1.可以看出,f_1 与 f_2 是 G 等价的,即它们是相同的着色方案.上述数学模型正好反映了我们的直觉.

表 8.4.1

d	上	下	左	右	前	后
$f_1(d)$	红	红	黄	黄	黄	黄
$f_2(d)$	黄	黄	红	红	黄	黄
$\sigma(d)$	右	左	上	下	前	后
$f_2(\sigma(d))$	红	红	黄	黄	黄	黄

例 2　用 r 个字母能组成多少个长为 n 的环形字?

解　每个环形字对应于 n 个位置集 $D = \{1,2,\cdots,n\}$ 到 r 个字母集 $\{c_1,c_2,\cdots,c_r\}$ 的一个映射.$D = \{1,2,\cdots,n\}$ 上的置换群

$$C_n = \{\sigma_I, \sigma, \sigma^2, \cdots, \sigma^{n-1}\},$$

其中,$\sigma = (12\cdots n)$.在 C_n 作用下,

$$F = \{f \mid f: D \to \{c_1, c_2, \cdots, c_r\}\}$$

上的每个 C_n 等价类就定义一个环形字.

例 3　用 r 种颜色的珍珠能组成多少种长为 n 的项链?

解　令

$$D = \{1, 2, \cdots, n\},$$
$$R = \{c_1, c_2, \cdots, c_r\},$$
$$F = \{f \mid f: D \to R\}.$$

在 D 上的 n 次二面体

$$D_n = \{\sigma_I, \sigma, \sigma^2, \cdots, \sigma^{n-1}, \tau, \tau\sigma, \cdots, \tau\sigma^{n-1}\},$$

其中,$\sigma = (12\cdots n)$,$\tau = (1n)(2\,n-1)\cdots$.$D_n$ 在 F 上确定的每个 D_n 等价类就定义一个项链.

8.5 Burnside 引理

有了计算问题的数学模型之后,接下去的任务就是找出计算 G 等价类的公式,进而确定全部等价类的生成函数.本节最后的 Burnside 引理给出了一个求 G 等价类的方法.

为了证明 Burnside 引理,我们先介绍一些相关概念并给出一些相关的引理.

8.5.1 共轭类

定义 8.5.1 设 G 是 S_n 的子群,对任意 $s,t \in S_n$,若存在 $g \in G$,使得 $s = g^{-1}tg$,则称 s 与 t 是 G **共轭**的.

定理 8.5.1 G 共轭关系是 S_n 上的等价关系.

证明 (1)自反性.对任意 $s \in S_n$,均有

$$s = \sigma_I^{-1}s\sigma_I,$$

其中,σ_I 为恒等置换.所以,s 与其自己是 G 共轭的.

(2)对称性.若 s 与 t 是 G 共轭的,即存在 $g \in G$,使得 $s = g^{-1}tg$,则

$$t = (g^{-1})^{-1}sg^{-1},$$

因为 G 是群,所以 $g^{-1} \in G$,故 t 与 s 是 G 共轭的.

(3)传递性.若 r 与 s 是 G 共轭的,s 与 t 是 G 共轭的,即存在 $g_1 \in G, g_2 \in G$,使得 $r = g_1^{-1}sg_1, s = g_2^{-1}tg_2$,所以

$$r = g_1^{-1}g_2^{-1}tg_2g_1 = (g_2g_1)^{-1}t(g_2g_1),$$

因为 G 是群,所以 $g_2g_1 \in G$,故 r 与 t 是 G 共轭的.

引理 8.5.1 两个置换 $s,t \in S_n$ 关于 S_n 是共轭的,当且仅当它们是同型的.

证明 若 $s,t \in S_n$ 关于 S_n 是共轭的,即存在 $g \in S_n$,使得 $s = g^{-1}tg$.将 t 表示成不相交的轮换之积,设为

$$t = (t_{11}t_{12}\cdots t_{1i_1})(t_{21}t_{22}\cdots t_{2i_2})\cdots(t_{m1}t_{m2}\cdots t_{mi_m}),$$

且令

$$g^{-1}(t_{pq}) = s_{pq} \quad (1 \leqslant p \leqslant m; 1 \leqslant q \leqslant i_p),$$

则有

$$t_{pq} = g(s_{pq}) \quad (1 \leqslant p \leqslant m; 1 \leqslant q \leqslant i_p).$$

所以
$$s(s_{11}) = g^{-1}tg(s_{11}) = g^{-1}t(t_{11}) = g^{-1}(t_{12}) = s_{12}.$$
同理
$$s(s_{1j}) = s_{1,j+1} \quad (j \neq i_1),$$
$$s(s_{1i_1}) = s_{11}.$$
通过类似的分析可知,s 的轮换分解为
$$s = (s_{11}s_{12}\cdots s_{1i_1})(s_{21}s_{22}\cdots s_{2i_2})\cdots(s_{m1}s_{m2}\cdots s_{mi_m}),$$
从而 s 与 t 同型.

反过来,若 s 与 t 同型,设
$$t = (t_{11}t_{12}\cdots t_{1i_1})(t_{21}t_{22}\cdots t_{2i_2})\cdots(t_{m1}t_{m2}\cdots t_{mi_m}),$$
$$s = (s_{11}s_{12}\cdots s_{1i_1})(s_{21}s_{22}\cdots s_{2i_2})\cdots(s_{m1}s_{m2}\cdots s_{mi_m}).$$
定义 n 元置换 $g \in S_n$,使得
$$t_{pq} = g(s_{pq}) \quad (1 \leqslant p \leqslant m; 1 \leqslant q \leqslant i_p),$$
则有
$$g^{-1}tg(s_{pq}) = g^{-1}t(t_{pq}) = g^{-1}(t_{pq+1}) = s_{pq+1}$$
$$= s(s_{pq}) \quad (q \neq i_p).$$
同理
$$g^{-1}tg(s_{pi_p}) = s_{p1} = s(s_{pi_p}).$$
因为 $s \in S_n$,是 $D = \{1, 2, \cdots, n\}$ 上的置换,所以
$$D = \{s_{11}, \cdots, s_{1i_1}, s_{21}, \cdots s_{2i_2}, \cdots, s_{m1}, \cdots, s_{mi_m}\}.$$
由上分析知,$g^{-1}tg$ 与 s 对 D 中所有元素作用的像相同,所以
$$s = g^{-1}tg,$$
即 s 与 t 关于 S_n 是共轭的.

由引理 8.5.1 知,S_n 中所有同型的置换关于 S_n 共轭这一等价关系构成一个等价类,我们称它为共轭类.

例 1 S_4 中有 5 个共轭类,见表 8.5.1.

表 8.5.1

置换的型	元　素	元素个数
1^4	$(1)(2)(3)(4)$	1
$1^2 2^1$	$(12),(13),(14),(23),(24),(34)$	6
$1^1 3^1$	$(123),(124),(132),(142),(134),(234),(143),(243)$	8

续　表

置换的型	元　　素	元素个数
4^1	$(1234),(1324),(1423),(1243),(1342),(1432)$	6
2^2	$(12)(34),(13),(24),(14)(23)$	3

引理 8.5.2　S_n 中属于 $1^{b_1}2^{b_2}\cdots n^{b_n}$ 型的置换个数为

$$\frac{n!}{b_1!b_2!\cdots b_n!1^{b_1}2^{b_2}\cdots n^{b_n}}.$$

证明　$1^{b_1}2^{b_2}\cdots n^{b_n}$ 型置换的轮换形式为

$$\underbrace{(\times)\cdots(\times)}_{b_1 \text{个}}\ \underbrace{(\times\times)\cdots(\times\times)}_{b_2 \text{个}}\cdots\underbrace{\overbrace{\times\times\ \cdots\ \times}^{n\text{个}}\cdots\overbrace{\times\times\ \cdots\ \times}^{n\text{个}}}_{b_n \text{个}},$$

其中

$$b_1 + 2b_2 + \cdots + nb_n = n.$$

我们把 $\{1,2,\cdots,n\}$ 的一个全排列填入框架中,就得到这个共轭类的一个置换.反过来,这个共轭类的每个置换都可以用这种方法得到.容易看到,从全排列构造这个共轭类的置换时产生许多重复.其原因有两个:

(1) 轮换的书写方法.同一个长为 k 的轮换可以写成 k 种形式

$$(a_1a_2\cdots a_k) = (a_2a_3\cdots a_ka_1) = \cdots = (a_ka_1\cdots a_{k-1}),$$

而它们出现在全排列中是不同的全排列.长度为 k 的轮换因子有 b_k 个,故应该除以 k^{b_k} $(1\leqslant k\leqslant n)$.

(2) 互不相交的轮换乘积可以交换.b_k 个长为 k 的轮换因子是非交的,在乘积中轮换因子可以以任何顺序出现,而它们在全排列中是不同的全排列.故应该除以 $b_k!$ $(1\leqslant k\leqslant n)$.

综上所述,得出 $1^{b_1}2^{b_2}\cdots n^{b_n}$ 型共轭类中元素的个数为

$$\frac{n!}{b_1!b_2!\cdots b_n!1^{b_1}2^{b_2}\cdots n^{b_n}}.$$

由引理 8.5.2,S_4 中 1^13^1 型共轭类的元素个数为

$$\frac{4!}{1!\cdot1!\cdot1^1\cdot3^1} = 8,$$

2^2 型共轭类的元素个数为

$$\frac{4!}{2!\cdot2^2} = 3.$$

8.5.2 k 不动置换类

定义 8.5.2 设 G 是 $\{1,2,\cdots,n\}$ 上的置换群,定义 k 不动类
$$Z_k = \{\sigma \mid \sigma \in G, \sigma(k) = k\}$$
是 G 中使元素 k 保持不动的置换全体.

引理 8.5.3 设 G 是 $D = \{1,2,\cdots,n\}$ 上的置换群,任给 $k \in D, Z_k$ 是 G 的子群.

证明 显然 $\sigma_I \in Z_k, Z_k$ 是群 G 的非空子集. 又 G 是有限群,且若 $\sigma_1, \sigma_2 \in Z_k$,则
$$\sigma_1 \cdot \sigma_2(k) = \sigma_1(\sigma_2(k)) = \sigma_1(k) = k,$$
所以 $\sigma_1 \cdot \sigma_2 \in Z_k$. 由定理 8.2.4 知, Z_k 是 G 的子群,称之为 G 的 k 不动置换类.

例 2 S_4 中使 1 保持不动的置换全体
$$Z_1 = \{\sigma_I, (23), (24), (34), (234), (243)\}$$
是 S_4 的子群.

8.5.3 等价类

定义 8.5.3 设 G 是 $D = \{1,2,\cdots,n\}$ 上的置换群. 对任意 $k, l \in D$,若存在 $\sigma \in G$,使得 $\sigma(k) = l$,则称 k 与 l 是 G^- 等价的.

易证, G^- 等价关系是 D 上的等价关系,由该关系确定的 D 上的等价类称为 G 诱导出来的等价类. 元素 k 所在的等价类记为 E_k.

例 3 S_4 中 1 不动置换类 Z_1(见例 2)是 $\{1,2,3,4\}$ 上的置换群, Z_1 诱导出来的等价类为
$$E_1 = \{1\},$$
$$E_2 = E_3 = E_4 = \{2,3,4\}.$$
$G = \{\sigma_I, (23)\}$ 也是 $\{1,2,3,4\}$ 上的置换群, G 诱导出来的等价类为
$$E_1 = \{1\},$$
$$E_2 = E_3 = \{2,3\},$$
$$E_4 = \{4\}.$$

引理 8.5.4 如上定义的 G, Z_k, E_k 满足
$$|E_k| \cdot |Z_k| = |G| \quad (1 \leqslant k \leqslant n).$$

证明 令 k 所在的等价类中元素个数 $|E_k| = l$,且
$$E_k = \{a_1(=k), a_2, \cdots, a_l\}.$$
由等价关系的定义知,存在 $p_i \in G$,使得 $p_i(a_1) = a_i$ $(1 \leqslant i \leqslant l)$. 令

$$P = \{p_1, p_2, \cdots, p_l\},$$

构造

$$p_j Z_k = \{p_j \pi \mid \pi \in Z_k\} \subseteq G \quad (1 \leqslant j \leqslant l).$$

下面证明它们具有如下 3 个性质：

(1) $|p_j Z_k| = |Z_k|$.

假若 $p_j \pi_1 = p_j \pi_2$，用 p_j 的逆元 p_j^{-1} 左乘等式两边，推出 $\pi_1 = \pi_2$，所以，当 $\pi_1 \neq \pi_2$ 时，必有 $p_j \pi_1 \neq p_j \pi_2$. 由此可知 $|p_j Z_k| = |Z_k|$.

(2) $p_i Z_k \bigcap p_j Z_k = \varnothing \quad (i \neq j)$.

$p_i Z_k$ 中的任意元素 $p_i \pi$ 均把 a_1 映射到 a_i，$p_j Z_k$ 中的任意元素 $p_j \pi$ 均把 a_1 映射到 a_j，因 $i \neq j$，所以 $p_i Z_k$ 与 $p_j Z_k$ 没有公共元素.

(3) $G = p_1 Z_k \bigcup p_2 Z_k \bigcup \cdots \bigcup p_l Z_k$.

因 $p_j \in G, Z_k \subseteq G$，所以

$$p_j Z_k \subseteq G \quad (1 \leqslant j \leqslant l).$$

由此得出

$$p_1 Z_k \bigcup p_2 Z_k \bigcup \cdots \bigcup p_l Z_k \subseteq G.$$

另一方面，任取 $\tilde{p} \in G$，则 $\tilde{p}$ 是 D 上的置换，设 $\tilde{p}(a_1) = a \in D$，则 a 与 a_1 ($= k$) 等价，故 $a \in E_k$. 不妨假设 $a = a_m$，由于

$$p_m^{-1} \tilde{p}(a_1) = p_m^{-1}(a_m) = a_1,$$

所以

$$p_m^{-1} \tilde{p} \in Z_k.$$

由此即知

$$\tilde{p} = p_m(p_m^{-1} \tilde{p}) \in p_m Z_k \subseteq p_1 Z_k \bigcup p_2 Z_k \bigcup \cdots \bigcup p_l Z_k,$$

从而

$$G \subseteq p_1 Z_k \bigcup p_2 Z_k \bigcup \cdots \bigcup p_l Z_k.$$

综合上述两个方面，即得

$$G = p_1 Z_k \bigcup p_2 Z_k \bigcup \cdots \bigcup p_l Z_k.$$

由上述 3 个性质立即得到

$$
\begin{aligned}
|G| &= |p_1 Z_k| + |p_2 Z_k| + \cdots + |p_l Z_k| \\
&= l \cdot |Z_k| \\
&= |E_k| \cdot |Z_k|.
\end{aligned}
$$

例 4 由 S_4 中全部偶置换组成的置换群为

$$
\begin{aligned}
G = \{&\sigma_I, (123), (124), (132), (134), (142), (143), (234), (243), \\
&(12)(34), (13)(24), (14)(23)\}.
\end{aligned}
$$

G 诱导出来的等价类

$$E_1 = \{1,2,3,4\}.$$

G 中保持 1 不动的置换全体

$$Z_1 = \{\sigma_I, (234), (243)\}.$$

这里，$|E_1| = 4$，$|Z_1| = 3$，$|G| = 12$，满足 $|G| = |E_1| \cdot |Z_1|$.

8.5.4　Burnside 引理

利用上面介绍的 k 不动类、k 等价类的概念以及引理 8.5.4，可以推导出下面的 Burnside 引理. Burnside 引理给出了一种求 G 等价类的方法.

引理 8.5.5(Burnside 引理)　设 $G = \{a_1, a_2, \cdots, a_g\}$ 是 $\{1, 2, \cdots, n\}$ 上的置换群，则 G 诱导出来的等价类个数为

$$l = \frac{1}{|G|} \sum_{i=1}^{g} c_1(a_i),$$

其中，$c_1(a_i)$ 表示置换 a_i 作用下保持不变的元素个数.

证明　设在置换群 G 的诱导下，把 $\{1, 2, \cdots, n\}$ 分成 l 个等价类 $E_{i_1}, E_{i_2}, \cdots,$ E_{i_l}. 下面首先证明：若 c 与 d 在同一个等价类中，则 c 不动类与 d 不动类中元素的个数相等，即 $|Z_c| = |Z_d|$.

不妨假设 $c, d \in E_{i_k}$，即存在 $p_c, p_d \in G$，使得

$$p_c(i_k) = c, \quad p_d(i_k) = d.$$

令 $p = p_d p_c^{-1}$，则有

$$p \in G, \quad 且 p(c) = p_d p_c^{-1}(c) = p_d(i_k) = d.$$

对任意 $u \in Z_c$，有 $pup^{-1}(d) = pu(c) = p(c) = d$，所以 $pup^{-1} \in Z_d$. 定义 $f: Z_c \to Z_d$，使得 $f(u) = pup^{-1}$. 容易证明 f 是一一映射，从而 $|Z_c| = |Z_d|$.

表 8.5.2 列出了 $c_1(a_i)$ 与 $|Z_k|$ 之间的关系. 从表中可以看出

表 8.5.2

G 的元素	1	2	$\cdots$	n	$\sum$
a_1	s_{11}	s_{12}	$\cdots$	s_{1n}	$c_1(a_1)$
a_2	s_{21}	s_{22}	$\cdots$	s_{2n}	$c_1(a_2)$
$\vdots$	$\vdots$	$\vdots$	$\vdots$	$\vdots$	$\vdots$
a_g	s_{g1}	s_{g2}	$\cdots$	s_{gn}	$c_1(a_g)$
$\sum$	$|Z_1|$	$|Z_2|$	$\cdots$	$|Z_n|$	

其中 $s_{ij} = \begin{cases} 1 & (a_i(j) = j) \\ 0 & (a_i(j) \neq j) \end{cases}$

$$\sum_{i=1}^{g} c_1(a_i) = \sum_{i=1}^{n} \mid Z_i \mid = \sum_{j=1}^{l} \left(\sum_{k \in E_{i_j}} \mid Z_k \mid \right)$$

$$= \sum_{j=1}^{l} \mid E_{i_j} \mid \mid Z_{i_j} \mid$$

$$= \sum_{j=1}^{l} \mid G \mid = l \cdot \mid G \mid,$$

从而

$$l = \frac{1}{\mid G \mid} \sum_{i=1}^{g} c_1(a_i).$$

由 Burnside 引理知,只需知道在 G 中每个元素作用下保持不动的元素个数,就可以求出 G 等价类. 而在将每个置换表示成一些不相交的轮换之积之后,长度为 1 的轮换因子个数就是保持不动的元素个数. 下面给出两个例子来说明 Burnside 引理的应用.

例 5 $G = \{\sigma_I, (14)(23), (12)(34)(56), (13)(24)(56)\}$ 是 $D = \{1, 2, \cdots, 6\}$ 上的置换群,且有

$$c_1(\sigma_I) = 6,$$
$$c_1((14)(23)) = 2,$$
$$c_1((12)(34)(56)) = 0,$$
$$c_1((13)(24)(56)) = 0.$$

由 Burnside 引理, G 诱导出来的等价类个数为

$$l = \frac{1}{4}(6 + 2 + 0 + 0) = 2.$$

实际上,这两个等价类为

$$E_1 = \{1, 2, 3, 4\},$$
$$E_5 = \{5, 6\}.$$

例 6 对正方形的 4 个顶点进行红、蓝两色着色,在允许旋转的前提下,问有多少种不同的着色方案?

解 对正方形的 4 个顶点进行红、蓝两色着色,全部着色方案有 $2^4 = 16$ 个,分别记作 $f_1, f_2, \cdots, f_{16}$,如图 8.5.1 所示.

这里,要进行等价分类的集合为

$$D = \{f_1, f_2, \cdots, f_{16}\}.$$

因为正方形允许旋转, D 上的置换群为

$$G = \{p_0, p_1, p_2, p_3\},$$

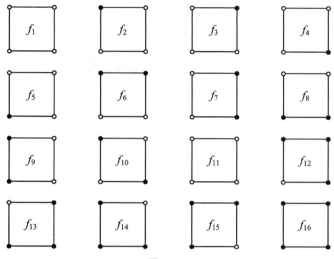

图 8.5.1

其中

$p_0 = (f_1)(f_2)\cdots(f_{16})$,

$p_1 = (f_1)(f_{16})(f_2 f_3 f_4 f_5)(f_6 f_7 f_8 f_9)(f_{10} f_{11})(f_{12} f_{13} f_{14} f_{15})$,

$p_2 = (f_1)(f_{16})(f_{10})(f_{11})(f_2 f_4)(f_3 f_5)(f_6 f_8)(f_7 f_9)(f_{12} f_{14})(f_{13} f_{15})$,

$p_3 = (f_1)(f_{16})(f_2 f_5 f_4 f_3)(f_6 f_9 f_8 f_7)(f_{10} f_{11})(f_{12} f_{15} f_{14} f_{13})$.

所以, $c_1(p_0) = 16, c_1(p_1) = 2, c_1(p_2) = 4, c_1(p_3) = 2$. 于是, G 诱导出来的等价类个数为

$$l = \frac{1}{4}(16 + 2 + 4 + 2) = 6.$$

这些等价类的代表元分别为 $f_1, f_2, f_6, f_{10}, f_{12}, f_{16}$, 如图 8.5.2 所示.

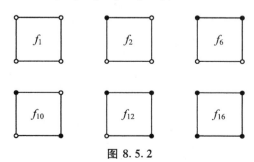

图 8.5.2

8.6 映射的等价类

从理论上讲,用 Burnside 引理可以解决用 m 种颜色对 n 个物体进行着色的方案数计算问题.但是,当 m,n 较大时,把 m^n 种着色方案编上号,研究这些着色方案在置换群作用下的等价分类情况,工作量之大是可想而知的.正因为如此,Burnside 引理在 1911 年提出后并没有得到广泛应用.Pólya 于 1937 年对此引理作了重大改进,形成 Pólya 计数定理之后,它在化学、遗传学、图论、编码以及计算机科学中得到了广泛的应用.

在 8.4 节叙述的计数问题的数学模型中,$D = \{1,2,\cdots,n\}$ 是 n 个不同物体,$R = \{c_1,c_2,\cdots,c_m\}$ 是 m 种不同颜色,对于 $d \in D$,$f(d) = c_i$ 意味着对物体 d 着以颜色 c_i.实际上,也可以把 f 看成是一种将 n 个不同的物体放入 m 个不同盒子里的分配方案,对于 $d \in D$,$f(d) = c_i$ 意味着将物体 d 放入盒子 c_i 中.

为对分配方案进行分类,引入下一节的 Pólya 计数定理,在本节,我们先定义颜色的权和着色的权,用着色的权来反映着色的特征,基于着色的权来对着色进行分类.

我们对集合 R 中的每个元素 c_i 赋予一个权 $w(c_i)$,$w(c_i)$ 可以是数字或字母.对 $w(c_i)$ 可以进行加法(+)和连接(·)运算,并且这些运算满足结合律和交换律.映射 $f:D \to R$ 的权是所有像的权的连接,即

$$w(f) = \prod_{d \in D} w(f(d)).$$

若 F' 是 F 的子集,则 F' 的权为

$$w(F') = \sum_{f \in F'} w(f).$$

例 1 设 $D = \{1,2,3\}$,$R = \{c_1,c_2,c_3\}$.定义 $w(c_1) = u$,$w(c_2) = v$,$w(c_3) = w$.现有映射 $f_1,f_2,f_3:D \to R$(表 8.6.1),则

表 8.6.1

f	1	2	3	$w(f)$
f_1	c_1	c_2	c_2	uv^2
f_2	c_2	c_2	c_1	$u^2 v$
f_3	c_2	c_1	c_3	uvw

$$w(\{f_1, f_2, f_3\}) = uv^2 + u^2v + uvw.$$

定理 8.6.1 如果 $f_1, f_2 \in F = \{f \mid f : D \to R\}$，且 f_1 与 f_2 是 G 等价的，则 $w(f_1) = w(f_2)$.

证明 因 f_1, f_2 是 G 等价的，所以在 D 上的置换群 G 中存在元素 σ，对任意 $d \in D$，有 $f_1(d) = f_2(\sigma(d))$，则它们的权之间的关系满足

$$
\begin{aligned}
w(f_1) &= \prod_{d \in D} w(f_1(d)) = \prod_{d \in D} w(f_2(\sigma(d))) \\
&= \prod_{d' \in D} w(f_2(d')) \\
&= w(f_2).
\end{aligned}
$$

由定理 8.6.1 可知，同一个等价类中的映射有相同的权. 由此，我们可以定义**等价类的权**（简称**模式**）为该等价类中映射的权. 需要特别指出的是，具有相同权的映射不一定在同一个等价类中. 例如，在 8.5 节例 6 中，设正方形四个顶点从左上方开始按顺时针方向分别记为 $1, 2, 3, 4$，则 $f_9, f_{10} : \{1, 2, 3, 4\} \to \{c_1, c_2\}$. 设 $w(c_1) = r$，$w(c_2) = b$，于是 $w(f_9) = w(f_{10}) = r^2 b^2$（表 8.6.2），但是它们分别在不同的等价类 $\{f_6, f_7, f_8, f_9\}$ 和 $\{f_{10}, f_{11}\}$ 中.

表 8.6.2

f	1	2	3	4	$w(f)$
f_9	c_1	c_2	c_2	c_2	$r^2 b^2$
f_{10}	c_2	c_1	c_2	c_1	$r^2 b^2$

等价类集合中所有等价类权的和叫作该等价类集合的**模式表**.

例 2 设 $D = \{1, 2, 3\}$，$R = \{c_1, c_2, c_3\}$，$w(c_1) = r$，$w(c_2) = b$，$w(c_3) = g$，则 $r + b + g$ 表示 D 中一个元素可以有 r, b, g 三种着色方式，$(r + b + g)^3$ 给出了 D 中三个元素所有着色的方式

$$
\begin{aligned}
(r + b + g)^3 &= r^3 + b^3 + g^3 + 3r^2 b + 3r^2 g + 3b^2 r \\
&\quad + 3b^2 g + 3g^2 r + 3g^2 b + 6rgb,
\end{aligned}
$$

其中，$3b^2 g$ 表示对两个物体着颜色 b，对一个物体着颜色 g 的方式有 3 种（表 8.6.3）.

表 8.6.3

物体	1	2	3
方式 1	b	b	g
方式 2	g	b	b
方式 3	g	b	b

例 3 现有 8 个人计划去访问 3 个城市,其中有 3 个人是一家,另外有 2 个人是一家.如果一家人必须去同一城市,问有多少种方案?写出它们的模式.

解 令 $D = \{d_1, d_2, \cdots, d_8\}$,其中,$d_1, d_2, d_3$ 为一家,d_4, d_5 为一家.$R = \{c_1, c_2, c_3\}$,$w(c_1) = \alpha$,$w(c_2) = \beta$,$w(c_3) = \gamma$.$f : D \to R$ 是一种安排方案.根据题意,做 D 的一个 5 分划

$$\{d_1, d_2, d_3\}, \quad \{d_4, d_5\}, \quad \{d_6\}, \quad \{d_7\}, \quad \{d_8\},$$

要求 f 在每块中的元素取值相同.对于 $\{d_1, d_2, d_3\}$,可以取 $\alpha^3 + \beta^3 + \gamma^3$ 模式,表示 d_1, d_2, d_3 同时去 c_1, c_2 或 c_3 中的一个城市;对于 $\{d_4, d_5\}$,可以取 $\alpha^2 + \beta^2 + \gamma^2$ 模式;对于 $\{d_6\}, \{d_7\}, \{d_8\}$,分别可以取 $\alpha + \beta + \gamma$ 模式.所以,总的模式表为

$$(\alpha^3 + \beta^3 + \gamma^3)(\alpha^2 + \beta^2 + \gamma^2)(\alpha + \beta + \gamma)^3.$$

将例 3 中的结果一般化,可得到下面的定理 8.6.2.

定理 8.6.2 设 D, R 为有限集合,$F = \{f \mid f : D \to R\}$,$D_1, D_2, \cdots, D_k$ 为集合 D 的一个 k 分划.对任意 $f \in F$,$d_1, d_2 \in D$,若 d_1, d_2 属于同一个 D_i $(1 \leqslant i \leqslant k)$,$f(d_1) = f(d_2)$,那么 F 中映射构成的模式表为

$$\prod_{i=1}^{k} \left(\sum_{r \in R} w(r)^{|D_i|} \right).$$

由于每个等价类与一个模式一一对应,映射的模式表反映了所有不同的等价类.如例 2 中,γ^3 表示 D 中所有元素都着 γ 色,只有一种方式,而模式表中 γ^3 的系数则为 1.$b^2 g$ 的系数为 3,则说明两个元素着 b 色,一个元素着 g 色的方式有 3 种(表 8.6.3).

在模式表中,等价类与模式一一对应.若我们将每种颜色的权都定义为 1,而权的连接和加法分别对应于正整数的乘法和加法,则每个等价类的权均为 1,而模式表的权则为等价类的个数.

例如,在例 2 中,若令 $w(c_1) = w(c_2) = w(c_3) = 1$,则 $1 + 1 + 1 = 3$ 表示每个元素有 3 种着色方式,而 $(1 + 1 + 1)^3 = 27$ 则表示三个元素共有 27 种着色方式.在例 3 中,若令 $w(c_1) = w(c_2) = w(c_3) = 1$,则 $1^3 + 1^3 + 1^3 = 3$ 可以表示 d_1, d_2, d_3 这一家人同去一个城市,有 3 种选择,……,而 $1 + 1 + 1 = 3$ 则可以表示 d_6(或 d_7,或 d_8)一个人可任去一个城市,有 3 种选择.因此 $(1^3 + 1^3 + 1^3)(1^2 + 1^2 + 1^2)(1 + 1 + 1)^3 = 243$ 表明符合题意的访问方式共有 243 种.

在下一节,我们将介绍 Pólya 计数定理,得出在置换群的作用下求等价类集合的模式表的公式.然后在模式表中令所有元素的权为 1,按照正整数的加法和乘法运算即可得出不同的等价类个数.

8.7　Pólya 计数定理

由上一节的讨论可知,对问题进行分类可以通过求出等价类集合的模式表来完成.要求出模式表,则需要知道有哪些等价类,每个等价类的模式是什么?由于同一个等价类中不同映射的权相等,但权相等的映射不一定属于同一个等价类.因此,需要将权相等的映射分成一些等价类,从而求出所有等价类集合的模式表.

设 $D = \{1, 2, \cdots, n\}$,$R = \{c_1, c_2, \cdots, c_m\}$,$G$ 是 D 上的置换群.记从 D 到 R 的映射全体 $F = \{f \mid f : D \to R\}$.设 w_i 为 F 中某个函数的权,定义 F 中权为 w_i 的映射全体为

$$F_i = \{f \mid f \in F, w(f) = w_i\}.$$

下面的问题是如何对 F_i 进行等价类划分.由 Burnside 引理知,需要定义 F_i 上的置换群.

设 $\pi \in G$,$f_1 \in F_i$,由 π 与 f_1 确定了 F 上的一个映射 f_2.任给 $d \in D$,令

$$f_2(d) = f_1(\pi^{-1}(d)).$$

由 f_2 的定义知,对任意 $d \in D$,有

$$f_1(d) = f_2(\pi(d)).$$

所以

$$w(f_1) = \prod_{d \in D} f_1(d) = \prod_{d \in D} f_2(\pi(d)) = \prod_{d' \in D} f_2(d') = w(f_2).$$

因为 $f_1 \in F_i$,所以 $f_2 \in F_i$.故每个 $\pi \in G$ 确定了一个 F_i 到其自身上的一个映射.

定义 8.7.1　给定 $\pi \in G$,定义 F_i 上的映射 $\pi^{(i)}$ 如下:任给 $f_1 \in F_i$,$\pi^{(i)}(f_1) = f_2$ 当且仅当任给 $d \in D$,$f_2(d) = f_1(\pi^{-1}(d))$.

例 1　我们回头来考虑 8.5 节中的正四边形的四个顶点进行红、蓝两着色的问题.假设四边形的四个顶点顺时针方向顺序标记为 $1, 2, 3, 4$,如图 8.7.1 所示.则有 $D = \{1, 2, 3, 4\}$,$R = \{红, 蓝\}$.在允许旋转的条件下,D 上的置换群 $G = \{\pi_1 = (1)(2)(3)(4), \pi_2 = (1234), \pi_3 = (13)(24), \pi_4 = (1423)\}$.从 D 到 R 上的映射的全体为 $F = \{f_1, f_2, \cdots, f_{16}\}$,参见图 8.5.1.令 $w(红) = r$,$w(蓝) = b$.取 $w_1 = r^2 b^2$,则

图 8.7.1

$$F_1 = \{f_6, f_7, f_8, f_9, f_{10}, f_{11}\}.$$

$\pi_1^{(1)}, \pi_2^{(1)}, \pi_3^{(1)}, \pi_4^{(1)}$ 的定义分别为

$$\pi_1^{(1)}(f_i) = f_i \quad (6 \leqslant i \leqslant 11);$$

$$\pi_2^{(1)}(f_6) = f_7, \quad \pi_2^{(1)}(f_7) = f_8, \quad \pi_2^{(1)}(f_8) = f_9, \quad \pi_2^{(1)}(f_9) = f_6,$$

$$\pi_2^{(1)}(f_{10}) = f_{11}, \quad \pi_2^{(1)}(f_{11}) = f_{10};$$

$$\pi_3^{(1)}(f_6) = f_8, \quad \pi_3^{(1)}(f_7) = f_9, \quad \pi_3^{(1)}(f_8) = f_6, \quad \pi_3^{(1)}(f_9) = f_7,$$

$$\pi_3^{(1)}(f_{10}) = f_{10}, \quad \pi_3^{(1)}(f_{11}) = f_{11};$$

$$\pi_4^{(1)}(f_6) = f_9, \quad \pi_4^{(1)}(f_7) = f_6, \quad \pi_4^{(1)}(f_8) = f_7, \quad \pi_4^{(1)}(f_9) = f_8,$$

$$\pi_4^{(1)}(f_{10}) = f_{11}, \quad \pi_4^{(1)}(f_{11}) = f_{10}.$$

若取 $w_2 = r^4$, 则

$$F_2 = \{f_1\},$$

$\pi_1^{(2)}, \pi_2^{(2)}, \pi_3^{(2)}, \pi_4^{(2)}$ 的定义均为

$$\pi_i^{(2)}(f_1) = f_1 \quad (1 \leqslant i \leqslant 4).$$

事实上, $\pi_1^{(2)} = \pi_2^{(2)} = \pi_3^{(2)} = \pi_4^{(2)}$, F_2 上的映射都是恒等映射.

下面我们将证明 $\pi^{(i)}$ 是 F_i 上的置换, 进而构造出 F_i 上的置换群.

引理 8.7.1 映射 $\pi^{(i)}$ 是 F_i 上的置换.

证明 F_i 是有限集合, 故只需证明 F_i 中不存在两个不同映射 f_1, f_2, 它们在 $\pi^{(i)}$ 的作用下映射到某个相同的映射 f 上. 如若不然, 设 $\pi^{(i)}(f_1) = f$, 且 $\pi^{(i)}(f_2) = f$. 由定义知, 对任意 $d \in D$, 有 $f_1(d) = f(\pi(d))$, $f_2(d) = f(\pi(d))$, 即 $f_1(d) = f_2(d)$. 这与 $f_1 \neq f_2$ 矛盾, 故不可能. 于是, $\pi^{(i)}$ 是 F_i 上的置换.

引理 8.7.2 对任何 $\pi_1, \pi_2 \in G$, 均有

$$(\pi_2 \cdot \pi_1)^{(i)} = \pi_2^{(i)} \cdot \pi_1^{(i)}.$$

证明 任取 $f_1 \in F$, 设 $\pi_1^{(i)}(f_1) = f_2$, $\pi_2^{(i)}(f_2) = f_3$. 由 $\pi^{(i)}$ 的定义知, 对任意 $d \in D$, 有

$$f_1(d) = f_2(\pi_1(d)) = f_3(\pi_2(\pi_1(d)) = f_3(\pi_2 \cdot \pi_1(d)),$$

从而

$$(\pi_2 \cdot \pi_1)^{(i)}(f_1) = f_3.$$

另一方面, 有

$$\pi_2^{(i)} \cdot \pi_1^{(i)}(f_1) = \pi_2^{(i)}(\pi_1^{(i)}(f_1)) = \pi_2^{(i)}(f_2) = f_3.$$

与前面的结果相比较, 即得

$$(\pi_2 \cdot \pi_1)^{(i)} = \pi_2^{(i)} \cdot \pi_1^{(i)}.$$

现在我们由 D 上的置换群 G 定义 F_i 上置换的集合 $\widetilde{G}_i$ 为

$$\widetilde{G}_i = \{\pi^{(i)} \mid \pi \in G\}. \tag{8.7.1}$$

由引理 8.7.2 和定理 8.2.4 知,$\widetilde{G}_i$ 关于置换的复合运算构成 F_i 的置换群. 用 $\widetilde{G}_i$ 在 F_i 上定义等价关系"$\approx$"如下:如果存在 $\pi^{(i)} \in \widetilde{G}_i$,使得 $\pi^{(i)}(f_1) = f_2$,亦即存在 $\pi \in G$,使得对任意 $d \in D, f_1(d) = f_2(\pi(d))$ 成立,则称 $f_1 \approx f_2$.

例如,在例 1 中,

$$\widetilde{G}_1 : \{\pi_1^{(1)}, \pi_2^{(1)}, \pi_3^{(1)}, \pi_4^{(1)}\},$$
$$\widetilde{G}_2 : \{\pi_1^{(2)}\} = \{\pi_2^{(2)}\} = \{\pi_3^{(2)}\} = \{\pi_4^{(2)}\}.$$

F_1 中有两个等价类 $F_1^{(1)} = \{f_6, f_7, f_8, f_9\}$,$F_1^{(2)} = \{f_{10}, f_{11}\}$,$F_2$ 中仅有一个等价类,即 F_2.

由 Burnside 引理知,F_i 上的等价类个数为

$$m_i = \frac{1}{|\widetilde{G}_i|} \sum_{\pi^{(i)} \in \widetilde{G}_i} c_1(\pi^{(i)}).$$

可以证明(本章习题 9)

$$m_i = \frac{1}{|\widetilde{G}_i|} \sum_{\pi^{(i)} \in \widetilde{G}_i} c_1(\pi^{(i)}) = \frac{1}{|G|} \sum_{\pi \in G} c_1(\pi^{(i)}). \tag{8.7.2}$$

假定 F 中函数可能取到的权的集合为

$$W = \{w_1, w_2, \cdots, w_p\},$$

则 F 的全部模式表为

$$\sum_{i=1}^{p} m_i w_i = \sum_{i=1}^{p} \frac{1}{|G|} \sum_{\pi \in G} c_1(\pi^{(i)}) w_i$$
$$= \frac{1}{|G|} \sum_{\pi \in G} \sum_{i=1}^{p} c_1(\pi^{(i)}) w_i,$$

其中,$\sum_{i=1}^{p} c_1(\pi^{(i)}) w_i$ 是对 $f \in F_i$,且 $\pi^{(i)}(f) = f$ 的映射 f 的权求和. 由 $\pi^{(i)}$ 的定义知,$\pi^{(i)}(f) = f$ 意味着对任意 $d \in D$,有 $f(d) = f(\pi(d))$,简记为 $f = f\pi$. 因为对任给 $f \in F, f$ 的权是确定的,f 恰属于某个 F_i,所以

$$F \text{ 的全部模式表} = \frac{1}{|G|} \sum_{\pi \in G} \left(\sum_{\substack{f \in F \\ f = f\pi}} w(f) \right).$$

下面来进一步分析 $\sum_{\substack{f \in F \\ f = f\pi}} w(f)$ 的特征. $f = f\pi$ 意味着对给定的 $\pi \in G$ 和 $f \in F$,对任意 $d \in D$,有

$$f(d) = f(\pi(d)).$$

进一步可得

$$f(d) = f(\pi(d)) = f(\pi^2(d)) = \cdots.$$

设 $(d_1 d_2 \cdots d_k)$ 是 π 的一个轮换因子,则 $\pi(d_1) = d_2, \pi(d_2) = d_3, \cdots, \pi(d_{k-1}) = d_k, \pi(d_k) = d_1$,从而有 $f(d_1) = f(\pi(d_1)) = f(d_2)$.同理可得,$f(d_1) = f(d_2) = \cdots = f(d_k)$.因此,$f = f\pi$ 导致了 D 中元素的一个划分,每个轮换因子所涉及的所有元素构成一个块,而每个块中所有元素在 f 的作用下的像必须相同.

例如,在 8.4 节的例 1 中,置换 $\sigma = ($上,右,下,左$)$.σ 将 $D = \{$上,下,左,右,前,后$\}$ 分成 3 个块 $D_1 = \{$上,右,下,左$\}$,$D_2 = \{$前$\}$,$D_3 = \{$后$\}$.若要在 σ 的作用下,$f = f\sigma$,则在 f 的作用下,同一个 D_i 中的元素的像必须相同,需要 $f($上$) = f($右$) = f($下$) = f($左$)$,即,上、下、左、右 4 个面的着色必须相同,而前和后两个面可任意着色.

综上所述,由定理 8.6.2 可知,若 π 是 $1^{b_1} 2^{b_2} \cdots n^{b_n}$ 型的,则

$$\sum_{\substack{f \in F \\ f = f\pi}} w(f) = \left[\sum_{r \in R} w(r) \right]^{b_1} \left[\sum_{r \in R} w^2(r) \right]^{b_2} \cdots \left[\sum_{r \in R} w^n(r) \right]^{b_n}.$$

所以

$$F \text{ 的全部模式表} = P_G \left(\sum_{r \in R} w(r), \sum_{r \in R} w^2(r), \cdots, \sum_{r \in R} w^n(r) \right),$$

其中

$$P_G(x_1, x_2, \cdots, x_n) = \frac{1}{|G|} \sum_{\substack{\pi \in G \\ \pi \text{是} 1^{b_1} 2^{b_2} \cdots n^{b_n} \text{型的}}} x_1^{b_1} x_2^{b_2} \cdots x_n^{b_n}$$

称作 G 的轮换指标.至此,我们得到了本章最重要的 Pólya 计数定理.

定理 8.7.1   令 G 是 $D = \{1, 2, \cdots, n\}$ 上的置换群,$R = \{r_1, r_2, \cdots, r_m\}$,$F = \{f \mid f: D \to R\}$,则 F 上的全部模式表为

$$P_G \left(\sum_{r \in R} w(r), \sum_{r \in R} w^2(r), \cdots, \sum_{r \in R} w^n(r) \right).$$

推论 8.7.1 F 上等价类的个数为 $P_G(|R|, |R|, \cdots, |R|)$.

证明   若 R 中每个元素 r 的权 $w(r) = 1$,则任何映射 $f: D \to R$ 的权均为 1,从而定理 8.7.1 中的模式表给出的是等价类的个数.

设 D, R 是有限集合,分配问题可以看作是映射集合 $F = \{f \mid f: D \to R\}$.设 G 是 D 上的置换群,对分配问题进行分类是求在 G 的作用下,F 中不同的等价类.若要用 Burnside 引理对 F 进行分类,必须用置换群 G 找出对应的 F 上的置换群.当 $|D|$ 和 $|R|$ 稍微大些的时候,这是一件很困难的事情.而由 Pólya 计数定理知,只需将 G 中每个置换表示成不相交的轮换之积,写出 G 的轮换指标就是对 F 进行分类了.

在用 Pólya 计数定理对计数问题进行分类时,关键是要找出 D 上的置换群.对

于某些应用问题来说,求出 D 上的置换群并不是一件很容易的事情.下面我们将通过一些例子来说明 Pólya 计数定理的应用.

例 1   将正三角形的 3 个顶点用红、蓝、绿 3 种颜色进行着色,问有多少种不同的方案?如果:

(1) 经旋转能重合的方案认为是相同的;

(2) 经旋转和翻转能重合的方案认为是相同.

解   (1) $D = \{1,2,3\}$, $R = \{c_1, c_2, c_3\}$, $w(c_1) = r$, $w(c_2) = b$, $w(c_3) = g$. D 上的置换群

$$G = \{\sigma_I, (123), (132)\},$$

其轮换指标为

$$P_G(x_1, x_2, x_3) = \frac{1}{3}(x_1^3 + 2x_3).$$

于是,等价类的个数为

$$P_G(3,3,3) = \frac{1}{3}(3^3 + 2 \cdot 3) = 11.$$

(2) 只是将(1)中的置换群变成

$$G = \{\sigma_I, (123), (132), (13), (12), (23)\},$$

其轮换指标为

$$P_G(x_1, x_2, x_3) = \frac{1}{6}(x_1^3 + 2x_3 + 3x_1 x_2).$$

于是,等价类的个数为

$$P_G(3,3,3) = \frac{1}{6}(3^3 + 2 \cdot 3 + 3 \cdot 3^2) = 10.$$

这些方案如图 8.7.2 所示.

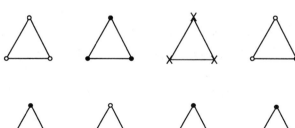

图 8.7.2

在(1)中,在图 8.7.2 的基础上还要增加一个方案,如图 8.7.3 所示.

图 8.7.3

例 2 对正方形体的 6 个面用红、蓝、绿 3 种颜色进行着色,问有多少种不同的方案?又问 3 种颜色各出现 2 次的着色方案有多少种?

解 正立方体 6 个面的置换群 G 有 24 个元素,它们是:

(1) 不动的置换,型为 1^6,有 1 个;

(2) 绕相对两面中心轴旋转 $90°,270°$ 的置换,型为 $1^2 4^1$,有 6 个;旋转 $180°$ 的置换,型为 $1^2 2^2$,有 3 个;

(3) 绕相对两顶点连线旋转 $120°,240°$ 的置换,型为 3^2,有 8 个;

(4) 绕相对两边中点连线旋转 $180°$ 的置换,型为 2^3,有 6 个.

所以,该置换群的轮换指标为

$$P_G(x_1, x_2, \cdots, x_6) = \frac{1}{24}(x_1^6 + 6x_1^2 x_4 + 3x_1^2 x_2^2 + 8x_3^2 + 6x_2^3),$$

等价类的个数为

$$l = P_G(3, 3, \cdots, 3)$$
$$= \frac{1}{24}(3^6 + 6 \cdot 3^3 + 3 \cdot 3^4 + 8 \cdot 3^2 + 6 \cdot 3^3) = 57.$$

下面计算全部着色模式. 这里,$R = \{c_1, c_2, c_3\}$,$w(c_1) = r$,$w(c_2) = b$,$w(c_3) = g$,于是

$$\begin{aligned} F \text{ 的全部模式表} = \frac{1}{24}\big[&(r + b + g)^6 + 6(r + b + g)^2(r^4 + b^4 + g^4) \\ &+ 3(r + b + g)^2(r^2 + b^2 + g^2)^2 + 8(r^3 + b^3 + g^3)^2 \\ &+ 6(r^2 + b^2 + g^2)^3\big], \end{aligned}$$

其中,红色、蓝色、绿色各出现 2 次的方案数就是上述展开式中 $r^2 b^2 g^2$ 项的系数,即

$$\frac{1}{24}\left(\frac{6!}{2!2!2!} + 3 \cdot 6 + 6 \cdot \frac{3!}{1!1!1!}\right) = 6.$$

为了表示 6 个面的着色方案,我们把它们展开成如图 8.7.4 所示的形式,则上述 6 种着色方案如图 8.7.5 所示. 其中,r 表示红色两面连接,$\bar{r}$ 表示红色两面不连接,其余类似.

例 3 骰子的 6 个面上分别标有 $1,2,\cdots,6$,问有多少种不同的骰子?

解 下面用 3 种方法求解.

方法 1 6 个面分别标上不同的点数,相当于用 6 种不同的颜色对它着色,并且每种颜色出现且只出现一次,共有 6! 种方案. 但这些方案经过正立方体的旋转可能会发生重合,全部

	后	
左	上	右
	前	
	下	

图 8.7.4

方案上的置换群 G 显然有 24 个元素. 由于每个面着色全不相同, 只有恒等置换 σ_I 保持 6! 种方案不变, 即 $c_1(\sigma_I) = 6!$, $c_1(p) = 0$ ($p \neq \sigma_I$). 由 Burnside 引理知

$$l = \frac{1}{|G|} \sum_{\pi \in G} c_1(\pi) = \frac{1}{24}(6! + 0 + \cdots + 0) = 30.$$

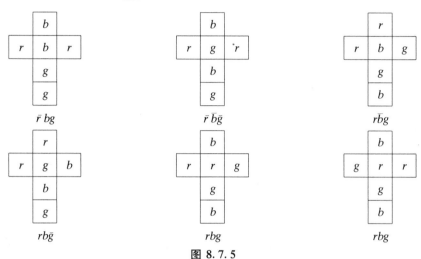

图 8.7.5

方法 2　例 2 中已求出关于正立方体 6 个面的置换群轮换指标, 如果用 m 种颜色进行着色, 则不同的着色方案数为

$$l_m = \frac{1}{24}(m^6 + 3m^4 + 12m^3 + 8m^2).$$

严格地说, l_m 是至多用 m 种颜色着色的方案数. 我们可以计算出 $l_1 = 1, l_2 = 10,$ $l_3 = 57, l_4 = 240, l_5 = 800, l_6 = 2\,226$. 现令 n_i 表示恰好用 i 种颜色着色的方案数, 则由容斥原理知

$$n_1 = l_1 = 1$$

$$n_2 = l_2 - \binom{2}{1} n_1 = 8,$$

$$n_3 = l_3 - \binom{3}{2} n_2 - \binom{3}{1} n_1 = 30,$$

$$n_4 = l_4 - \binom{4}{3} n_3 - \binom{4}{2} n_2 - \binom{4}{1} n_1 = 68,$$

$$n_5 = l_5 - \binom{5}{4} n_4 - \binom{5}{3} n_3 - \binom{5}{2} n_2 - \binom{5}{1} n_1 = 75,$$

$$n_6 = l_6 - \binom{6}{5}n_5 - \binom{6}{4}n_4 - \binom{6}{3}n_3 - \binom{6}{2}n_2 - \binom{6}{1}n_1 = 30.$$

方法 3 令 $R = \{c_1, c_2, \cdots, c_6\}$，$w(c_i) = w_i$ $(1 \leqslant i \leqslant 6)$. 正立方体 6 个面上的置换群 G 的轮换指标为

$$P_G(x_1, x_2, \cdots, x_6) = \frac{1}{24}(x_1^6 + 6x_1^2 x_4 + 3x_1^2 x_2^2 + 8x_3^2 + 6x_2^3),$$

于是 F 的全部模式表为

$$
\begin{aligned}
P_G\Big(&\sum_{r \in R} w(r), \sum_{r \in R} w^2(r), \cdots, \sum_{r \in R} w^6(r)\Big) \\
= \frac{1}{24}\Big[&(w_1 + \cdots + w_6)^6 + 6(w_1^2 + \cdots + w_6^2)^3 \\
&+ 3(w_1 + \cdots + w_6)^2(w_1^2 + \cdots + w_6^2)^2 \\
&+ 6(w_1 + \cdots + w_6)^2(w_1^4 + \cdots + w_6^4) \\
&+ 8(w_1^3 + \cdots + w_6^3)^2\Big],
\end{aligned}
$$

其中,展开式中 $w_1 w_2 w_3 w_4 w_5 w_6$ 项的系数就是用 6 种颜色对 6 个面着色且每面颜色不同的方案数,它等于

$$\frac{1}{24} \cdot \frac{6!}{1!1!\cdots 1!} = 30.$$

例 4 将两个相同的白球和两个相同的黑球放入两个不同的盒子里,问有多少种不同的放法?列出全部方案.又问每个盒中有两个球的放法有多少种?

解 令 $D = \{w_1, w_2, b_1, b_2\}$，$R = \{盒1, 盒2\}$，四个球往两个盒子里放的放法是 $F: D \to R$. 由于 w_1, w_2 是两个相同的白球,b_1, b_2 是两个相同的黑球,由此确定出 D 上的置换群为

$$G = \{\sigma_I, (w_1 w_2), (b_1 b_2), (w_1 w_2)(b_1 b_2)\}.$$

其轮换指标为

$$P_G(x_1, x_2, x_3, x_4) = \frac{1}{4}(x_1^4 + 2x_1^2 x_2 + x_2^2),$$

于是 F 上的等价类个数为

$$l = P_G(2, 2, 2, 2) = \frac{1}{4}(2^4 + 2 \cdot 2^3 + 2^2) = 9.$$

这 9 个不同方案分别为

$$
\begin{aligned}
&(\varnothing, wwbb), (w, wbb), (b, wwb), \\
&(ww, bb), (wb, wb), (wwbb, \varnothing), \\
&(wbb, w), (wwb, b), (bb, ww).
\end{aligned}
$$

令 $w(盒 1) = x, w(盒 2) = y$,则 F 上的全部模式表为

$$P_G(x + y, x^2 + y^2, x^3 + y^3, x^4 + y^4)$$

$$= \frac{1}{4}\left[(x + y)^4 + 2(x + y)^2(x^2 + y^2) + (x^2 + y^2)^2\right]$$

$$= x^4 + 2x^3 y + 3x^2 y^2 + 2xy^3 + y^4.$$

盒 1 与盒 2 中各放两个球的方案数是 $x^2 y^2$ 项的系数,即为 3.具体方案如下

$$(ww, bb), \quad (bb, ww), \quad (wb, wb).$$

例 5　三元布尔函数可以看成是有三个输入端的布尔电路,而一个布尔电路通过交换输入端可以表示多个布尔函数.求实现所有三元布尔函数需要多少个布尔电路?

解　三元布尔函数 $f(x_1, x_2, x_3)$ 共有 $2^{2^3} = 256$ 个,见表 8.7.1.

表 8.7.1

d	x_1	x_2	x_3	f_0	f_1	$\cdots$	f_{255}
0	0	0	0	0	0	$\cdots$	1
1	0	0	1	0	0	$\cdots$	1
2	0	1	1	0	0	$\cdots$	1
$\vdots$	$\vdots$	$\vdots$	$\vdots$	$\vdots$	$\vdots$		$\vdots$
7	1	1	1	0	1	$\cdots$	1

令 $F = \{f \mid f : D \to R\}$,其中,$D = \{0, 1, \cdots, 7\}$,$R = \{0, 1\}$,则三元布尔函数与 F 中的函数一一对应.由 x_1, x_2, x_3 的置换确定了 D 上的置换,见表 8.7.2.所以,D 上的置换群为

$$G = \{\sigma_I, (142)(356), (124)(365), (24)(35), (14)(36), (12)(56)\},$$

表 8.7.2

x_1, x_2, x_3 的置换	D 上的置换
$(x_1)(x_2)(x_3)$	$\begin{pmatrix} 0 & 1 & 2 & 3 & 4 & 5 & 6 & 7 \\ 0 & 1 & 2 & 3 & 4 & 5 & 6 & 7 \end{pmatrix}$
$(x_1 x_2 x_3)$	$\begin{pmatrix} 0 & 1 & 2 & 3 & 4 & 5 & 6 & 7 \\ 0 & 4 & 1 & 5 & 2 & 6 & 3 & 7 \end{pmatrix}$
$(x_1 x_3 x_2)$	$\begin{pmatrix} 0 & 1 & 2 & 3 & 4 & 5 & 6 & 7 \\ 0 & 2 & 4 & 6 & 1 & 3 & 5 & 7 \end{pmatrix}$
$(x_1)(x_2 x_3)$	$\begin{pmatrix} 0 & 1 & 2 & 3 & 4 & 5 & 6 & 7 \\ 0 & 2 & 1 & 3 & 4 & 6 & 5 & 7 \end{pmatrix}$

x_1, x_2, x_3 的置换	D 上的置换
$(x_2)(x_1 x_3)$	$\begin{pmatrix} 0 & 1 & 2 & 3 & 4 & 5 & 6 & 7 \\ 0 & 4 & 2 & 6 & 1 & 5 & 3 & 7 \end{pmatrix}$
$(x_3)(x_1 x_2)$	$\begin{pmatrix} 0 & 1 & 2 & 3 & 4 & 5 & 6 & 7 \\ 0 & 1 & 4 & 5 & 2 & 3 & 6 & 7 \end{pmatrix}$

G 的轮换指标为

$$P_G(x_1, x_2, \cdots, x_8) = \frac{1}{6}(x_1^8 + 2x_1^2 x_3^2 + 3x_1^4 x_2^2).$$

F 上等价类的个数就是不同的布尔电路数,即

$$l = P_G(2, 2, \cdots, 2) = \frac{1}{6}(2^8 + 2 \cdot 2^4 + 3 \cdot 2^6) = 80.$$

例 6　求 n 个顶点的简单图有多少个?

解　所谓简单图,就是在图中任何两顶点之间至多有一条边,且顶点上无圈.

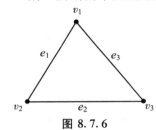

图 8.7.6

n 个顶点的完全图 K_n 中有 $\frac{1}{2}n(n-1)$ 条边,若对 K_n 的边进行 2 着色,然后去掉一种颜色的全部边,就构成了有 n 个顶点的简单图.

先看 $n = 3$ 的情况(图 8.7.6).对边 2 着色是映射 $f: \{(v_1 v_2), (v_2 v_3), (v_3 v_1)\} \rightarrow \{c_1, c_2\}$.

令 $e_1 = (v_1 v_2)$, $e_2 = (v_2 v_3)$, $e_3 = (v_3 v_1)$.关于顶点 v_1, v_2, v_3 的置换引起 3 条边的置换,见表 8.7.3.则在 $\{e_1, e_2, e_3\}$ 上的置换群 G 的轮换指标为

$$P_G(x_1, x_2, x_3) = \frac{1}{6}(x_1^3 + 2x_3 + 3x_1 x_2).$$

表 8.7.3

$\{v_1, v_2, v_2\}$ 上的置换	$\{e_1, e_2, e_3\}$ 上的置换
$(v_1)(v_2)(v_3)$	$(e_1)(e_2)(e_3)$
$(v_1 v_2 v_3)$	$(e_1 e_2 e_3)$
$(v_1 v_3 v_2)$	$(e_1 e_3 e_2)$
$(v_1 v_2)$	$(e_1)(e_2 e_3)$
$(v_1 v_3)$	$(e_3)(e_1 e_3)$
$(v_2 v_3)$	$(e_2)(e_1 e_3)$

令 $w(c_1) = r, w(c_2) = b$,则 F 上的全部模式表为

$$P_G(r + b, r^2 + b^2, r^3 + b^3) = \frac{1}{6}\left[(r + b)^3 + 2(r^3 + b^3) + 3(r + b)(r^2 + b^2)\right]$$
$$= r^3 + r^2 b + rb^2 + b^3.$$

相应的 4 种着色方案如图 8.7.7 所示.去掉图 8.7.7 中的虚线边,即得到全部 3 个结点的简单图,如图 8.7.8 所示.实际上,在 F 的全部模式表中取 $b = 1$,得到

$$P_G(r + 1, r^2 + 1, r^3 + 1) = r^3 + r^2 + r + 1,$$

说明红边数为 $3, 2, 1, 0$ 的简单图各有一个.

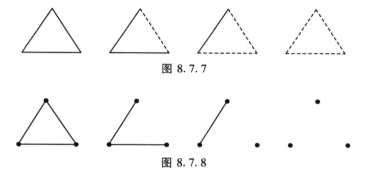

图 8.7.7

图 8.7.8

再看 $n = 4$ 的情况.令 $e_1 = (v_2 v_2), e_2 = (v_2 v_3), e_3 = (v_3 v_4), e_4 = (v_4 v_1), e_5 = (v_1 v_3), e_6 = (v_2 v_4)$,参见图 8.7.9.则 $\{v_1, v_2, v_3, v_4\}$ 上的每个置换确定了 $\{e_1, e_2, e_3, e_4, e_5, e_6\}$ 上的置换,前者构成 $\{v_1, v_2, v_3, v_4\}$ 上的对称群 S_4,后者构成边集合上的置换群 G,参见表 8.7.4. G 中有 1^6 型的置换 1 个,$1^2 2^2$ 型的置换 9 个,3^2 型的置换 8 个,$2^1 4^1$ 型的置换 6 个. G 的轮换指标为

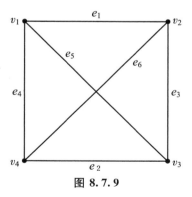

图 8.7.9

$$P_G(x_1, x_2, \cdots, x_6) = \frac{1}{24}(x_1^6 + 9x_1^2 x_2^2 + 8x_3^2 + 6x_2 x_4).$$

令 $R = \{c_1, c_2\}, w(c_1) = r, w(c_2) = b = 1$,则

$$P_G(r + 1, r^2 + 1, \cdots, r^6 + 1) = \frac{1}{24}\left[(r + 1)^6 + 9(r + 1)^2(r^2 + 1)^2\right.$$
$$\left. + 8(r^3 + 1)^2 + 6(r^2 + 1)(r^4 + 1)\right]$$
$$= r^6 + r^5 + 2r^4 + 3r^3 + 2r^2 + r + 1.$$

故 4 个结点的简单图共有 11 个,如图 8.7.10 所示.

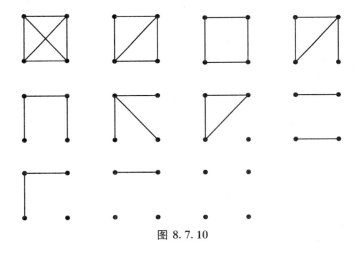

图 8.7.10

表 8.7.4

	S_4	G
1	$(v_1)(v_2)(v_3)(v_4)$	$(e_1)(e_2)(e_3)(e_4)(e_5)(e_6)$
2	$(v_1 v_2)$	$\begin{pmatrix} e_1 & e_2 & e_3 & e_4 & e_5 & e_6 \\ e_1 & e_2 & e_5 & e_6 & e_3 & e_4 \end{pmatrix} = (e_3 e_5)(e_4 e_6)(e_1)(e_2)$
3	$(v_1 v_3)$	$\begin{pmatrix} e_1 & e_2 & e_3 & e_4 & e_5 & e_6 \\ e_3 & e_4 & e_1 & e_2 & e_5 & e_6 \end{pmatrix} = (e_1 e_3)(e_2 e_4)(e_5)(e_6)$
4	$(v_1 v_4)$	$\begin{pmatrix} e_1 & e_2 & e_3 & e_4 & e_5 & e_6 \\ e_6 & e_5 & e_3 & e_4 & e_2 & e_1 \end{pmatrix} = (e_1 e_6)(e_2 e_5)(e_3)(e_4)$
5	$(v_2 v_3)$	$\begin{pmatrix} e_1 & e_2 & e_3 & e_4 & e_5 & e_6 \\ e_5 & e_6 & e_3 & e_4 & e_1 & e_2 \end{pmatrix} = (e_1 e_5)(e_2 e_6)(e_3)(e_4)$
6	$(v_2 v_4)$	$\begin{pmatrix} e_1 & e_2 & e_3 & e_4 & e_5 & e_6 \\ e_4 & e_3 & e_2 & e_1 & e_5 & e_6 \end{pmatrix} = (e_1 e_4)(e_2 e_3)(e_5)(e_6)$
7	$(v_3 v_4)$	$\begin{pmatrix} e_1 & e_2 & e_3 & e_4 & e_5 & e_6 \\ e_1 & e_2 & e_6 & e_5 & e_4 & e_3 \end{pmatrix} = (e_1)(e_2)(e_3 e_6)(e_4 e_5)$
8	$(v_1 v_2 v_3)$	$\begin{pmatrix} e_1 & e_2 & e_3 & e_4 & e_5 & e_6 \\ e_3 & e_4 & e_5 & e_6 & e_1 & e_2 \end{pmatrix} = (e_1 e_3 e_5)(e_2 e_4 e_6)$
9	$(v_1 v_2 v_4)$	$\begin{pmatrix} e_1 & e_2 & e_3 & e_4 & e_5 & e_6 \\ e_6 & e_5 & e_2 & e_1 & e_3 & e_4 \end{pmatrix} = (e_1 e_6 e_4)(e_2 e_5 e_3)$

续　表

	S_4	G
10	$(v_1\,v_3\,v_2)$	$\begin{pmatrix} e_1 & e_2 & e_3 & e_4 & e_5 & e_6 \\ e_5 & e_6 & e_1 & e_2 & e_3 & e_4 \end{pmatrix} = (e_1\,e_5\,e_3)(e_2\,e_6\,e_4)$
11	$(v_1\,v_3\,v_4)$	$\begin{pmatrix} e_1 & e_2 & e_3 & e_4 & e_5 & e_6 \\ e_3 & e_4 & e_6 & e_5 & e_1 & e_2 \end{pmatrix} = (e_1\,e_3\,e_6)(e_2\,e_4\,e_5)$
12	$(v_1\,v_4\,v_2)$	$\begin{pmatrix} e_1 & e_2 & e_3 & e_4 & e_5 & e_6 \\ e_4 & e_3 & e_5 & e_6 & e_2 & e_1 \end{pmatrix} = (e_1\,e_4\,e_6)(e_2\,e_3\,e_5)$
13	$(v_1\,v_4\,v_3)$	$\begin{pmatrix} e_1 & e_2 & e_3 & e_4 & e_5 & e_6 \\ e_6 & e_5 & e_1 & e_2 & e_4 & e_3 \end{pmatrix} = (e_1\,e_6\,e_3)(e_2\,e_5\,e_4)$
14	$(v_2\,v_3\,v_4)$	$\begin{pmatrix} e_1 & e_2 & e_3 & e_4 & e_5 & e_6 \\ e_5 & e_6 & e_2 & e_1 & e_4 & e_3 \end{pmatrix} = (e_1\,e_5\,e_4)(e_2\,e_6\,e_3)$
15	$(v_2\,v_4\,v_3)$	$\begin{pmatrix} e_1 & e_2 & e_3 & e_4 & e_5 & e_6 \\ e_4 & e_3 & e_6 & e_5 & e_1 & e_2 \end{pmatrix} = (e_1\,e_4\,e_5)(e_2\,e_3\,e_6)$
16	$(v_1\,v_2\,v_3\,v_4)$	$\begin{pmatrix} e_1 & e_2 & e_3 & e_4 & e_5 & e_6 \\ e_3 & e_4 & e_2 & e_1 & e_6 & e_5 \end{pmatrix} = (e_1\,e_3\,e_2\,e_4)(e_5\,e_6)$
17	$(v_1\,v_2\,v_4\,v_3)$	$\begin{pmatrix} e_1 & e_2 & e_3 & e_4 & e_5 & e_6 \\ e_6 & e_5 & e_4 & e_3 & e_1 & e_2 \end{pmatrix} = (e_1\,e_6\,e_2\,e_5)(e_3\,e_4)$
18	$(v_1\,v_3\,v_2\,v_4)$	$\begin{pmatrix} e_1 & e_2 & e_3 & e_4 & e_5 & e_6 \\ e_2 & e_1 & e_6 & e_5 & e_3 & e_4 \end{pmatrix} = (e_1\,e_2)(e_3\,e_6\,e_4\,e_5)$
19	$(v_1\,v_3\,v_4\,v_2)$	$\begin{pmatrix} e_1 & e_2 & e_3 & e_4 & e_5 & e_6 \\ e_5 & e_6 & e_4 & e_3 & e_2 & e_1 \end{pmatrix} = (e_1\,e_5\,e_2\,e_6)(e_3\,e_4)$
20	$(v_1\,v_4\,v_2\,v_3)$	$\begin{pmatrix} e_1 & e_2 & e_3 & e_4 & e_5 & e_6 \\ e_2 & e_1 & e_5 & e_6 & e_4 & e_3 \end{pmatrix} = (e_1\,e_2)(e_3\,e_5\,e_4\,e_6)$
21	$(v_1\,v_4\,v_3\,v_2)$	$\begin{pmatrix} e_1 & e_2 & e_3 & e_4 & e_5 & e_6 \\ e_4 & e_3 & e_1 & e_2 & e_6 & e_5 \end{pmatrix} = (e_1\,e_4\,e_2\,e_3)(e_5\,e_6)$
22	$(v_1\,v_2)(v_3\,v_4)$	$\begin{pmatrix} e_1 & e_2 & e_3 & e_4 & e_5 & e_6 \\ e_1 & e_2 & e_4 & e_3 & e_6 & e_5 \end{pmatrix} = (e_1)(e_2)(e_3\,e_4)(e_5\,e_6)$
23	$(v_1\,v_3)(v_2\,v_4)$	$\begin{pmatrix} e_1 & e_2 & e_3 & e_4 & e_5 & e_6 \\ e_2 & e_1 & e_4 & e_3 & e_5 & e_6 \end{pmatrix} = (e_1\,e_2)(e_3\,e_4)(e_5)(e_6)$
24	$(v_1\,v_4)(v_2\,v_3)$	$\begin{pmatrix} e_1 & e_2 & e_3 & e_4 & e_5 & e_6 \\ e_2 & e_1 & e_3 & e_4 & e_6 & e_5 \end{pmatrix} = (e_1\,e_2)(e_3)(e_4)(e_5\,e_6)$

习　题

1. 计算 $(123)(234)(5)(14)(23)$，并指出它所在的共轭类.

2. 求正四面体关于顶点集合 $\{1,2,3,4\}$ 的置换群.

3. 设 D 是 n 元集合，G 是 D 上的置换群. 对于 D 的子集 A 和 B，如果存在 $\sigma \in G$，使得
$$B = \{\sigma(a) \mid a \in A\},$$
则称 A 与 B 是 G 等价的. 求 G 等价类的个数.

4. 对本题图中的顶点进行 m 着色，问有多少种着色方案？

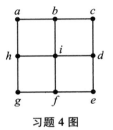

习题 4 图

5. 由 $0,1,6,8,9$ 组成 n 位数，如果把一个数调转过来读得到另一个数，则称这两个数是相等的. 例如 0168 与 8910，0890 与 0680 是相等的. 问不相等的 n 位数有多少个？

6. 用三色珠子串成四珠项链，要求各种颜色的珠子至少有一个. 问有多少种不同的项链？

7. 把 4 个球 a,a,b,b 放入 3 个不同的盒子里，求分配方案数. 若不允许有空盒，问有多少种分配方案？

8. 用 4 种颜色（红、黄、绿、蓝）对正四面体的顶点着色，求着色方案数. 若要求 m（$m = 0,1,2,3,4$）个顶点为红色，求着色方案数.

9. 证明式 $(8.7.2)$.

10. 设 $s = (1234)$，$t = (1243)$. 试找出一个置换 $g \in S_4$，使得 $s = g^{-1}tg$，从而证明 s 与 t 是 S_4 共轭的.

11. 写出 S_4 的所有 i 不动置换类.

12. 在 8.5 节例 6 中，令 w（红色）$= r$，w（蓝色）$= b$.

（1）写出着色方案的模式表；

（2）将正方形的 4 个顶点分别标记为 $1,2,3,4$，则正方形的旋转群 $G = \{\sigma^0,\sigma^1,\sigma^2,\sigma^3\}$，其中，$\sigma = (1234)$. 令 $w_1 = b^4$，$w_2 = r^2b^2$，对 w_1, w_2 分别求式 $(8.7.1)$ 定义的 $\widetilde{G}$.

13. 将 2 个红色球和 2 个蓝色球放在正六面体的顶点上，问有多少种不同的

方案?

14. 将 8 个相同的骰子堆成一个正六面体,问有多少种不同的方案?

15. 用 Pólya 计数定理求多重集合 $M = \{\infty \cdot a_1, \infty \cdot a_2, \cdots, \infty \cdot a_n\}$ 的 r 圆排列数.

16. 用 6 种颜色涂立方体的 6 个面,使得每面颜色均不相同的涂法有多少种?

17. 在 6 种颜色中选取一种或多种颜色涂立方体的面,其涂法有多少种?若 6 种颜色中有一种是红色,则有多少种涂法使得立方体中恰有 3 面是红色的?

18. 在一个有 7 匹马的旋转木马上用 n 种颜色着色,问有多少种可供选择的方案(旋转木马只能转动而不能翻转)?

19. 给一根 8 尺长的棍子着色,每尺着不同的颜色,共有 m 种颜色可供选择. 仅有的变换是翻转 $180°$,因此置换群 G 只有两个元素.

(1) 标出棍子的每一尺,G 是什么?

(2) 给棍子着色,有多少种方案?

(3) 给三尺着蓝色,三尺着红色,两只着绿色,有多少种着色方案?

(4) 三尺着蓝色,两尺着绿色,两尺着黄色,一尺着红色,有多少种着色方案?

20. 证明:二维欧几里得空间的刚体旋转变换集合 $T = \{T_\alpha\}$ 构成群,其中

$$T_\alpha : \begin{bmatrix} x_1 \\ y_1 \end{bmatrix} = \begin{pmatrix} \cos\alpha & \sin\alpha \\ -\sin\alpha & \cos\alpha \end{pmatrix} \begin{pmatrix} x \\ y \end{pmatrix}.$$

21. 证明:

(1) $A = \{1, -1\}$ 在乘法运算下是一个群;

(2) 整数集 $\mathbf{Z}$ 在加法运算下是一个群;

(3) 集合 $G = \{0, 1, \cdots, n-1\}$ 对于 mod n 在加法运算下是一个群.

第9章　相异代表系

9.1　引　　论

我们先来看一个例子.现有6名职员 $x_1, x_2, \cdots, x_6$ 和6项工作 $y_1, y_2, \cdots, y_6$,每个职员适合做某些工作而不适合做另外一些工作.为了方便,在图9.1.1中以阴影表示某人不适合做某项工作.现在要问:是否有一种安排使得每个职员都做他适合的工作?如果这种安排存在,如何把它找到?如果这种安排不存在,那么对多少人能做合适的安排?

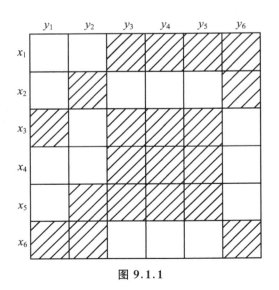

图 9.1.1

在第5章中,我们把它看成是有限制位置的排列问题,使用容斥原理及棋子多项式可以求出合适安排的方法数.但是,它仅仅是计数方法,对于如何找到合适的安排不能提供任何信息.

在本章中,我们将按照一种完全不同的方法来研究并解决这个问题.

在前面的问题中,所谓合适的安排,就是在无阴影的部分里不同行、不同列选 6 个方块的一种方法.如果把每行无阴影方块的横坐标写成集合,那么

$$A_1 = \{y_1, y_2\},$$
$$A_2 = \{y_1, y_3, y_4, y_5\},$$
$$A_3 = \{y_2, y_6\},$$
$$A_4 = \{y_1, y_2, y_6\},$$
$$A_5 = \{y_1, y_6\},$$
$$A_6 = \{y_3, y_4, y_5\}.$$

如果能从每个集合中选出一个元素,而且 6 个元素两两互不相同,就得到了一种合适的安排.遗憾的是,对于这里的 $A_1, A_2, \cdots, A_6$ 而言,这样的选择不存在.这是因为,无论 A_1, A_3, A_5 选出的是 y_1, y_2, y_6,还是 y_2, y_6, y_1, A_4 都没有合适的元素可选.

9.2　相异代表系

设 $A_1, A_2, \cdots, A_n$ 是集合 E 的 n 个子集.E 中的 n 个元素 $e_1, e_2, \cdots, e_n$,其中,$e_1 \in A_1, e_2 \in A_2, \cdots, e_n \in A_n$,称为集族 $\{A_1, A_2, \cdots, A_n\}$ 的一个**代表系**.如果集族的代表系中的元素两两互不相同,则称该代表系为集族的**相异代表系**.

例如,$4, 1, 4, 3$ 是 $A_1 = \{1, 4\}, A_2 = \{1, 2, 3\}, A_3 = \{3, 4, 5\}, A_4 = \{3, 4, 5\}$ 的代表系,而 $1, 2, 3, 4$ 和 $4, 2, 3, 5$ 是 $\{A_1, A_2, A_3, A_4\}$ 的相异代表系.

非空集合 $A_1, A_2, \cdots, A_n$ 构成的集族一定有代表系,但不一定有相异代表系.例如,$A_1 = \{1, 4\}, A_2 = \{1, 2, 3, 4, 5\}, A_3 = \{4\}, A_4 = \{1, 4\}$ 就没有相异代表系.直观上看,是因为 $A_1 \cup A_3 \cup A_4 = \{1, 4\}$ 中元素太少,只有 2 个元素,无法选出 3 个不同的元素.如何把感性认识上升到理论高度,找出集族有相异代表系的充要条件是本节的任务.

假设 $e_1, e_2, \cdots, e_n$ 是集族 $\{A_1, A_2, \cdots, A_n\}$ 的相异代表系.对于 $\{1, 2, \cdots, n\}$ 的 k 元子集 $\{i_1, i_2, \cdots, i_k\}$ $(1 \leqslant k \leqslant n)$,显然有

$$\{e_{i_1}, e_{i_2}, \cdots, e_{i_k}\} \subseteq A_{i_1} \bigcup A_{i_2} \bigcup \cdots \bigcup A_{i_k},$$

所以

$$\mid A_{i_1} \bigcup A_{i_2} \bigcup \cdots \bigcup A_{i_k} \mid \geqslant k.$$

这是有相异代表系的集族$\{A_1, A_2, \cdots, A_n\}$必须满足的.由于$\{1, 2, \cdots, n\}$有$2^n - 1$个非空子集,故这种必要条件有$2^n - 1$个.

1935年,P. Hall 证明了将这$2^n - 1$个条件放在一起就是集族$\{A_1, A_2, \cdots, A_n\}$有相异代表系的充分条件.

定理 9.2.1(Hall)   集族$\{A_1, A_2, \cdots, A_n\}$有相异代表系,当且仅当对每个$k = 1, 2, \cdots, n$ 和每种选择$i_1, i_2, \cdots, i_k$ $(1 \leqslant i_1 < i_2 < \cdots < i_k \leqslant n)$,集族满足
$$\mid A_{i_1} \bigcup A_{i_2} \bigcup \cdots \bigcup A_{i_k} \mid \geqslant k.$$

证明   由前面的分析,必要性是显然的.下面通过对 n 进行归纳来证明充分性.

当 $n = 1$ 时,由定理的条件知$\mid A_1 \mid \geqslant 1$,即$A_1$是非空集合.任取$A_1$的元素$e_1$,就是$\{A_1\}$的相异代表系.

设对任何$m < n$,$\{A_1, A_2, \cdots, A_m\}$满足定理的条件,则该集族有相异代表系$e_1, e_2, \cdots, e_m$.

现假设集族$\{A_1, A_2, \cdots, A_n\}$满足定理的条件,我们将分两种情况讨论:

(1) 对于任何k $(1 \leqslant k \leqslant n-1)$,任何选择$1 \leqslant i_1 < i_2 < \cdots < i_k \leqslant n$ 均满足$\mid A_{i_1} \bigcup A_{i_2} \bigcup \cdots \bigcup A_{i_k} \mid \geqslant k+1$.由于$A_1, A_2, \cdots, A_n$满足定理的条件,于是$\mid A_i \mid \geqslant 1$ $(1 \leqslant i \leqslant n)$.任取$e_n \in A_n$,构造集族
$$\{A_1 - \{e_n\}, A_2 - \{e_n\}, \cdots, A_{n-1} - \{e_n\}\}. \tag{9.2.1}$$
则对于任意$1 \leqslant k \leqslant n-1$和$1 \leqslant i_1 < i_2 < \cdots < i_k \leqslant n-1$,有
$$\mid (A_{i_1} - \{e_n\}) \bigcup (A_{i_2} - \{e_n\}) \bigcup \cdots \bigcup (A_{i_k} - \{e_n\}) \mid$$
$$= \mid (A_{i_1} \bigcup A_{i_2} \bigcup \cdots \bigcup A_{i_k}) - \{e_n\} \mid$$
$$\geqslant \mid A_{i_1} \bigcup A_{i_2} \bigcup \cdots \bigcup A_{i_k} \mid - 1$$
$$\geqslant k.$$

所以集族(9.2.1)满足定理的条件,由归纳假设知该集族有相异代表系$e_1, e_2, \cdots, e_{n-1}$,且$e_i \neq e_n$ $(1 \leqslant i \leqslant n-1)$.从而,$e_1, e_2, \cdots, e_{n-1}, e_n$就是$\{A_1, A_2, \cdots, A_n\}$的相异代表系.

(2) 对某个p $(1 \leqslant p \leqslant n-1)$及某种选择$i_1, i_2, \cdots, i_p (1 \leqslant i_1 < i_2 < \cdots < i_p \leqslant n)$,$\mid A_{i_1} \bigcup A_{i_2} \bigcup \cdots \bigcup A_{i_p} \mid = p$.不失一般性,我们假设这$p$个集合是$A_1$, $A_2, \cdots, A_p$,则$\mid A_1 \bigcup A_2 \bigcup \cdots \bigcup A_p \mid = p$ $(1 \leqslant p \leqslant n-1)$.由于$A_1, A_2, \cdots$,

A_p 取自原来的集族 $\{A_1,A_2,\cdots,A_n\}$,故满足定理的条件,并且 $p\leqslant n-1<n$,由归纳假设知集族 $\{A_1,A_2,\cdots,A_p\}$ 有相异代表系 $e_1,e_2,\cdots,e_p$.然而 $|A_1\bigcup A_2\bigcup\cdots\bigcup A_p|=p$,故

$$A_1\bigcup A_2\bigcup\cdots\bigcup A_p=\{e_1,e_2,\cdots,e_p\}=F.$$

现考虑 $n-p$ 个集合构成的集族

$$\{A_{p+1}-F,\ A_{p+2}-F,\ \cdots,\ A_n-F\}.$$

对于任意 $1\leqslant k\leqslant n-p$ 和 $p+1\leqslant j_1<j_2<\cdots<j_k\leqslant n$,有

$$|(A_{j_1}-F)\bigcup(A_{j_2}-F)\bigcup\cdots\bigcup(A_{j_k}-F)|$$
$$=|(A_{j_1}\bigcup A_{j_2}\bigcup\cdots\bigcup A_{j_k})-F|$$
$$=|(A_1\bigcup A_2\bigcup\cdots\bigcup A_p\bigcup A_{j_1}\bigcup A_{j_2}\bigcup\cdots\bigcup A_{j_k})-F|$$
$$\geqslant|A_1\bigcup A_2\bigcup\cdots\bigcup A_p\bigcup A_{j_1}\bigcup A_{j_2}\bigcup\cdots\bigcup A_{j_k}|-|F|$$
$$\geqslant(p+k)-p=k,$$

即 $\{A_{p+1}-F,A_{p+2}-F,\cdots,A_n-F\}$ 满足定理的条件,且集族中的集合数 $n-p\leqslant n-1<n$.由归纳假设知它有相异代表系 $e_{p+1},e_{p+2},\cdots,e_n$,且

$$\{e_{p+1},e_{p+2},\cdots,e_n\}\bigcap F=\varnothing.$$

从而,$e_1,e_2,\cdots,e_p,e_{p+1},e_{p+2},\cdots,e_n$ 就是集族 $\{A_1,A_2,\cdots,A_n\}$ 的相异代表系.

例 1 已知 $A_1=\{1,2\}$,$A_2=\{1,4\}$,$A_3=\{1,3,4,5\}$,$A_4=\{2,4\}$,$A_5=\{1,4\}$.因为

$$|A_1\bigcup A_2\bigcup A_4\bigcup A_5|=|\{1,2,4\}|=3,$$

由定理 9.2.1 知集族 $\{A_1,A_2,A_3,A_4,A_5\}$ 没有相异代表系.但集族 $\{A_1,A_2,A_3,A_4\}$ 有相异代表系 1,4,5,2.

定理 9.2.2 集族 $\{A_1,A_2,\cdots,A_n\}$ 中存在着 r 元子集有相异代表系,当且仅当对每个 $k=1,2,\cdots,n$ 和每种选择 $i_1,i_2,\cdots,i_k$ $(1\leqslant i_1<i_2<\cdots<i_k\leqslant n)$,集族满足

$$|A_{i_1}\bigcup A_{i_2}\bigcup\cdots\bigcup A_{i_k}|\geqslant k-(n-r).$$

证明 对于 $1\leqslant k\leqslant n-r$,定理中的不等式自动满足.

令 $F=\{f_1,f_2,\cdots,f_{n-r}\}$,且 $F\bigcap(A_1\bigcup A_2\bigcup\cdots\bigcup A_n)=\varnothing$.考虑集族 $\{A_1\bigcup F,A_2\bigcup F,\cdots,A_n\bigcup F\}$.下面先证明:$\{A_1,A_2,\cdots,A_n\}$ 的 r 元子集有相异代表系,当且仅当 $\{A_1\bigcup F,A_2\bigcup F,\cdots,A_n\bigcup F\}$ 有相异代表系.

假设 $\{A_1,A_2,\cdots,A_n\}$ 的 r 元子集有相异代表系,不失一般性,设 $\{A_1,A_2,\cdots,A_r\}$ 有相异代表系 $e_1,e_2,\cdots,e_r$.显然,$e_1,e_2,\cdots,e_r,f_1,f_2,\cdots,f_{n-r}$ 就是 $\{A_1\bigcup F,$

$A_2 \bigcup F, \cdots, A_n \bigcup F$ 的相异代表系.

假设 $\{A_1 \bigcup F, A_2 \bigcup F, \cdots, A_n \bigcup F\}$ 有相异代表系 $x_1, x_2, \cdots, x_n$. 因 F 中只有 $n - r$ 个元素,所以 $x_1, x_2, \cdots, x_n$ 中至少有 r 个元素不在 F 中. 不妨假设 $x_1 \in A_1$, $x_2 \in A_2, \cdots, x_r \in A_r$, 且两两互不相同, 从而 $x_1, x_2, \cdots, x_r$ 是 $\{A_1, A_2, \cdots, A_n\}$ 的 r 元子集 $\{A_1, A_2, \cdots, A_r\}$ 的一个相异代表系.

下面再证明: $\{A_1 \bigcup F, A_2 \bigcup F, \cdots, A_n \bigcup F\}$ 有相异代表系,当且仅当对每个 $k = 1, 2, \cdots, n$ 和每种选择 $i_1, i_2, \cdots, i_k$ $(1 \leqslant i_1 < i_2 < \cdots < i_k \leqslant n)$,有

$$|A_{i_1} \bigcup A_{i_2} \bigcup \cdots \bigcup A_{i_k}| \geqslant k - (n - r).$$

根据定理 9.2.1, $\{A_1 \bigcup F, A_2 \bigcup F, \cdots, A_n \bigcup F\}$ 有相异代表系,当且仅当对每个 $k = 1, 2, \cdots, n$ 和每种选择 $i_1, i_2, \cdots, i_k$ $(1 \leqslant i_1 < i_2 < \cdots < i_k \leqslant n)$,有

$$|(A_{i_1} \bigcup F) \bigcup (A_{i_2} \bigcup F) \bigcup \cdots \bigcup (A_{i_k} \bigcup F)| \geqslant k.$$

由于

$$|(A_{i_1} \bigcup F) \bigcup (A_{i_2} \bigcup F) \bigcup \cdots \bigcup (A_{i_k} \bigcup F)|$$
$$= |A_{i_1} \bigcup A_{i_2} \bigcup \cdots \bigcup A_{i_k} \bigcup F|$$
$$= |A_{i_1} \bigcup A_{i_2} \bigcup \cdots \bigcup A_{i_k}| + |F|,$$

从而

$$|A_{i_1} \bigcup A_{i_2} \bigcup \cdots \bigcup A_{i_k}| \geqslant k - (n - r).$$

由定理 9.2.2 知, 集族 $\{A_1, A_2, \cdots, A_n\}$ 的 r 元子集有相异代表系,当且仅当对每个 $k = 1, 2, \cdots, n$ 和每种选择 $i_1, i_2, \cdots, i_k (1 \leqslant i_1 < i_2 < \cdots < i_k \leqslant n)$,有

$$|A_{i_1} \bigcup A_{i_2} \bigcup \cdots \bigcup A_{i_k}| + (n - k) \geqslant r.$$

使该不等式成立的 r 的最大值就是 $|A_{i_1} \bigcup A_{i_2} \bigcup \cdots \bigcup A_{i_k}| + (n - k)$ 的最小值. 故有如下推论:

推论 9.2.1 集族 $\{A_1, A_2, \cdots, A_n\}$ 有相异代表系的最大子集数等于 $|A_{i_1} \bigcup A_{i_2} \bigcup \cdots \bigcup A_{i_k}| + (n - k)$ 的最小值,其中, $k = 1, 2, \cdots, n$,以及所有选择 $i_1, i_2, \cdots, i_k$ $(1 \leqslant i_1 < i_2 < \cdots < i_k \leqslant n)$.

例 2 已知 $A_1 = \{1, 6\}, A_2 = \{4, 5, 6\}, A_3 = \{2, 6\}, A_4 = \{1, 2\}, A_5 = \{1, 2, 4, 6\}, A_6 = \{1\}, A_7 = \{1, 2, 6\}$,则有

$$|A_1 \bigcup A_3 \bigcup A_4 \bigcup A_6 \bigcup A_7| + (7 - 5) = |\{1, 2, 6\}| + 2$$
$$= 5,$$

且 $6, 5, 2, 1, 4$ 是子集族 $\{A_1, A_2, A_3, A_4, A_5\}$ 的相异代表系. 于是, $\{A_1, A_2, A_3, A_4, A_5, A_6, A_7\}$ 有相异代表系的子集数最大为 5.

9.3 棋盘覆盖问题

棋盘覆盖问题是指将 $m \times n$ 棋盘中的一些方块涂上阴影,余下部分用 1×2 的多米诺骨牌覆盖.所谓棋盘的完全覆盖,是指多米诺骨牌的一种放置方法,它满足如下 3 个性质:

(1) 每个多米诺骨牌覆盖棋盘上两个相邻的方块(无阴影的);

(2) 棋盘上的每个方块均被某个多米诺骨牌覆盖;

(3) 所有多米诺骨牌不重叠放置.

现在的问题是:任意给定一个部分涂上阴影的棋盘,是否有一个完全覆盖?如果没有,那么满足性质(1)和(3)的覆盖最多能覆盖上多少多米诺骨牌?

例 对图 9.3.1 所示的棋盘用多米诺骨牌覆盖.

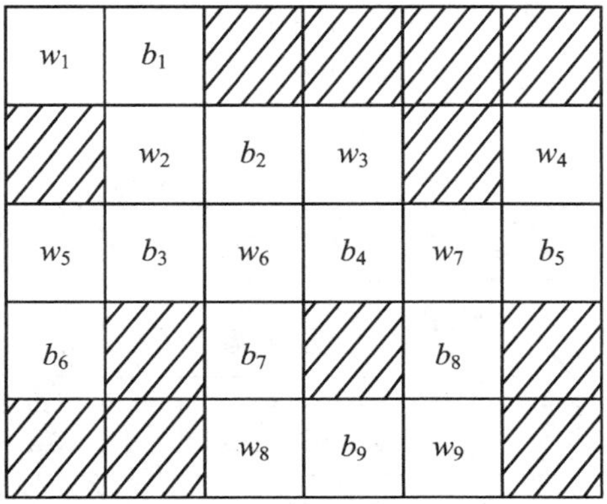

图 9.3.1

解 首先,对整个 5×6 棋盘依次标记 w, b,使得有公共边的方块标记不同.然后,对无阴影部分(要覆盖的区域)的标记从左到右、从上到下进行编号.因为每个多米诺骨牌必定覆盖一个 w 和一个 b,所以无阴影部分中标记 w 的块数与标记 b 的块数相同才有可能有完全覆盖.

对每个 b_i 定义一个集合 A_i,它由用多米诺骨牌覆盖 b_i 时可能覆盖的 w_j 组成,即

$$A_i = \{w_j \mid \text{标记 } w_j \text{ 和 } b_i \text{ 的方块有公共边}\}.$$

显然,$1 \leqslant |A_i| \leqslant 4$.

图 9.3.1 中,令

$$B = \{b_1, b_2, \cdots, b_9\},$$
$$w = \{w_1, w_2, \cdots, w_9\}.$$

相应的 $A_1, A_2, \cdots, A_9$ 为

$$A_1 = \{w_1, w_2\},$$
$$A_2 = \{w_2, w_3, w_6\},$$
$$A_3 = \{w_2, w_5, w_6\},$$
$$A_4 = \{w_3, w_6, w_7\},$$
$$A_5 = \{w_4, w_7\},$$
$$A_6 = \{w_5\},$$
$$A_7 = \{w_6, w_8\},$$
$$A_8 = \{w_7, w_9\},$$
$$A_9 = \{w_8, w_9\}.$$

如果 $\{A_1, A_2, \cdots, A_9\}$ 有相异代表系,则该棋盘有一个完全覆盖. 不难看出,w_1, $w_3, w_2, w_6, w_4, w_5, w_8, w_7, w_9$ 就是它的一个相异代表系,相应的完全覆盖如图 9.3.2 所示.

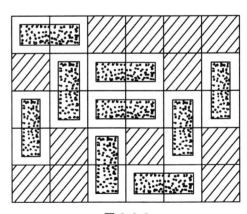

图 9.3.2

对于 B 的子集 $\widetilde{B}$,定义

$$W(\widetilde{B}) = \bigcup_{b_i \in \widetilde{B}} A_i.$$

例如,上例中,

$$W(\{b_1, b_2\}) = \{w_1, w_2, w_3, w_6\}.$$

由定理 9.2.1 即得如下定理:

定理 9.3.1 棋盘存在完全覆盖,当且仅当 $|B| = |W|$,且对任意 $\widetilde{B} \subseteq B$, $|W(\widetilde{B})| \geqslant |\widetilde{B}|$ 成立.

9.4 二分图的匹配问题

本节我们将从另一个角度来研究相异代表系问题,并给出一些相关的性质,在下一节给出相应的算法.

让我们再回头来看看 9.1 节的例 1. 记 $X = \{x_1, x_2, \cdots, x_6\}$,$Y = \{y_1, y_2, \cdots, y_6\}$,以 X, Y 中的元素作为点,当且仅当 x_i 适合做工作 y_j 时,连一条边 $[x_i, y_j]$,如图 9.4.1 所示.

可用图 9.4.1 中的一条边代表一个工作安排. 例如,边 $[x_1, y_1]$,$[x_2, y_5]$ 分别代表给 x_1 安排工作 y_1 和给 x_2 安排工作 y_5. 若图 9.4.1 中的两条边共一个端点,则两条边对应的工作安排不符合题意. 例如,若同时取边 $[x_1, y_1]$,$[x_2, y_1]$,则表示给 x_1 和 x_2 都安排了工作 y_1,显然矛盾.这样例 1 中的问题就变成了在图 9.4.1 中找 6 条无公共端点的边.

下面我们先给出无向图、二分图以及匹配等相关概念,并讨论其性质.

定义 9.4.1 一个无向图 G 是一个三元组 $G = \langle V(G), E(G), \varphi_G \rangle$,其中 $V(G)$ 是一个非空的结点集合,$E(G)$ 是边集合,φ_G 是从边集合 E 到结点无序偶集合上的函数,称为关联函数.

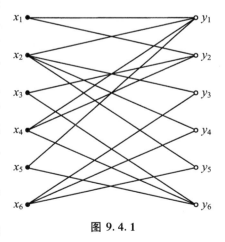

图 9.4.1

例 1 $G = \langle V(G), E(G), \varphi_G \rangle$,其中 $V(G) = \{a, b, c, d\}$,$E(G) = \{e_1, e_2, e_3, e_4, e_5, e_6\}$,$\varphi_G(e_1) = [a, b]$,$\varphi_G(e_2) = [a, c]$,$\varphi_G(e_3) = [b, d]$,$\varphi_G(e_4)$

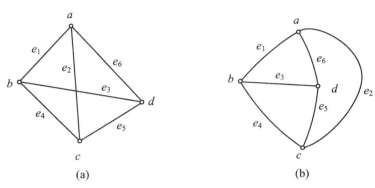

$= [b,c], \varphi_G(e_5) = [d,c], \varphi_G(e_6) = [a,d].$

一个图可用一个图形来表示,称为图的图示.在平面上任取一个点表示图的一个结点,若关联函数将某条边 e 映射到两个结点的无序偶 $\varphi_G(e) = [u,v]$,则在 u,v 对应的两点间连一条边,并将该边标记为 e.例如,例1可图示成图9.4.2中的(a)或(b).

图 9.4.2

若 $\varphi_G(e) = [u,v]$,则称 e 与 u,v **关联**,u,v 也称为边 e 的**端点**.同一条边的两个端点称为相邻,若两条边共一个端点,也称这两条边相邻.

一个图也可以简记为 $G = \langle V,E \rangle$,而将边集合 E 中的元素直接写成结点无序偶的形式.例1可表示为 $G = \langle V,E \rangle, V = \{a,b,c,d\}, E = \{[a,b],[a,c],[b,d],[b,c],[d,c],[a,d]\}.$

定义 9.4.2 若图 $G = \langle V,E \rangle$ 的结点集合存在一个划分 $V = X \bigcup Y, X \neq \varnothing, Y \neq \varnothing, X \bigcap Y = \varnothing$,使得 X 中的任两个结点不相邻,Y 中的任两个结点也不相邻,则称 G 为二分图,记为 $G = \langle X,Y,E \rangle$.

例如,图9.4.1对应的就是二分图 $G = \langle X,Y,E \rangle$,其中 $X = \{x_1,x_2,x_3,x_4, x_5,x_6\}, Y = \{y_1,y_2,y_3,y_4,y_5,y_6\}, E = \{[x_1,y_1],[x_1,y_2],[x_2,y_1],[x_2,y_3], [x_2,y_4],[x_2,y_5],[x_3,y_2],[x_3,y_6],[x_4,y_1],[x_4,y_2],[x_4,y_6],[x_5,y_1],[x_5, y_6],[x_6,y_3],[x_6,y_4],[x_6,y_5]\}.$

对于9.2节所讨论的相异代表系问题,假定给定的集合族为 $A_1,A_2,\cdots,A_n$,构造二分图 $G = \langle X,Y,E \rangle$ 如下

$$X = \{x_1,x_2,\cdots,x_n\},$$
$$Y = A_1 \bigcup A_2 \bigcup \cdots \bigcup A_n,$$
$$E = \{[x_i,y_j] \mid y_j \in A_i, 1 \leqslant i \leqslant n\}.$$

反之,任给一个二分图,可以构造出相异代表系问题的一个集合族.从而相异代表系问题的集合族与二分图一一对应.

例 2　设有集合族 $A_1 = \{1,4\}$, $A_2 = \{1,2,3\}$, $A_3 = \{3,4,5\}$, $A_4 = \{3,4,5\}$. 对应的二分图为 $G = \langle X, Y, E \rangle$,其中, $X = \{x_1, x_2, x_3, x_4\}$, $Y = \{1,2,3,4,5\}$, $E = \{[x_1,1],[x_1,4],\cdots,[x_4,3],[x_4,4],[x_4,5]\}$. 相应的图示如图 9.4.3 所示.

这里 x_i 代表 A_i,然后,将 x_i 与 A_i 中的每个元素连一条边.

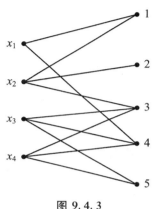

定义 9.4.3　给定二分图 $G = \langle X, Y, E \rangle$, $M \subseteq E$.若 M 中任意二条边都不相邻,则称 M 为 G 的一个**匹配**. M 中边的端点称作被 M **许配**, M 中同一条边的两个端点称作**相配**.若匹配 M 将 G 中所有结点皆许配,则称 M 为 G 的完备匹配.含边最多的匹配称作**最大匹配**.显然,完备匹配是最大匹配,反之未必.

图 9.4.3

例如,在图 9.4.1 对应的二分图中, $M = \{[x_1, y_1], [x_2, y_3], [x_4, y_6]\}$ 就是一个匹配. x_1, x_2, x_4, y_1, y_3, y_6 被 M 许配. x_1 与 y_1 相配, x_2 与 y_3 相配, x_4 与 y_6 相配.

给定相异代表系问题的集合族 $A_1, A_2, \cdots, A_n$,令 $X = \{x_1, x_2, \cdots, x_n\}$, $Y = A_1 \bigcup A_2 \bigcup \cdots \bigcup A_n$,对应的二分图为 $G = \langle X, Y, E \rangle$,则显然有以下结论成立:

(1) 若 $\{[x_{i_1}, y_{j_1}], [x_{i_2}, y_{j_2}], \cdots, [x_{i_k}, y_{j_k}]\}$ 是二分图的一个匹配,则 $y_{j_1}, y_{j_2}, \cdots, y_{j_k}$ 是集合子族 $\{A_{i_1}, A_{i_2}, \cdots, A_{i_k}\}$ 的一个相异代表系.

(2) $\{A_1, A_2, \cdots, A_n\}$ 有相异代表系,当且仅当二分图 G 中有一个 n 条边的匹配,该匹配将 X 中的所有结点都许配.

(3) $\{A_1, A_2, \cdots, A_n\}$ 有相异代表系的最大子集数等于相应二分图中最大匹配中的边数.

定义 9.4.4　给定二分图 $G = \langle X, Y, E \rangle$,结点子集 $S \subseteq X \bigcup Y$.若 E 中每条边都至少有一个端点属于 S,则称 S 为 G 的一个**覆盖**.结点数最少的覆盖称为**最小覆盖**.

例如,在图 9.4.3 所示的图中, $\{x_1, x_2, 3, 4, 5\}$ 为该图的一个覆盖.而 $\{x_1, x_2, x_3, x_4\}$ 为该图的最小覆盖.

定理 9.4.1　设 $G = \langle X, Y, E \rangle$ 为二分图,则 G 的最大匹配中的边数等于其最小覆盖中的结点数.

证明　设 M 是 G 的最大匹配, M 中的边数为 α, Δ 是 G 的最小覆盖, Δ 中的结

点数为 β,因为 M 中任意两条边都没有公共结点,而且 M 中每条边都至少要有一个结点在 Δ 中,所以 $\alpha \leqslant \beta$.

下面证明 $\beta \leqslant \alpha$.

设 $X = \{x_1, x_2, \cdots, x_n\}$,$Y = \{y_1, y_2, \cdots, y_m\}$,令
$$A_i = \{y_j \mid [x_i, y_j] \in E\},$$
则集族 $\{A_1, A_2, \cdots, A_n\}$ 有相异代表系的最大子集数等于 G 的最大匹配中的边数 α.由推论 9.2.1 知,存在正整数 k 以及正整数序列 $i_1, i_2, \cdots, i_k$ $(1 \leqslant i_1 < i_2 < \cdots < i_k \leqslant n)$,使得
$$\mid A_{i_1} \bigcup A_{A_2} \bigcup \cdots \bigcup A_{i_k} \mid + (n - k) = \alpha.$$
现考虑结点集合
$$T = (A_{i_1} \bigcup A_{i_2} \bigcup \cdots \bigcup A_{i_k}) \bigcup (X - \{x_{i_1}, x_{i_2}, \cdots, x_{i_k}\}).$$
任取 E 中的一条边 $[x_i, y_j]$,若 $i \in \{i_1, i_2, \cdots, i_k\}$,设 $i = i_l$ $(1 \leqslant l \leqslant k)$,则 $y_j \in A_{i_l}$,所以 $y_j \in T$;若 $i \notin \{i_1, i_2, \cdots, i_k\}$,则 $x_i \in T$.综上所述,E 中每条边都至少有一个端点属于 T,T 是 G 的一个覆盖.又
$$\begin{aligned} \mid T \mid &= \mid A_{i_1} \bigcup A_{i_2} \bigcup \cdots \bigcup A_{i_k} \mid + \mid X - \{x_{i_1}, x_{i_2}, \cdots, x_{i_k}\} \mid \\ &= \mid A_{i_1} \bigcup A_{i_2} \bigcup \cdots \bigcup A_{i_k} \mid + (n - k) \\ &= \alpha, \end{aligned}$$
从而 T 是 G 的一个具有 α 个结点的覆盖,所以
$$\beta \leqslant \alpha.$$

综上分析,$\alpha = \beta$.

9.5 最大匹配算法

给定了二分图 $G = \langle X, Y, E \rangle$ 的一个匹配 M,我们期望有一个算法,能判断 M 是否是 G 的最大匹配;如果不是,则指导如何修改 M 得到边数更多的匹配.如此下去,最终找到 G 的最大匹配.

我们首先给出交错链的概念,讨论交错链在二分图匹配中的作用,然后再介绍一个最大匹配算法,并证明其正确性.

定义 9.5.1 设在二分图 $G = \langle X, Y, E \rangle$ 中有结点数大于或等于 2 的结点

序列

$$u_0 u_1 u_2 \cdots u_n,$$

满足:

(1) $u_i u_{i+1} \in E\ (i = 0, 1, 2, \cdots, n-1)$;

(2) 除了有可能 $u_0 = u_n$ 外, $u_0, u_1, \cdots, u_n$ 互不相同.

则称该结点序列是一个基本链.

若上述定义中 n 为偶数,则基本链的边数为偶数,此时 u_0, u_n 同属于 X 或同属于 Y;否则,若 n 为奇数,则基本链中的边数为奇数,此时 u_0, u_n 分属于 X 和 Y. 特别地,当 $u_0 = u_n$,且边数大于或等于 4 时,基本链叫作基本回路.

定义 9.5.2 设 M 是二分图 $G = \langle X, Y, E \rangle$ 的一个匹配, $\gamma = u_0 u_1 u_2 \cdots u_{2k+1}$ 是 G 的一个基本链,满足:

(1) $u_{2i} u_{2i+1} \notin M\ (i = 0, 1, \cdots, k)$;

(2) $u_{2i-1} u_{2i} \in M\ (i = 1, 2, \cdots, k)$;

(3) u_0, u_{2k+1} 均不与 M 中的边相关联.

则称 γ 是关于 M 的交错链.

不难看出,在关于 M 的交错链中,不在 M 中的边数比在 M 中的边数多 1. 连接 u, v 结点、长度为 1 的基本链 $\gamma = uv$ 是关于 M 的交错链,当且仅当边 $[u, v] \notin M$,且 u, v 不与 M 中的边相关联.

例 1 设二分图 $G = \langle X, Y, E \rangle$ 如图 9.5.1 所示,以粗线表示匹配 M 的边.

结点序列 $x_2 y_3 x_5 y_5 x_3 y_2$ 是关于 M 的一个交错链. 如果用该交错链中不在 M 中的边 $[x_2, y_3], [x_5, y_5], [x_3, y_2]$ 代替在 M 中的边 $[x_3, y_5], [x_5, y_3]$,构成新的匹配 M',则 M' 的边数比 M 的边数多 1,如图 9.5.2 所示.

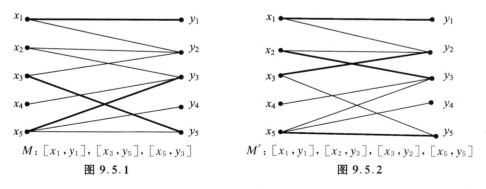

$M: [x_1, y_1], [x_3, y_5], [x_5, y_3]$　　　　$M': [x_1, y_1], [x_2, y_3], [x_3, y_2], [x_5, y_5]$

图 9.5.1　　　　　　　　　　　　图 9.5.2

结点序列 $x_4 y_3 x_2 y_2 x_3 y_5 x_5 y_4$ 是关于 M' 的交错链. 如果用该交错链中不在 M'

中的边$[x_4,y_3]$,$[x_2,y_2]$,$[x_3,y_5]$,$[x_5,y_4]$代替在M'中的边$[x_2,y_3]$,$[x_3,y_2]$,$[x_5,y_5]$,构成新的匹配M'',则M''的边数比M'的边数多1,如图9.5.3所示.

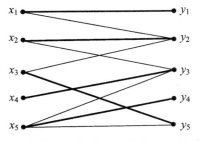

M'':$[x_1,y_1]$,$[x_2,y_2]$,$[x_3,y_5]$,$[x_4,y_3]$,$[x_5,y_4]$

图 9.5.3

M''是该二分图的完备匹配.

定理9.5.1 设M是二分图$G=\langle X,Y,E\rangle$的一个匹配,则M是G的最大匹配,当且仅当G中不存在关于M的交错链.

证明 必要性 用反证法.假设γ是关于M的交错链,令M_0是γ中属于M的边集合,N_0是γ中不属于M的边集合,则显然有$|N_0|=|M_0|+1$.构造新的边集合$M'=(M-M_0)\bigcup N_0$.这里,N_0是交错链γ的所有奇数边,故N_0是二分图G的一个匹配.$M-M_0$是由匹配M中的部分边组成的,它也是G的一个匹配.下面要证明$M-M_0$与N_0中的边没有公共结点.

任取$[x,y]\in N_0$,分两种情况讨论:

(i)$[x,y]$是交错链γ的首边(或尾边),即x(或y)是γ的首(或尾)结点.由交错链的定义知,x(或y)不在M中的边上.而y(或x)是M_0中某边的结点,故y(或x)不是$M-M_0$中边的结点.

(ii)$[x,y]$是交错链γ的中间边.x和y均是M_0中某边的结点,故$[x,y]$与$M-M_0$中的任何边都没有公共结点.

从上面的讨论可以看出,M'是比M边数更多的匹配,这与M是G的最大匹配矛盾.所以,若M是二分图的最大的匹配,则在二分图中不存在关于M的交错链.

充分性 用反证法.假设M^*是比M具有更多边的一个匹配,考虑新的二分图$G'=\langle X,Y,M\bigcup M^*\rangle$.在$G'$中,每个结点至多关联两条边.我们可以把$M$与$M^*$的非公共边集合分解成一些不相交的基本链和基本回路,其中相邻两边不会同在M中或者同在M^*中.由于基本回路中属于M的边数等于属于M^*的边数,所以至少存在一个基本链γ,γ中属于M^*的边数比属于M的边数多1,因

而 γ 就是关于 M 的交错链. 所以, 若不存在关于 M 的交错链, 则 M 必是 G 的最大匹配.

在前面的例 1 中, M' 是比 M 边数更多的匹配. 构造新的二分图 $\langle X, Y, M \bigcup M' \rangle$ 如图 9.5.4 所示, 其中, M 的边用粗线表示, M' 的边用细线表示. $[x_1, y_1]$ 是 M 与 M' 的公共边, $x_2 y_3 x_5 y_5 x_3 y_2$ 为关于 M 的交错链.

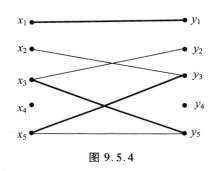

图 9.5.4

由定理 9.5.1, 我们有如下思路: 先找出一个二分图的匹配 M, 要想确定 M 是否是最大匹配, 只需要找关于 M 的交错链. 如果不存在, 则 M 就是最大匹配; 如果找到关于 M 的交错链 γ, 则按照定理 9.5.1 的证明中给出的方法修改 M, 得到比 M 多一条边的匹配 M'.

下面给出具体的算法:

算法 设 $G = \langle X, Y, E \rangle$ 是一个二分图, 其中, $X = \{x_1, x_2, \cdots, x_m\}$, $Y = \{y_1, y_2, \cdots, y_n\}$. M 是该二分图的一个匹配. 首先用 $(*)$ 标记 X 中所有与 M 中的边不相关联的结点, 接下去反复执行下面两步, 直到不能进一步标记为止:

第一步: 对于所有最新标记的结点 x_i, 经由不在 M 中的边, 用 (x_i) 标记该边关联的所有 Y 中的结点. 若 Y 中某个与 x_i 相邻的结点已被标记, 则不再重新标记.

第二步: 对于所有最新标记的结点 y_i, 经由在 M 中的边, 用 (y_i) 标记该边关联的 X 中的结点. 若 X 中某个与 y_i 相邻的结点已被标记, 则不再重新标记.

所谓不能进一步标记, 有如下两种情况:

(1) 在第二步中, 存在最新标记的结点不与 M 中的任何边相关联, 这时叫作在第二步结束. 此时, 从该结点开始, 通过标记回溯到标记为 $(*)$ 的 X 中结点, 得到一条关于匹配 M 的交错链 γ. 用 γ 中不在 M 中的边代替 γ 中在 M 中的边, 再加入不在 γ 中的 M 中的边, 构成新的匹配 M'. 显然, M' 比 M 的边数多 1. 用 M' 重新执行算法.

(2) 在第一步中, 所有新标记的结点或者不关联非 M 的边, 或者经由不在 M 中的边所关联的 Y 中的结点均已被标记, 这时叫作在第一步结束. 此时, 匹配 M 是二分图的最大匹配.

当出现第一步结束时, 有下面的定理:

定理 9.5.2 在上述算法中出现第一步结束时, 令

$$X_1 = \{x_i \mid x_i \in X, \text{且 } x_i \text{ 没有被标记}\},$$
$$Y_1 = \{y_i \mid y_i \in Y, \text{且 } y_i \text{ 被标记}\},$$

则 $S = X_1 \bigcup Y_1$ 覆盖二分图 $G = \langle X, Y, E \rangle$ 的边集合 E，$|S| = |M|$，且 M 是 G 的最大匹配.

证明　先证明结点集合 S 覆盖 E.

用反证法. 假若 S 不覆盖边 $e = [x, y]$，即 $x \in X - X_1, y \in Y - Y_1$. 若 $e \in M$，则 x 是被标记的，而且 $[x, y]$ 是 x 关联的 M 中唯一的边，在算法的第二步中，肯定是从 y 经由该边来标记 x，所以 y 是在 x 被标记前标记的，这与 $y \in Y - Y_1$ 矛盾，故不可能. 若 $e \notin M$，在算法的第一步中，x 被标记过后经由该边用 (x) 标记 y，所以 y 应是被标记的，这与 $y \in Y - Y_1$ 矛盾，故不可能. 这说明连接 $X - X_1$ 和 $Y - Y_1$ 中结点的边不存在，即 $S = X_1 \bigcup Y_1$ 覆盖二分图的所有边.

下面证明 $|S| = |M|$.

任取 $y \in Y_1$，则 y 是被标记过的，并且由于没有发生第二步结束，故 y 关联 M 中一边且只有一边 $[x, y]$. 由算法的第二步，结点 x 得到标记 (y)，从而 $x \notin X_1$.

任取 $x' \in X_1$，则 x' 没有被标记，并且必关联 M 中一边且只有一边 $[x', y']$（否则，在算法开始时 x' 便被标记为 $(*)$）. 由于算法的第二步，y' 肯定未被标记（否则，推出 x' 应被标记），从而 $y' \notin Y_1$.

由上面的分析得知，M 中的边或者以 X_1 中结点为端点，或者以 Y_1 中结点为端点，但没有以 X_1 中结点和 Y_1 中结点为两端点的边，从而得出 $|S| = |M|$. 又由定理 9.5.1 知，M 是二分图 G 的最大匹配.

例 2　在图 9.5.5 所示的二分图中，设初始匹配
$$M = \{[x_2, y_2], [x_3, y_3], [x_4, y_4]\}.$$

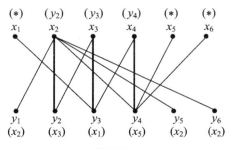

图 9.5.5

利用算法，标记过程如下：

（1）用 $(*)$ 标记 x_1, x_5, x_6；

(2) 用 (x_1) 标记 y_3，用 (x_5) 标记 y_4；

(3) 用 (y_3) 标记 x_3，用 (y_4) 标记 x_4；

(4) 用 (x_3) 标记 y_2；

(5) 用 (y_2) 标记 x_2；

(6) 用 (x_2) 标记 y_1, y_5, y_6.

因为 y_1, y_5, y_6 均不与 M 中的边相关联，选择 y_1，通过标记引导，我们从 y_1 开始得到一条关于 M 的交错链 $y_1 x_2 y_2 x_3 y_3 x_1$. 用该交错链中不在 M 中的边 $[y_1, x_2], [y_2, x_3], [y_3, x_1]$ 代替 M 中的边 $[x_2, y_2], [x_3, y_3]$，则得到该二分图的比 M 多一边的匹配

$$M' = \{[x_1, y_3], [x_2, y_1], [x_3, y_2], [x_4, y_4]\},$$

如图 9.5.6 所示.

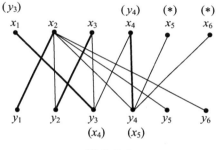

图 9.5.6

再次利用算法，标记过程如下：

(1) 用 $(*)$ 标记 x_5, x_6；

(2) 用 (x_5) 标记 y_4；

(3) 用 (y_4) 标记 x_4；

(4) 用 (x_4) 标记 y_3；

(5) 用 (y_3) 标记 x_1.

在算法的第一步中不能用 (x_1) 标记任何结点，出现第一步结束. 这时

$$X_1 = \{x_2, x_3\}, \quad Y_1 = \{y_3, y_4\}.$$

于是

$$S = \{x_2, x_3, y_3, y_4\}$$

是图 G 的一个覆盖且 $|S| = |M'|$. 故 M' 是该二分图具有最大边数的匹配.

习　　题

1. 确定下列集族中有相异代表系的最大子集数：

(1) $A_1 = \{1,2\}$，$A_2 = \{3,4\}$，$A_3 = \{1,2\}$，$A_4 = \{1\}$，

$A_5 = \{1,2,3,4,5\}$，$A_6 = \{1,2\}$；

(2) $A_1 = \{1,2\}$，$A_2 = \{2,3\}$，$A_3 = \{4,5\}$，$A_4 = \{2,3,4\}$，

$A_5 = \{1,2,3\}$，$A_6 = \{1,3\}$；

(3) $A_1 = \{1,2,3\}$，$A_2 = \{1,2,3\}$，$A_3 = \{1,2,3\}$，$A_4 = \{1,2,3\}$，

$A_5 = \{1,2,3,4,5,6\}$，$A_6 = \{1,2,3,4,5,6\}$；

(4) $A_1 = \{1,2,3\}$，$A_2 = \{2,3\}$，$A_3 = \{2\}$，$A_4 = \{2,5,6\}$，

$A_5 = \{1,5\}$，$A_6 = \{3,6\}$.

2. 设集族 $\{A_1, A_2, \cdots, A_n\}$ 有相异代表系，令 $x \in A_1 \bigcup A_2 \bigcup \cdots \bigcup A_n$，则该集族必有包含 x 的相异代表系.

3. 在二分图 $\langle X, Y, E \rangle$ 中，如果存在正整数 t，使得 X 中每个结点的度数大于或等于 t，Y 中每个结点的度数小于或等于 t，则该二分图有一个匹配 M，使得 X 中每个结点都是 M 中某条边的端点.

4. 设 π_1 和 π_2 分别是集合 S 的两个 r 分划.

(1) 若在 S 中存在 r 个元素同时是 π_1 和 π_2 集族的相异代表系，则充要条件是什么？

(2) 令

$$S = \{1, 2, \cdots, 20\},$$
$$\pi_1 = \{\{1,5,9,13,17\}, \{2,6,10,14,18\},$$
$$\{3,7,11,15,19\}, \{4,8,12,16,20\}\},$$
$$\pi_2 = \{\{1,2,3,5,7,11,13,17,19\}, \{16\},$$
$$\{4,6,9,10,14,15\}, \{8,12,18,20\}\},$$

讨论(1)中的结论，并找出共同的相异代表系.

5. 设 $x_1, x_2, \cdots, x_p$ 是 p 个小伙子，他们认识姑娘的人数逐个增多. $y_1, y_2, \cdots, y_q$ 是 q 个姑娘，她们认识小伙子的人数逐个减少. 如果对任何 k（$1 \leqslant k \leqslant p$），前 k 个小伙子认识姑娘的人数总和超过前 $k-1$ 个姑娘认识小伙子的人数总和. 证明：

每个小伙子都可找到他所认识的姑娘跳舞.

6. 求本题图的完全匹配.

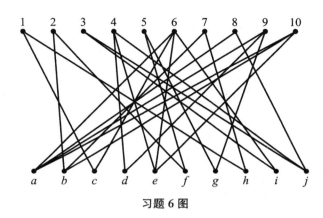

习题 6 图

7. 设有集族 $\{A_1, A_2, \cdots, A_n\}$，对任意非空集合 $J \subseteq \{1, 2, \cdots, n\}$，定义 $A_J = \bigcup_{j \in J} A_j$. 若 $\{A_1, A_2, \cdots, A_n\}$ 满足：对任意非空集合 $J \subseteq \{1, 2, \cdots, n\}$，有 $|A_J| \geqslant |J| + 1$，则对任一 $x \in A_1$，集族 $\{A_1, A_2, \cdots, A_n\}$ 均有一相异代表系，在该代表系中，A_1 的代表元为 x.

8. 证明：集族 $\{A_1, A_2, \cdots, A_n\}$ 的 $2^n - 1$ 个 Hall 条件 $|A_J| \geqslant |J|$（$J \neq \varnothing$）是相互独立的. 即对任一非空集合 $J_0 \subseteq \{1, 2, \cdots, n\}$，存在一个子集族 $\{A_1', A_2', \cdots, A_n'\}$，满足：

(1) $|A_{J_0}'| < |J_0|$；

(2) $|A_J'| \geqslant |J|$（若 $J \neq J_0$）.

9. 集族 $\{A_1, A_2, \cdots, A_n\}$ 有一代表系，且其中每个代表元出现的次数不超过 r 次的充要条件是：对任意 $J \subseteq \{1, 2, \cdots, n\}$，有 $r |A_J| \geqslant |J|$.

10. 矩阵的一行或一列称为矩阵的一条线. 证明：(0,1) 矩阵中，含矩阵中所有 1 的线集合的最小阶数等于没有两个在同一条线上的 1 的最大个数.

11. 设 $A = (a_{ij})_{m \times n}$（$a_{ij} \in \{0, 1\}$，$m \leqslant n$），且矩阵 A 的每一行都有 k 个 1，而每一列中 1 的个数不超过 k，则 $A = P_1 + P_2 + \cdots + P_k$，其中，$P_i$ 也是 $m \times n$ 的 (0,1) 矩阵，每行恰有 1 个 1，每列中 1 的个数不超过 1.

12. 6 个人 a, b, c, d, e, f 组成检查团，检查 5 个单位的工作. 若某单位与检查团中的某一成员有过工作联系，则不许他到该单位去检查工作. 已知第一个单位与 b, c, d 有过联系，第二个单位与 a, e, f，第三个单位与 a, b, e, f，第四个单位与 a，

b,d,f,第五个单位与 a,b,c 有过联系,请列出去各单位检查的人员名单.

13. 证明:从 8×8 的正方形中删去对角上两个 1×1 的小正方形后不能用 1×2 的长方形单层覆盖.

14. 从 8×8 的正方形中取出 16 个格子,使得每行每列含其中的两个格子.证明:将 8 个白球和 8 个黑球放在所选格子中,可使每行每列恰有一个白球、一个黑球.

15. 设二分图 $G=\langle X,Y,E\rangle$ 中每个结点的度数为一个常数 p $(p\geqslant1)$.证明 G 有完备匹配.

16. 设 $A_1,A_2,\cdots,A_n$ 是一个具有相异代表系的集合族,$x\in A_1$.试证明:存在一个相异代表系,使得 x 是某个子集的代表元.举例说明:可能不存在相异代表系,使得 x 是 A_1 的代表元.

17. 考虑带有禁止放棋子位置的 $n\times n$ 棋盘,假定存在正整数 p,使得每一行和每一列都恰有 p 个格子可以放棋子.证明:在棋盘上能够放置 n 个非攻击型车.

18. 给出 $A_1=\{1,2\}$,$A_2=\{2,3\}$,$\cdots$,$A_{n-1}=\{n-1,n\}$,$A_n=\{n,1\}$ 不同的相异代表系的个数.

第 10 章　组 合 设 计

　　组合设计是现代组合论中一个非常重要的分支.该分支的许多课题最初只是一种智力游戏,人们对它们的研究最初也是纯数学的.当生产发展到一定程度,以及其他学科发展过程中都提出了相同或相近的问题时,这些课题与实际相结合,从而使研究工作有了强大的动力,吸引了更多的人关注和参与这些课题的研究,并取得了丰硕的成果.

10.1　两个古老问题

10.1.1　36 名军官问题

　　1782 年,Euler 提出了著名的"36 名军官问题":

　　36 名军官来自 6 个不同的团队,每个团队的 6 名军官分属 6 种不同的军阶.能否让他们排成一个方阵,使每一行、每一列的 6 名军官恰好来自不同的团队,且分属不同的军阶?

　　每一名军官都有两个标志,一个是军阶,一个是所来自的团队.我们用(i,j) $(i,j = 1,2,\cdots,6)$ 表示来自第 i 个团队、军阶为 j 的那名军官.

　　如果只要求所排成的方阵中每行、每列的 6 名军官来自不同的团队,而不管其军阶如何,则所要求的排法相当于用 1,2,3,4,5,6 这 6 个数字排成一个 6×6 的方阵,而在每行、每列中 1,2,3,4,5,6 均出现一次.矩阵

$$\begin{pmatrix} 1 & 2 & 3 & 4 & 5 & 6 \\ 6 & 1 & 2 & 3 & 4 & 5 \\ 5 & 6 & 1 & 2 & 3 & 4 \\ 4 & 5 & 6 & 1 & 2 & 3 \\ 3 & 4 & 5 & 6 & 1 & 2 \\ 2 & 3 & 4 & 5 & 6 & 1 \end{pmatrix}$$

就是一个满足要求的排法.

另一方面,若只要求每行、每列的6名军官有6种不同的军阶,而不管其来自的团队,则有与上面类似的结论.

将上面的讨论推广到由 $1, 2, \cdots, n$ 构成的 $n \times n$ 方阵 $(a_{ij})_{n \times n}$,要求每行、每列中 $1, 2, \cdots, n$ 各出现一次,这样的方阵叫作 **n 阶拉丁方**.

设 $\boldsymbol{A}_1 = (a_{ij}{}^{(1)})_{n \times n}$,$\boldsymbol{A}_2 = (a_{ij}{}^{(2)})_{n \times n}$ 是两个 n 阶拉丁方,若矩阵

$$((a_{ij}{}^{(1)}, a_{ij}{}^{(2)}))_{n \times n}$$

中的 n^2 个数偶 $(a_{ij}{}^{(1)}, a_{ij}{}^{(2)})$ $(i, j = 1, 2, \cdots, n)$ 互不相同,则称 $\boldsymbol{A}_1$ 与 $\boldsymbol{A}_2$ **正交**,或 $\boldsymbol{A}_1$ 与 $\boldsymbol{A}_2$ 是**互相正交的拉丁方**.

例如

$$\boldsymbol{A}_1 = \begin{bmatrix} 1 & 2 & 3 \\ 2 & 3 & 1 \\ 3 & 1 & 2 \end{bmatrix}, \quad \boldsymbol{A}_2 = \begin{bmatrix} 1 & 3 & 2 \\ 2 & 1 & 3 \\ 3 & 2 & 1 \end{bmatrix}$$

都是3阶拉丁方,且

$$\begin{pmatrix} (1,1) & (2,3) & (3,2) \\ (2,2) & (3,1) & (1,3) \\ (3,3) & (1,2) & (2,1) \end{pmatrix}$$

中的9对数偶均不相同,故 $\boldsymbol{A}_1$ 和 $\boldsymbol{A}_2$ 是互相正交的.

36名军官问题实际上就是求一对正交的6阶拉丁方.在10.4节中,我们将看到问题的结论是否定的,原因是不存在6阶正交拉丁方.

拉丁方以及正交拉丁方是有实际意义的.

例如,在某试验田上试种3个品种的小麦,以便确定哪一个品种最适合在当地生长.图10.1.1是4种播种方案,其中,A, B, C 分别表示小麦的3个品种.

在方案 a 和 b 中,如果横向或纵向土质差别较大,则直接影响到试验结果的有效性.方案 c 比方案 a 或 b 要好些,但与方案 d 相比较则略显不足.方案 d 就是一个3阶拉丁方.

a

A	B	C
A	B	C
A	B	C

b

A	A	A
B	B	B
C	C	C

c

A	C	A
C	B	B
B	A	C

d

A	B	C
B	C	A
C	A	B

图 10.1.1

10.1.2　女生问题

1847 年，Kirkman 提出了如下问题：

安排班上 15 名女生散步，散步时 3 名女生一组，共分成 5 组. 问能否在一周内每天安排一次散步，使得任何两名女生恰好在一起散步一次.

若我们称某两人在同一组时为两人的一次相遇，则每天 5 组，每组 3 人散步，故每天共有 $\binom{3}{2} \times 5 = 15$ 次相遇. 15 个人每两人都要相遇一次，应有 $\binom{15}{2} = 105$ 次相遇，所以，若存在一种满足要求的安排，则需要 $\frac{105}{15} = 7$ 天. 事实上，的确存在满足要求的安排，一种满足要求的分组方案见表 10.1.1.

表 10.1.1

第一天	{1,2,5}，{3,14,15}，{4,6,12}，{7,8,11}，{9,10,13}
第二天	{1,3,9}，{2,8,15}，{4,11,13}，{5,12,14}，{6,7,10}
第三天	{1,4,15}，{2,9,11}，{3,10,12}，{5,7,13}，{6,8,14}
第四天	{1,6,11}，{2,7,12}，{3,8,13}，{4,9,14}，{5,10,15}
第五天	{1,8,10}，{2,13,14}，{3,4,7}，{5,6,9}，{11,12,15}
第六天	{1,7,14}，{2,4,10}，{3,5,8}，{6,13,15}，{8,9,12}
第七天	{1,12,13}，{2,3,6}，{4,5,8}，{7,9,15}，{10,11,14}

在实践中经常也会提出与上面类似的问题. 例如，用 15 种饲料对动物做试验，试验分 5 个阶段进行，每个阶段以 3 种饲料的混合物喂养 7 只同类动物. 试验要求：

(1) 对于每只用作试验的动物来说，在 5 个阶段中每种饲料都恰好使用一次；

(2) 考虑到不同饲料间互相作用的因素，希望在整个试验中任何两种饲料都有一次混合在一起来喂养动物.

符合上述要求的安排见表 10.1.2.

表 10.1.2

动　物	阶段 1	阶段 2	阶段 3	阶段 4	阶段 5
第一只	1,2,5	3,14,15	4,6,12	7,8,11	9,10,13
第二只	1,3,9	2,8,15	4,11,13	5,12,14	6,7,10
第三只	1,4,15	2,9,11	3,10,12	5,7,13	6,8,14
第四只	1,6,11	2,7,12	3,8,13	4,9,14	5,10,15
第五只	1,8,10	2,13,14	3,4,7	5,6,9	11,12,15
第六只	1,7,14	2,4,10	3,5,11	6,13,15	8,9,12
第七只	1,12,13	2,3,6	4,5,8	7,9,15	10,11,14

前面两个问题的实际意义都是要设计出符合要求的试验方案,通常称之为"试验设计"或"区组设计".组合数学研究的是设计方法,使得试验数据更加合理而不是分析试验取得的数据并从中得出结论,后者是数理统计问题.

今天,区组设计理论的应用并不仅仅局限在试验设计上,它在安排竞赛以及数字通信等领域中均有着重要的应用.

10.2　平衡不完全区组设计

平衡不完全区组设计是一类基本的设计,它本身有许多重要的特性,又有许多有用的推广应用.

10.2.1　几个基本术语

我们先给出区组设计的一般定义:

定义 10.2.1　设 S 是有限集合,$B_1, B_2, \cdots, B_b$ 是 S 的 b 个子集,则集族
$$\mathscr{B} = \{B_1, B_2, \cdots, B_b\}$$
叫作 S 上的一个区组设计.这里,S 称为基集,$B_1, B_2, \cdots, B_b$ 叫作该设计的区组.

定义 10.2.2　有限集合 S 上的一个完全区组设计是满足一定条件的若干 S 的全排列全体,其中的每个全排列叫作一个区组.

例如,如果矩阵 A 的每行、每列都是 v 元集合 S 的全排列,即 $A = (a_{ij})_{v \times v}$,且

满足

$$a_{ij_1} \neq a_{ij_2} \quad (j_1 \neq j_2),$$
$$a_{i_1,j} \neq a_{i_2,j} \quad (i_1 \neq i_2),$$

则称 A 是 v 阶拉丁方. 拉丁方 A 是 S 上的一个完全区组设计.

定义 10.2.3　设 $S = \{s_1, s_2, \cdots, s_v\}$，$\mathscr{B} = \{B_1, B_2, \cdots, B_b\}$ 是集合 S 上的一个区组设计. 如果 $\mathscr{B}$ 满足条件:

(1) $|B_1| = |B_2| = \cdots = |B_b| = k$;

(2) S 中的任何元素均属于 r 个区组;

(3) S 中任何一对元素均包含在 λ 个区组中.

则称 $\mathscr{B}$ 是平衡不完全区组设计（BIBD），其参数为 (b, v, r, k, λ)，记为 (b, v, r, k, λ)-BIBD.

这里，平衡的含义是: 所有区组的容量 $|B_i|$ ($1 \leqslant i \leqslant b$) 均相同; S 中任意元素在设计中出现的次数均相同; S 中任意一对元素在设计中相遇的次数均相同.

对于 $k = 0, 1, 2, v-2, v-1, v$，平衡不完全区组设计中的其他参数均由 k 完全确定. 例如，当 $k = 1$ 时，区组设计 $\mathscr{B}_1$ 为

$$\mathscr{B}_1 = \{\underbrace{\{s_1\}, \cdots, \{s_1\}}_{r\text{个}}, \underbrace{\{s_2\}, \cdots, \{s_2\}}_{r\text{个}}, \cdots, \underbrace{\{s_v\}, \cdots, \{s_v\}}_{r\text{个}}\},$$

它是 $(rv, v, r, 1, 0)$-BIBD. 当 $k = v-1$ 时，区组设计 $\mathscr{B}_{v-1}$ 为

$$\mathscr{B}_{v-1} = \{\underbrace{S-\{s_1\}, \cdots, S-\{s_1\}}_{t\text{个}}, \underbrace{S-\{s_2\}, \cdots, S-\{s_2\}}_{t\text{个}},$$
$$\cdots, \underbrace{S-\{s_v\}, \cdots, S-\{s_v\}}_{t\text{个}}\},$$

它是 $(vt, v, t(v-1), v-1, t(v-2))$-BIBD. 习题 1 请读者们给出 $k = 2$ 和 $k = v-2$ 时平衡不完全区组设计. 我们称 $k = 0, 1, 2, v-2, v-1, v$ 的平衡不完全区组设计为平凡设计. 以后我们只讨论非平凡区组设计，即 $3 \leqslant k \leqslant v-3$ 的区组设计. 术语"平衡不完全区组设计"中，不完全的含义是 $k < v$.

定义 10.2.4　在 (b, v, r, k, λ)-BIBD 中，如果 $b = v$，$r = k$，则称该设计为对称平衡不完全区组设计，简记为 (v, k, λ)-SBIBD.

10.2.2　关联矩阵及其性质

(b, v, r, k, λ)-BIBD 是 v 元集合 S 的满足一定条件的子集族，关联矩阵是刻画它的有力工具.

令 $\mathscr{B} = \{B_1, B_2, \cdots, B_b\}$ 是 v 元集合 $S = \{s_1, s_2, \cdots, s_v\}$ 上的一个 $(b, v, r, k,$

λ)-BIBD. $b \times v$ 阶$(0,1)$ 矩阵 $\boldsymbol{A} = (a_{ij})_{b\times v}$,其中

$$a_{ij} = \begin{cases} 1 & (s_j \in B_i) \\ 0 & (s_j \notin B_i) \end{cases} \quad (1 \leqslant i \leqslant b, 1 \leqslant j \leqslant v),$$

称为 $\mathscr{B}$ 的关联矩阵.

从 $\mathscr{B}$ 的关联矩阵 $\boldsymbol{A}$ 可以得到(b,v,r,k,λ)-BIBD 诸参数间的一些十分重要的关系.

定理 10.2.1　如果存在(b,v,r,k,λ)-BIBD,则

$$bk = vr \quad 且 \quad \lambda(v-1) = r(k-1).$$

证明　令 $\boldsymbol{A}$ 是(b,v,r,k,λ)-BIBD 的关联矩阵,$\boldsymbol{A} = (a_{ij})_{b\times v}$,则有表 10.2.1 所示的关系.

表 10.2.1

	s_1	s_2	$\cdots$	s_v	$\sum$
B_1	a_{11}	a_{12}	$\cdots$	a_{1v}	k
B_2	a_{21}	a_{22}	$\cdots$	a_{2v}	k
$\vdots$	$\vdots$	$\vdots$	$\vdots$	$\vdots$	$\vdots$
B_b	a_{b1}	a_{b2}	$\cdots$	a_{bv}	k
$\sum$	r	r	$\cdots$	r	$bk = vr$

由表 10.2.1 可以看出,$\boldsymbol{A}$ 中每行有 k 个 1,b 行共有 bk 个 1;$\boldsymbol{A}$ 中每列有 r 个 1,v 列共有 vr 个 1.从而

$$bk = vr.$$

下面证明 $\lambda(v-1) = r(k-1)$,令

$$\boldsymbol{A}_i = \begin{pmatrix} a_{1i} \\ a_{2i} \\ \vdots \\ a_{bi} \end{pmatrix},$$

则

$$\boldsymbol{A} = (\boldsymbol{A}_1 \quad \boldsymbol{A}_2 \quad \cdots \quad \boldsymbol{A}_v).$$

$\boldsymbol{A}_1$ 与 $\boldsymbol{A}_i$ 的内积

$$(\boldsymbol{A}_1, \boldsymbol{A}_i) = \sum_{j=1}^{b} a_{j1} a_{ji} = \lambda \quad (2 \leqslant i \leqslant v),$$

所以

$$(\boldsymbol{A}_1, \boldsymbol{A}_2 + \boldsymbol{A}_3 + \cdots + \boldsymbol{A}_v) = \lambda(v-1).$$

另一方面

$$a_{i2} + a_{i3} + \cdots + a_{iv} = \begin{cases} k & (a_{i1} = 0), \\ k-1 & (a_{i1} = 1), \end{cases}$$

而 $\boldsymbol{A}_1$ 中有 r 个 1,所以

$$(\boldsymbol{A}_1, \boldsymbol{A}_2 + \boldsymbol{A}_3 + \cdots + \boldsymbol{A}_v) = \sum_{\substack{a_{i1}=1 \\ (1 \leqslant i \leqslant b)}} (k-1) = r(k-1).$$

由此得出

$$\lambda(v-1) = r(k-1).$$

由上述关系式可以推出 S 中各元素出现的区组数 r 均等于 $\dfrac{\lambda(v-1)}{k-1}$,即 r 由 v, k, λ 唯一确定. 于是,在平衡不完全区组设计的定义中,(2)可以删去,因为它是 (1)与(3)的推论.

事实上,也可以通过平衡不完全区组设计的定义来说明定理 10.2.1 的正确性.

由定义知,S 中每个元素属于 r 个区组,即每个元素在所有的区组中共出现 r 次,S 中有 v 个元素,S 中所有元素在所有区组中出现的总次数为 vr. 另一方面,每个区组中有 k 个元素,共 b 个区组,故所有元素出现的次数也等于 bk. 所以 $bk = vr$.

任取一个元素 $s_i \in S$,比如说 s_1. s_1 与每个 s_i（$i \neq 1$）在所有区组中同时出现 λ 次,故 s_1 与 s_2,s_1 与 s_3,$\cdots\cdots$,s_1 与 s_v 在所有区组中同时出现的次数之和为 $\lambda(v-1)$. 另一方面,s_1 在 r 个区组中,每个区组有 k 个元素,s_1 与其所在的某个区组中的其他元素各同时出现一次,共同时出现 $k-1$ 次. 在 r 个区组中,则共同时出现 $r(k-1)$ 次,所以 $\lambda(v-1) = r(k-1)$.

定理 10.2.2 设 $\boldsymbol{A}$ 是 $b \times v$ 阶 $(0,1)$ 矩阵. $\boldsymbol{A}$ 是一个 (b, v, r, k, λ)-BIBD 的关联矩阵,当且仅当 $\boldsymbol{A}$ 满足

$$\boldsymbol{A}^{\mathrm{T}}\boldsymbol{A} = (r-\lambda)\boldsymbol{I}_v + \lambda \boldsymbol{J}_v \quad \text{和} \quad \boldsymbol{A}\boldsymbol{W}_v = k\boldsymbol{W}_b,$$

其中

$$\boldsymbol{I}_v = \begin{pmatrix} 1 & 0 & \cdots & 0 \\ 0 & 1 & \cdots & 0 \\ \vdots & \vdots & \vdots & \vdots \\ 0 & 0 & \cdots & 1 \end{pmatrix}_{v \times v},$$

$$\boldsymbol{J}_v = \begin{pmatrix} 1 & \cdots & 1 \\ \vdots & \vdots & \vdots \\ 1 & \cdots & 1 \end{pmatrix}_{v \times v},$$

$$W_b = \begin{pmatrix} 1 \\ \vdots \\ 1 \end{pmatrix}_{b \times 1} .$$

证明 设 A 是 v 元集合 S 上的 (b,v,r,k,λ)-BIBD $\mathscr{B} = \{B_1, B_2, \cdots, B_b\}$ 的关联矩阵. 令

$$A = (A_1 \quad A_2 \quad \cdots \quad A_v),$$

其中, A_i 表示 A 的第 i 列,则

$$A^{\mathrm{T}}A = \begin{pmatrix} (A_1, A_1) & (A_1, A_2) & \cdots & (A_1, A_v) \\ (A_2, A_1) & (A_2, A_2) & \cdots & (A_2, A_v) \\ \vdots & \vdots & \vdots & \vdots \\ (A_v, A_1) & (A_v, A_2) & \cdots & (A_v, A_v) \end{pmatrix} .$$

$A^{\mathrm{T}}A$ 中对角线上的元素 (A_i, A_i) 是 S 中元素 s_i 在 $\mathscr{B}$ 的各区组中出现的次数 r. 对于 $i \neq j$, (A_i, A_j) 是 S 的二元子集 $\{s_i, s_j\}$ 在 $\mathscr{B}$ 的各区组中出现的次数 λ. 所以

$$A^{\mathrm{T}}A = \begin{pmatrix} r & \lambda & \lambda & \cdots & \lambda \\ \lambda & r & \lambda & \cdots & \lambda \\ \lambda & \lambda & r & \cdots & \lambda \\ \vdots & \vdots & \vdots & \vdots & \vdots \\ \lambda & \lambda & \lambda & \cdots & r \end{pmatrix} = (r - \lambda)I_v + \lambda J_v .$$

又 AW_v 的第 i 个元素是 B_i 中的元素个数 k,所以

$$AW_v = A \begin{pmatrix} 1 \\ 1 \\ \vdots \\ 1 \end{pmatrix} = \begin{pmatrix} k \\ k \\ \vdots \\ k \end{pmatrix} = kW_b .$$

反过来,若

$$A^{\mathrm{T}}A = (r - \lambda)I_v + \lambda J_v = \begin{pmatrix} r & \lambda & \lambda & \cdots & \lambda \\ \lambda & r & \lambda & \cdots & \lambda \\ \lambda & \lambda & r & \cdots & \lambda \\ \vdots & \vdots & \vdots & \vdots & \vdots \\ \lambda & \lambda & \lambda & \cdots & r \end{pmatrix} ,$$

说明 A 的每列中有 r 个 1. 又由 $AW_v = kW_b$ 知, A 的每行中有 k 个 1. 令 $S = \{s_1, s_2, \cdots, s_n\}$,定义 S 上的区组设计 $\mathscr{B} = \{B_1, B_2, \cdots, B_b\}$ 为

$$B_i = \{s_j \mid a_{ij} = 1, 1 \leqslant j \leqslant v\} \quad (1 \leqslant i \leqslant b).$$

则显然 $|B_i| = k$,并且 $\{s_i, s_j\}$ 在 λ 个区组中, s_i 在 r 个区组中. 综合上述分析,可

知 $\mathcal{B}$ 是 S 上的 (b,v,r,k,λ)-BIBD,且 A 是 $\mathcal{B}$ 的关联矩阵.

由定理 10.2.2 推出

$$
|A^{\mathrm{T}}A| = \begin{vmatrix} r & \lambda & \lambda & \cdots & \lambda \\ \lambda & r & \lambda & \cdots & \lambda \\ \lambda & \lambda & r & \cdots & \lambda \\ \vdots & \vdots & \vdots & \vdots & \vdots \\ \lambda & \lambda & \lambda & \cdots & r \end{vmatrix}
$$

$$
= \begin{vmatrix} r & \lambda-r & \lambda-r & \cdots & \lambda-r \\ \lambda & r-\lambda & 0 & \cdots & 0 \\ \vdots & \vdots & \vdots & & \vdots \\ \lambda & 0 & 0 & \cdots & r-\lambda \end{vmatrix}
$$

$$
= \begin{vmatrix} r+(v-1)\lambda & 0 & 0 & \cdots & 0 \\ \lambda & r-\lambda & 0 & \cdots & 0 \\ \lambda & 0 & 0 & \cdots & 0 \\ \vdots & \vdots & \vdots & \vdots & \vdots \\ \lambda & 0 & 0 & \cdots & r-\lambda \end{vmatrix}
$$

$$
= [r+(v-1)\lambda](r-\lambda)^{v-1}.
$$

对于非平凡区组设计,显然 $r \neq \lambda$(否则,由 $r=\lambda$ 以及等式 $\lambda(v-1)=r(k-1)$ 可推出 $k=v$,$\mathcal{B}$ 是平凡设计),故 $|A^{\mathrm{T}}A| \neq 0$.

定理 10.2.3　如果 (b,v,r,k,λ)-BIBD 存在,则 $b \geqslant v$,$r \geqslant k$.

证明　对于非平凡设计 $\mathcal{B}$ 的关联矩阵 A,$|A^{\mathrm{T}}A| \neq 0$,即 $A^{\mathrm{T}}A$ 的秩为 v.由于 $A^{\mathrm{T}}A$ 的秩小于或等于 A^{T}(或 A)的秩,而后者小于等于 $\min(v,b)$,于是 $v \leqslant b$.在定理 10.2.1 中已经证明 $bk=vr$,由 $v \leqslant b$ 又可推出 $r \geqslant k$.

一个 (b,v,r,k,λ)-BIBD 的关联矩阵 A 的补 $\bar{A}=J_{b\times v}-A$ 也是 $(0,1)$ 矩阵,且有

$$
\begin{aligned}
\bar{A}^{\mathrm{T}}\bar{A} &= (J_{b\times v}-A)^{\mathrm{T}}(J_{b\times v}-A) \\
&= (J_{v\times b}-A^{\mathrm{T}})(J_{b\times v}-A) \\
&= bJ_v - J_{v\times b}A - A^{\mathrm{T}}J_{b\times v} + A^{\mathrm{T}}A \\
&= bJ_v - rJ_v - rJ_v + (r-\lambda)I_v + \lambda J_v \\
&= (r-\lambda)I_v + (b-2r+\lambda)J_v,
\end{aligned}
$$

$$
\begin{aligned}
\bar{A}W_v &= (J_{b\times v}-A)W_v \\
&= vW_b - kW_b
\end{aligned}
$$

$$= (v - k)\boldsymbol{W}_b.$$

由定理 10.2.2 知,$\overline{\boldsymbol{A}}$ 是 $(b, v, b - r, v - k, b - 2r + \lambda)$-BIBD 的关联矩阵. 我们称 $(b, v, b - r, v - k, b - 2r + \lambda)$-BIBD 是 (b, v, r, k, λ)-BIBD 的补设计. 设基集为 $S, \boldsymbol{A}$ 为 (b, v, r, k, λ)-BIBD 的关联矩阵, 相应的 BIBD 为 $\mathscr{B} = \{\boldsymbol{B}_1, \boldsymbol{B}_2, \cdots, \boldsymbol{B}_b\}$, 则 $\mathscr{B}$ 的补设计为 $\overline{\mathscr{B}} = \{S - \boldsymbol{B}_1, S - \boldsymbol{B}_2, \cdots, S - \boldsymbol{B}_b\}$. 这两个互补的设计中, 必有一个设计的区组容量 $k \leqslant \dfrac{v}{2}$. 所以, 在构造 (b, v, r, k, λ)-BIBD 表时, 只需列出 $k \leqslant \dfrac{v}{2}$ 的那些设计就可以了.

前面讲过, 平衡不完全区组设计中, 当 $b = v, r = k$ 时称为对称平衡不完全区组设计. 由定理 10.2.1 和定理 10.2.2 可立即得到:

定理 10.2.4 如果存在 (v, k, λ)-SBIBD, 其关联矩阵为 $\boldsymbol{A}$, 那么:

(1) $\lambda(v - 1) = k(k - 1)$;

(2) $\boldsymbol{A}^{\mathrm{T}}\boldsymbol{A} = (k - \lambda)\boldsymbol{I}_v + \lambda\boldsymbol{J}_v$;

(3) $\boldsymbol{A}\boldsymbol{W}_v = k\boldsymbol{W}_v$;

(4) 如果 $2 \mid v$, 则 $k - \lambda$ 是一个完全平方数.

证明 前 3 个结论由定理 10.2.1 与定理 10.2.2 可知其成立, 这里只需证明 (4). 由定理 10.2.2 知

$$\begin{aligned} |\boldsymbol{A}^{\mathrm{T}}\boldsymbol{A}| &= [r + (v - 1)\lambda](r - \lambda)^{v-1} \\ &= [k + k(k - 1)](k - \lambda)^{v-1} \\ &= k^2(k - \lambda)^{v-2} \cdot (k - \lambda), \end{aligned}$$

而等号左边的 $\boldsymbol{A}$ 是 $v \times v$ 方阵, $|\boldsymbol{A}|^2 = |\boldsymbol{A}^{\mathrm{T}}\boldsymbol{A}|$. 当 $2 \mid v$ 时, 由上式推出 $k - \lambda$ 必是完全平方数.

利用定理 10.2.4 的结论, 可以判断某些参数的对称平衡不完全区组设计不存在.

例如, $(400, 57, 7)$-SBIBD 和 $(400, 133, 44)$-SBIBD 是不存在的. 前者 $v = 400, k = 57, \lambda = 7$, 于是 $\lambda(v - 1) = 2\,793, k(k - 1) = 3\,192$, 因而 $\lambda(v - 1) \neq k(k - 1)$. 而后者 $v = 400, k = 133, \lambda = 44$, 虽然 $\lambda(v - 1) = k(k - 1) = 17\,556$, 但有 $2 \mid 400$, 而 $k - \lambda = 89$ 不是完全平方数.

定理 10.2.5 设 $\mathscr{B} = \{B_1, B_2, \cdots, B_v\}$ 是 (v, k, λ)-SBIBD, 则对于任何 $1 \leqslant i < j \leqslant v$, 有 $|B_i \bigcap B_j| = \lambda$.

证明 $\mathscr{B} = \{B_1, B_2, \cdots, B_v\}$ 是 (v, k, λ)-SBIBD, 由定理 10.2.4 知, 它的关联矩阵 $\boldsymbol{A}$ 满足

$$| \boldsymbol{A} |^2 = k^2 (k - \lambda)^{v-1} \neq 0,$$

即 $\boldsymbol{A}$ 是可逆方阵. 由 $\boldsymbol{A}$ 的定义可知, $\boldsymbol{A}$ 的每行、每列都有 k 个 1, 所以

$$\boldsymbol{A}\boldsymbol{J}_v = \boldsymbol{J}_v \boldsymbol{A} = k\boldsymbol{J}_v$$

令 $\boldsymbol{A}$ 的逆为 $\boldsymbol{A}^{-1}$, 则有

$$\boldsymbol{A}\boldsymbol{J}_v \boldsymbol{A}^{-1} = \boldsymbol{J}_v.$$

于是

$$\begin{aligned}
\boldsymbol{A}\boldsymbol{A}^{\mathrm{T}} &= (\boldsymbol{A}\boldsymbol{A}^{\mathrm{T}})(\boldsymbol{A}\boldsymbol{A}^{-1}) = \boldsymbol{A}(\boldsymbol{A}^{\mathrm{T}}\boldsymbol{A})\boldsymbol{A}^{-1} \\
&= \boldsymbol{A}\big[(k - \lambda)\boldsymbol{I}_v + \lambda\boldsymbol{J}_v\big]\boldsymbol{A}^{-1} \\
&= (k - \lambda)\boldsymbol{I}_v + \lambda\boldsymbol{J}_v \\
&= \begin{pmatrix}
k & \lambda & \lambda & \cdots & \lambda \\
\lambda & k & \lambda & \cdots & \lambda \\
\lambda & \lambda & k & \cdots & \lambda \\
\vdots & \vdots & \vdots & \vdots & \vdots \\
\lambda & \lambda & \lambda & \cdots & k
\end{pmatrix}.
\end{aligned}$$

这表明 $\boldsymbol{A}$ 的任意两行的内积为 λ, 即 $\mathscr{B}$ 的两个不同区组恰好有 λ 个公共元素.

实际上, (v, k, λ)-SBIBD 可以等价地定义为:

定义 10.2.5 设 $\mathscr{B} = \{B_1, B_2, \cdots, B_v\}$ 是 v 元集合 S 上的一个区组设计, 如果 $\mathscr{B}$ 满足条件:

(1) S 中每个元素所属的 $\mathscr{B}$ 中区组数目相同(为 k);

(2) $\mathscr{B}$ 中包含 S 的任意二元子集的区组个数相同(为 λ).

则 $\mathscr{B}$ 是 S 上的 (v, k, λ)-SBIBD.

设 $\mathscr{B} = \{B_1, B_2, \cdots, B_v\}$ 是 v 元集合 $S = \{s_1, s_2, \cdots, s_v\}$ 上的一个 (v, k, λ)-SBIBD. 另有一个 v 元集合 $S' = \{s_1', s_2', \cdots, s_v'\}$, 定义

$$B_i' = \{s_j' \mid s_i \in B_j\} \quad (1 \leqslant i, j \leqslant v),$$

则 $\mathscr{B}' = \{B_1', B_2', \cdots, B_v'\}$ 是 S' 上的 (v, k, λ)-SBIBD, 并且称 $\mathscr{B}'$ 是 $\mathscr{B}$ 的对偶设计, $\mathscr{B}$ 称为 $\mathscr{B}'$ 的原设计. 我们任取 $B_j = \{s_{i_1}, s_{i_2}, \cdots, s_{i_k}\}$, 它意味着 S' 中元素 s_j' 在 $B_{i_1}', B_{i_2}', \cdots, B_{i_k}'$ 中 $(1 \leqslant j \leqslant v)$, 即 S' 中每个元素在 $\mathscr{B}'$ 的 k 个区组中. 任取 $\mathscr{B}$ 的两个区组 B_{i_1}, B_{i_2}, 由定理 10.2.5 知 B_{i_1} 与 B_{i_2} 恰有 λ 个公共元素 $s_{j_1}, s_{j_2}, \cdots, s_{j_\lambda}$. 这表明 S' 的二元子集 $\{s_{i_1}', s_{i_2}'\}$ 恰好包含在 $\mathscr{B}'$ 的 λ 个区组 $B_{j_1}', B_{j_2}', \cdots, B_{j_\lambda}'$ 中 $(1 \leqslant i_1, i_2 \leqslant v)$. 综合以上分析, $\mathscr{B}'$ 是 S' 上的 (v, k, λ)-SBIBD.

事实上, 对偶设计的关联矩阵是原设计关联矩阵的转置.

定理 10.2.6 设 $\mathscr{B} = \{B_1, B_2, \cdots, B_v\}$ 是 v 元集合 S 上的一个 (v, k, λ)-SBIBD. 取定 j, 令 $B_i' = B_j \bigcap B_i$ $(1 \leqslant i \leqslant v, i \neq j)$, 则

$$\mathscr{B}' = \{B_1{}', \cdots, B_{j-1}{}', B_{j+1}{}', \cdots, B_v{}'\}$$

是 B_j 上的一个 $(v-1, k, k-1, \lambda, \lambda-1)$-BIBD. 称 $\mathscr{B}'$ 是 $\mathscr{B}$ 的导出设计.

证明 $\mathscr{B}'$ 中有 $v-1$ 个区组, 对任意 i $(1 \leqslant i \leqslant v, i \neq j)$, $B_i{}' \subseteq B_j$, 且 $|B_i{}'| = |B_j \cap B_i| = \lambda$, 即 $\mathscr{B}'$ 的每个区组中有 λ 个元素. B_j 中的每个元素出现在 $\mathscr{B}$ 的 k 个区组中, 而 $B_j \notin \mathscr{B}'$, 故它们出现在 $\mathscr{B}'$ 的 $k-1$ 个区组中. B_j 中的每对元素出现在 $\mathscr{B}$ 的 λ 个区组中, 而 $B_j \notin \mathscr{B}'$, 故它们出现在 $\mathscr{B}'$ 的 $\lambda-1$ 个区组中. 从而, $\mathscr{B}'$ 是 B_j 上的 $(v-1, k, k-1, \lambda, \lambda-1)$-BIBD.

定理 10.2.7 设 $\mathscr{B} = \{B_1, B_2, \cdots, B_v\}$ 是 v 元集合 S 上的一个 (v, k, λ)-SBIBD. 取定 j, 令

$$\mathscr{B}'' = \{B_1 - B_j, \cdots, B_{j-1} - B_j, B_{j+1} - B_j, \cdots, B_v - B_j\},$$

则 $\mathscr{B}''$ 是 $S - B_j$ 上的一个 $(v-1, v-k, k, k-\lambda, \lambda)$-BIBD. 称 $\mathscr{B}''$ 为 $\mathscr{B}$ 的剩余设计.

证明 $\mathscr{B}''$ 中有 $v-1$ 个区组, 区组中的元素取自集合 $S - B_j$, 且 $|S - B_j| = v - k$. 由于 $|B_i \cap B_j| = \lambda$, 所以 $|B_i - B_j| = k - \lambda$ $(1 \leqslant i \leqslant v, i \neq j)$, 即 $\mathscr{B}''$ 的每个区组容量为 $k - \lambda$. $S - B_j$ 中的任意元素 s_i 恰好在 $\mathscr{B}$ 的 k 个区组 $B_{i_1}, B_{i_2}, \cdots, B_{i_k}$ 中 $(i_l \neq j, 1 \leqslant l \leqslant k)$, 故 s_i 在 $\mathscr{B}''$ 的 $B_{i_1} - B_j, B_{i_2} - B_j, \cdots, B_{i_k} - B_j$ 中. 同样地, $S - B_j$ 中的任意一对元素恰好在 $\mathscr{B}$ 的 λ 个区组中, 故它们也恰好在 $\mathscr{B}''$ 的 λ 个区组中. 从而, $\mathscr{B}''$ 是 $S - B_j$ 上的一个 $(v-1, v-k, k, k-\lambda, \lambda)$-BIBD.

上面两个定理还可以从另外一个角度加以证明. 令 $S = \{s_1, s_2, \cdots, s_v\}$, S 上的 (v, k, λ)-SBIBD $\mathscr{B} = \{B_1, B_2, \cdots, B_v\}$. 不失一般性, 令 $B_1 = \{s_1, s_2, \cdots, s_k\}$, 则 $\mathscr{B}$ 的关联矩阵 $\boldsymbol{A}$ 以及 $\boldsymbol{A}^{\mathrm{T}}\boldsymbol{A}$ 和 $\boldsymbol{A}\boldsymbol{A}^{\mathrm{T}}$ 分别为

$$\boldsymbol{A} = \begin{pmatrix} 1 & 1 & \cdots & 1 & 0 & 0 & \cdots & 0 \\ & \boldsymbol{A_1}_{(v-1)\times k} & & & & \boldsymbol{A_2}_{(v-1)\times(v-k)} & \end{pmatrix},$$

$$\boldsymbol{A}^{\mathrm{T}}\boldsymbol{A} = \begin{pmatrix} \begin{pmatrix} 1 \\ 1 \\ \vdots \\ 1 \end{pmatrix} (1 \ 1 \ \cdots \ 1) + \boldsymbol{A_1}^{\mathrm{T}}\boldsymbol{A_1} & \boldsymbol{A_1}^{\mathrm{T}}\boldsymbol{A_2} \\ \boldsymbol{A_2}^{\mathrm{T}}\boldsymbol{A_1} & \boldsymbol{A_2}^{\mathrm{T}}\boldsymbol{A_2} \end{pmatrix},$$

$$\boldsymbol{A}\boldsymbol{A}^{\mathrm{T}} = \begin{pmatrix} k & (1 \ 1 \ \cdots \ 1)\boldsymbol{A_1}^{\mathrm{T}} \\ \boldsymbol{A_1}\begin{pmatrix} 1 \\ 1 \\ \vdots \\ 1 \end{pmatrix} & \boldsymbol{A_1}\boldsymbol{A_1}^{\mathrm{T}} + \boldsymbol{A_2}\boldsymbol{A_2}^{\mathrm{T}} \end{pmatrix}.$$

由此得出

$$\begin{cases} \boldsymbol{A}_1^{\mathrm{T}}\boldsymbol{A}_1 = \big[(k-1)-(\lambda-1)\big]\boldsymbol{I}_k + (\lambda-1)\boldsymbol{J}_k, \\ \boldsymbol{A}_1\boldsymbol{W}_k = \lambda\boldsymbol{W}_{v-1} \end{cases}$$

和

$$\begin{cases} \boldsymbol{A}_2^{\mathrm{T}}\boldsymbol{A}_2 = (k-\lambda)\boldsymbol{I}_{v-k} + \lambda\boldsymbol{J}_{v-k}, \\ \boldsymbol{A}_2\boldsymbol{W}_{v-k} = (k-\lambda)\boldsymbol{W}_{v-1}. \end{cases}$$

由 $\boldsymbol{A}$ 看出, $\boldsymbol{A}_1$ 是在 B_1 上 $\mathscr{B}$ 的导出设计的关联矩阵, $\boldsymbol{A}_2$ 是在 $S-B_1$ 上 $\mathscr{B}$ 的剩余设计的关联矩阵. 再由上述各式及定理 10.2.2 知, $\mathscr{B}$ 的导出设计的参数为 $(v-1,k,k-1,\lambda,\lambda-1)$, $\mathscr{B}$ 的剩余设计的参数为 $(v-1,v-k,k,k-\lambda,\lambda)$.

10.2.3　三连系

在本节开始, 我们曾指出 $k=1,2$ 的平衡不完全区组设计是平凡的设计. 在非平凡设计中, k 的最小值为 3, 我们特别称这种设计为**三连系**. 在 $(b,v,r,3,\lambda)$-BIBD 中, 由 $\lambda(v-1)=r(k-1)$ 和 $bk=vr$ 可推出

$$r = \frac{\lambda(v-1)}{2}, \quad b = \frac{\lambda v(v-1)}{6}.$$

由于 r,b 均为整数, 由上式知存在三连系的必要条件是

$$\lambda(v-1) \equiv 0 \pmod 2, \tag{10.2.1}$$
$$\lambda v(v-1) \equiv 0 \pmod 6, \tag{10.2.2}$$
$$v \geqslant k = 3.$$

特别地, $\lambda=1$ 的三连系叫作 **Steiner 三连系**. 对于 Steiner 三连系, 参数 r 和 b 完全由 v 决定, 即

$$r = \frac{v-1}{2}, \quad b = \frac{v(v-1)}{6}.$$

我们称它为 v **阶 Steiner 三连系**, 并记为 $\mathrm{ST}(v)$. 因为 $\lambda=1$, 由式 (10.2.1) 可知, $v \equiv 1 \pmod 2$. 由式 (10.2.2) 与 $v \equiv 1 \pmod 2$ 则可推出 $3 \mid v$ 或 $3 \mid (v-1)$, 即 $v \equiv 1$ 或 $3 \pmod 6$. 这说明 v 阶三连系存在的必要条件是 $v \equiv 1$ 或 $3 \pmod 6$. 实际上, 可以证明它也是 $\mathrm{ST}(v)$ 存在的充分条件.

如果 $\mathrm{ST}(v)$ 中的所有区组能分成若干平行类, 使得每个平行类都是基集 S 的一个分划, 那么我们称 $\mathrm{ST}(v)$ 是可分解的. 10.1 节中介绍的 Kirkman 女生问题就是一个可分解的 $\mathrm{ST}(15)$, 每一天中的 5 个区组构成一个类. 可以证明, 可分解 $\mathrm{ST}(v)$ 存在的充要条件是 $v \equiv 3 \pmod 6$.

下面的任务是构造 $\mathrm{ST}(v)$.

当 $v = 3$ 时,$r = b = 1$,$S = \{1,2,3\}$,此时
$$ST(3) = \{\{1,2,3\}\}.$$

当 $v = 7$ 时,$r = 3$,$b = 7$,$S = \{1,2,3,4,5,6,7\}$.由于1与2,3,4,5,6,7各相遇一次,故区组中可包括
$$\{1,2,3\}, \quad \{1,4,5\}, \quad \{1,6,7\}. \tag{10.2.3}$$
在其他区组中,2应该与4,5,6,7各相遇一次,但是4与5,6与7已经在式(10.2.3)的区组中相遇过,所以包含2的新区组只能是
$$\{2,4,6\}, \quad \{2,5,7\}. \tag{10.2.4}$$
在其他区组中,3应该与4,5,6,7各相遇一次,考虑到式(10.2.3)和式(10.2.4)中4与5和6,7与5和6已相遇过,故应有
$$\{3,4,7\}, \quad \{3,5,6\}. \tag{10.2.5}$$
容易验证
$$\{\{1,2,3\}, \{1,4,5\}, \{1,6,7\}, \{2,4,6\},$$
$$\{2,5,7\}, \{3,4,7\}, \{3,5,6\}\}$$
为 $ST(7)$,并且在同构意义下是唯一的.

对于一般的 $v \equiv 1$ 或 $3 \pmod 6$,求出互不同构的 v 阶 Steiner 三连系的个数十分困难,迄今尚无有效的方法.下面的定理10.2.8给出了一种递归设计 Steiner 三连系的方法.

定理 10.2.8　若存在 $ST(v_1)$ 和 $ST(v_2)$,则存在 $ST(v_1 v_2)$.

证明　由于 $ST(v_1)$,$ST(v_2)$ 存在,故有 $v_1 \equiv 1$ 或 $3 \pmod 6$,且 $v_2 \equiv 1$ 或 $3 \pmod 6$,从而推出 $v_1 v_2 \equiv 1$ 或 $3 \pmod 6$,所以 $ST(v_1 v_2)$ 存在.$ST(v_1 v_2)$ 中应有 $\frac{1}{6} v_1 v_2 (v_1 v_2 - 1)$ 个区组,每个元素出现在 $\frac{1}{2}(v_1 v_2 - 1)$ 个区组中.

令 $\mathscr{B}_1$ 是基集 $S_1 = \{a_1, a_2, \cdots, a_{v_1}\}$ 上的 $ST(v_1)$,则 $\mathscr{B}_1$ 中有 $\frac{1}{6} v_1 (v_1 - 1)$ 个区组,即 $|\mathscr{B}_1| = \frac{1}{6} v_1 (v_1 - 1)$.又令 $\mathscr{B}_2$ 是基集 $S_2 = \{b_1, b_2, \cdots, b_{v_2}\}$ 上的 $ST(v_2)$,则 $\mathscr{B}_2$ 中有 $\frac{1}{6} v_2 (v_2 - 1)$ 个区组,即 $|\mathscr{B}_2| = \frac{1}{6} v_2 (v_2 - 1)$.

从 $\mathscr{B}_1$ 和 $\mathscr{B}_2$ 可以设计出 $ST(v_1 v_2)$.下面给出设计方法,设
$$S = \{c_{11}, c_{12}, \cdots, c_{1 v_1}, \cdots, c_{v_2 1}, c_{v_2 2}, \cdots, c_{v_2 v_1}\},$$
按照以下3种方式定义 $ST(v_1 v_2)$ 中的3元组 $\{c_{ir}, c_{js}, c_{kt}\} \in \mathscr{B}$:

(1) $r = s = t$,且 $\{a_i, a_j, a_k\} \in \mathscr{B}_1$;

(2) $i = j = k$,且 $\{b_r, b_s, b_t\} \in \mathscr{B}_2$;

(3) $\{a_i, a_j, a_k\} \in \mathscr{B}_1$，且 $\{b_r, b_s, b_t\} \in \mathscr{B}_2$.

则 $\mathscr{B}$ 的 $\frac{1}{6} v_1 v_2 (v_1 v_2 - 1)$ 个区组中，类型(1)～(3)的区组分别有 $\frac{1}{6} v_1 v_2 (v_1 - 1)$，

$\frac{1}{6} v_1 v_2 (v_2 - 1)$ 和 $\frac{1}{6} v_1 (v_1 - 1) v_2 (v_2 - 1)$ 个.

下面证明 S 的任何一对元素 $\{c_{ir}, c_{js}\}$ 只出现在一个区组中. 对于 $\{c_{ir}, c_{js}\}$，有如下 3 种情况：

(1) $r = s, i \neq j$. 在 $\mathscr{B}_1$ 中，包含 $\{a_i, a_j\}$ 的区组 $\{a_i, a_j, a_k\}$ 是唯一的，由此确定出 k. 令 $t = r = s$，则 $\mathscr{B}$ 中的区组 $\{c_{ir}, c_{js}, c_{kt}\}$ 是包含 $\{c_{ir}, c_{js}\}$ 的唯一区组.

(2) $i = j, r \neq s$. 对 $\mathscr{B}_2$ 作上述同样讨论.

(3) $r \neq s, i \neq j$. 在 $\mathscr{B}_1$ 中包含 $\{a_i, a_j\}$ 的区组 $\{a_i, a_j, a_k\}$ 是唯一的，在 $\mathscr{B}_2$ 中包含 $\{b_r, b_s\}$ 的区组 $\{b_r, b_s, b_t\}$ 是唯一的，由此确定出唯一的 k 和 t，从而 $\{c_{ir}, c_{js}, c_{kt}\}$ 是包含 $\{c_{ir}, c_{js}\}$ 的唯一区组.

例如，设 $v = 3, S_1 = S_2 = \{1, 2, 3\}, \mathscr{B}_1 = \{\{1, 2, 3\}\}, \mathscr{B}_2 = \{\{1, 2, 3\}\}$，则
$$S = \{1, 2, 3, 4, 5, 6, 7, 8, 9\},$$
$$\mathrm{ST}(9) = \{\{1, 4, 7\}, \{2, 5, 8\}, \{3, 6, 9\},$$
$$\{1, 2, 3\}, \{4, 5, 6\}, \{7, 8, 9\},$$
$$\{1, 5, 9\}, \{3, 4, 8\}, \{2, 6, 7\},$$
$$\{3, 5, 7\}, \{2, 4, 9\}, \{1, 6, 8\}\}.$$

令
$$X_1 = \{\{1, 4, 7\}, \{2, 5, 8\}, \{3, 6, 9\}\},$$
$$X_2 = \{\{1, 2, 3\}, \{4, 5, 6\}, \{7, 8, 9\}\},$$
$$X_3 = \{\{1, 5, 9\}, \{3, 4, 8\}, \{2, 6, 7\}\},$$
$$X_4 = \{\{3, 5, 7\}, \{2, 4, 9\}, \{1, 6, 8\}\},$$
则它们是 $\mathrm{ST}(9)$ 的 4 个平行类. 于是，$\{X_1, X_2, X_3, X_4\}$ 是可分解的 $\mathrm{ST}(9)$.

10.3　几何设计

有限几何是研究平衡不完全区组设计的重要方法，本节着重介绍用有限射影平面和有限仿射平面构造平面设计的有关问题.

10.3.1 有限射影平面

为了研究有限射影平面的组合结构,采用公理方法是方便的.

定义 10.3.1 一个射影平面 π 是一个由点和直线构成的系统,这些点与直线由关系"某点 P 在某直线 L 上"(或"直线 L 通过某点 P")结合在一起.该关系满足下面的射影平面公理:

PP1:通过 π 上任意两个不同点的直线有且仅有一条;

PP2:π 上任意两条不同直线通过且仅通过一个公共点;

PP3:π 中存在四点,其中没有三点在一条直线上.

引理 10.3.1 射影平面 π 具有性质:

PP4:π 中存在四条直线,其中没有三条通过一个公共点.

证明 设 A_1, A_2, A_3, A_4 是满足性质 PP3 的四个点,通过任何两点可以作一条直线,共有 6 条直线,其中,l_1 与 l_6,l_2 与 l_5,l_3 与 l_4 的交点分别记为 B_1, B_2, B_3,如图 10.3.1 所示.于是

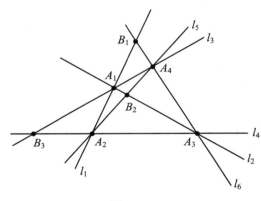

$$l_1 : A_1 A_2 B_1,$$
$$l_2 : A_1 A_3 B_2,$$
$$l_3 : A_1 A_4 B_3,$$
$$l_4 : A_2 A_3 B_3,$$
$$l_5 : A_2 A_4 B_2,$$
$$l_6 : A_3 A_4 B_1.$$

图 10.3.1

$l_1 \sim l_6$ 中除了上面标明的点之外,不会再有其他 A_i, B_j 出现在这些直线上.否则,假设 B_2 出现在 l_1 上,那么 l_1 和 l_2 都是过 A_1, B_2 的直线,由 PP1 知 $l_1 = l_2$,并且 A_1, A_2, A_3 都在该直线上,与 PP3 矛盾,故不可能.又由 PP3 知 A_3, A_4 均不会在 l_1 上.

下面证明 l_1, l_2, l_5, l_6 这四条直线中没有三条直线通过一个公共点.如若不然,假设 l_1, l_2, l_5 通过一个公共点 X,则 l_1 与 l_2 都是过 A_1, X 两点的直线,由 PP1 知 $l_1 = l_2$,即 A_1, A_2, A_3 均在该直线上,与 PP3 矛盾,故不可能.同理可讨论其他组合.

引理 10.3.2 射影平面 π 中的每条直线都至少包含三个不同的点.

证明 设 A_1, A_2, A_3, A_4 是满足性质 PP3 的四个点.根据直线与它们的关系,将 π 中所有直线分成如下三类:

(1) 过且仅过 A_i($1 \leqslant i \leqslant 4$)中的两点.由引理 10.3.1 的证明知,它们就是

$l_1,l_2,\cdots,l_6$. 这些直线上都有三个不同的点.

（2）仅过 A_i ($1 \leqslant i \leqslant 4$) 中的一点. 设直线 l 过 A_1, A_4 不在 l 上. 在引理 10.3.1 的证明中, 以 A_4 为交点的直线 l_5 和 l_6 与 l 的交点分别记为 P 和 Q, 如图 10.3.2 所示. 因为 l_5 和 l_6 仅有一个交点 A_4, 所以 $P \neq Q$. 又因 A_1 不在 l_5 和 l_6 上, 所以 $P \neq A_1$, $Q \neq A_1$. 即 l 包含三个不同的点 A_1, P, Q.

（3）不过点 A_i ($1 \leqslant i \leqslant 4$). 设 l 与引理 10.3.1 证明中的 l_1, l_2, l_3 分别交于 P, Q, R 三点, 如图 10.3.3 所示. 而 l_1, l_2, l_3 三条直线的交点为 A_1, 且 A_1 不在 l 上, 故 P, Q, R 是 l 上的三个不同点.

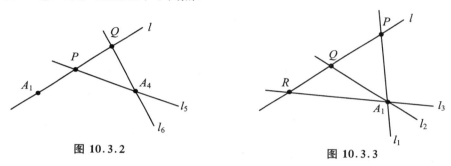

图 10.3.2　　　　　　　　　　　　图 10.3.3

上面我们从公理 PP1、PP2、PP3 推出了 PP4. 实际上, 也可以从 PP1、PP2、PP4 推出 PP3. 这说明在公理 PP1、PP2 之下 PP3 与 PP4 是等价的. 在射影平面的公理系统中, 可以用 PP4 代替 PP3.

公理 PP1、PP2、PP3 和性质 PP4 显示了射影平面中点与直线的对偶性. 如果在关于射影平面的点和直线的一个命题中, 把"点"与"直线"两个词互换, 就得到它的**对偶命题**. 原命题成立, 当且仅当对偶命题成立.

引理 10.3.3　射影平面 π 中的每一点都至少在三条直线上.

这是引理 10.3.2 的对偶命题.

在射影平面的定义中, 公理 PP3 用来排除一些退化情况. 例如:

（1）所有点均在同一条直线上.

这种情况显然满足公理 PP1 和 PP2, 只是从 "平面" 退化成 "直线".

（2）系统中只有三个点和三条直线.

三个点 P_1, P_2, P_3 和三条直线 l_1, l_2, l_3 如图 10.3.4 所示, 它们满足公理 PP1 和 PP2.

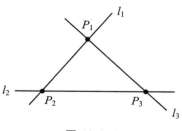

图 10.3.4

具有有限个点的射影平面叫作**有限射影平面**.

引理 10.3.4   设 $n \geqslant 2$. 如果射影平面 π 中的一条直线 l 上恰有 $n+1$ 个点, 点 P 不在 l 上, 则通过点 P 的直线恰有 $n+1$ 条.

证明   设直线 l 上的 $n+1$ 个点为 $Q_1, Q_2, \cdots, Q_{n+1}$. 设点 P 不在直线 l 上, 由公理 PP1 知过点 P 有 $n+1$ 条直线 $PQ_1, PQ_2, \cdots, PQ_{n+1}$. 假设直线 PQ_i 与 PQ_j 是同一条直线 h, 则 h 上有 P, Q_i, Q_j 三个点. 由于 h, l 均是过点 Q_i, Q_j 的直线, 从而 $h = l$, 且点 P 在 l 上, 与 P 不在 l 上矛盾, 故不可能, 即 $PQ_1, PQ_2, \cdots, PQ_{n+1}$ 是不同的 $n+1$ 条直线.

点 P 不在直线 l 上, 过点 P 的每条直线必与 l 有且仅有一个交点. 由于 l 上恰有 $n+1$ 个点, 于是过点 P 最多只有 $n+1$ 条直线.

综上所述, 通过不在 l 上的点 P 的直线恰有 $n+1$ 条.

引理 10.3.5   设 $n \geqslant 2$. 如果射影平面 π 中的一条直线上恰有 $n+1$ 个点, 则 π 的每条直线上都恰有 $n+1$ 个点.

证明   设 π 中直线 l 上恰有 $n+1$ 个点 $Q_1, Q_2, \cdots, Q_{n+1}$. 令 A_1, A_2, A_3, A_4 是 PP3 中所指的四个点, 它们之中至少有两点不在 l 上 (不妨假设 A_1, A_2 不在 l 上). 在 π 中任取直线 h, h 与点 A_1 和 A_2 的关系有如下两种情况:

(1) h 不过点 A_1 (或 h 不过点 A_2), 如图 10.3.5 所示. 由引理 10.3.4 知, 过直线 l 外一点 A_1 有且仅有 $n+1$ 条直线. 直线 h 与这些直线的交点就是 h 上的全部点, 共有 $n+1$ 个.

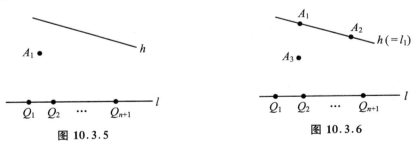

图 10.3.5   图 10.3.6

(2) h 过点 A_1 和 A_2. 此时, h 就是引理 10.3.1 证明中的 l_1. 如果点 A_3 (或 A_4) 不在 l 上, 如图 10.3.6 所示, 则由 PP3 知点 A_3 也不在 h 上. 由引理 10.3.4 知, 过直线 l 外一点 A_3 有且仅有 $n+1$ 条直线. 直线 l_1 与过点 A_3 的 $n+1$ 条直线的交点就是 l_1 上的全部点. 如果点 A_3 和 A_4 均在 $l(= l_6)$ 上, 如图 10.3.7 所示, 则选取 B_3, 由引理 10.3.1 的证明知, B_3 不在 l_6 上也不在 l_1 上. 由引理 10.3.4 知, 过点 B_3 点有且仅有 $n+1$ 条直线. l_1 与过点 B_3 的 $n+1$ 条直线的交点就是 l_1 上的全部点.

定理 10.3.1 设 $n \geqslant 2$. 对于一个射影平面 π, 下面 6 个性质彼此是等价的, 并且称该射影平面是 n 阶的:

(1) 存在一条直线恰含 $n + 1$ 个点;

(2) 存在一个点恰在 $n + 1$ 条直线上;

(3) 每条直线恰含 $n + 1$ 个点;

(4) 每个点恰在 $n + 1$ 条直线上;

(5) π 中恰有 $n^2 + n + 1$ 个点;

(6) π 中恰有 $n^2 + n + 1$ 条直线.

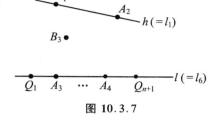

图 10.3.7

证明 由图 10.3.8 看出, 只需证明 (4) $\Rightarrow$ (5) 及 (5) $\Rightarrow$ (1).

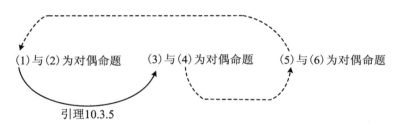

图 10.3.8

(4) $\Rightarrow$ (5)   设 P_0 是射影平面 π 中的一个点, 由 (4) 知过点 P_0 恰有 $n + 1$ 条直线 $l_1, l_2, \cdots, l_{n+1}$. 由 (4) 的对偶命题 (3) 知, l_i 上恰有 $n + 1$ 个点, 除去点 P_0 以外, l_i $(1 \leqslant i \leqslant n + 1)$ 上有 n 个点. 过点 P_0 的 $n + 1$ 条直线上应有 $(n + 1) \cdot n + 1 = n^2 + n + 1$ 个点. 此外, π 的所有点均在这 $n + 1$ 条直线 $l_1, l_2, \cdots, l_{n+1}$ 上. 所以, π 中恰有 $n^2 + n + 1$ 个点.

(5) $\Rightarrow$ (1) π 中的点数是有限的, π 中每条直线上的点数也必然有限. 取定 π 中一条直线 l, 设 l 上有 $m + 1$ 个点, 由前面的证明知 π 中应有 $m^2 + m + 1$ 个点. (5) 中指出 π 中恰有 $n^2 + n + 1$ 个点, 由此推出 $m = n$, 即在 π 中一直线 l 上有 $n + 1$ 个点.

10.3.2   平面设计

有限射影平面与一种类型的区组设计密切相关. 设 π 是 n 阶射影平面, 我们以 π 的全部点和直线分别作为平衡不完全区组设计的基集和区组, 即

$$S = \{s_1, s_2, \cdots, s_{n^2+n+1}\},$$
$$\mathscr{B} = \{l_1, l_2, \cdots, l_{n^2+n+1}\}.$$

由 n 阶射影平面的性质知,该区组设计的参数为

$$b = v = n^2 + n + 1,$$
$$r = k = n + 1,$$
$$\lambda = 1,$$

即 $\mathscr{B}$ 是 S 上的 $(n^2 + n + 1, n + 1, 1)$-SBIBD.

反过来,设 $\mathscr{B}$ 是 $n^2 + n + 1$ 元集合 S 上的 $(n^2 + n + 1, n + 1, 1)$-SBIBD,把 S 中的每个元素看成点,每个区组中的元素全体看成直线,构成系统 π.这是因为:

(1) 任取 $s_i, s_j \in S$,因 $\lambda = 1$,$\{s_i, s_j\}$ 恰在一个区组中.那么该区组相应的直线就是过 s_i, s_j 两点的唯一直线.系统 π 满足 PP1 公理.

(2) 任取 $B_i, B_j \in \mathscr{B}$,因 $\lambda = 1$,$|B_i \cap B_j| = 1$.那么相应于 B_i 和 B_j 的两条直线的交点即是 B_i 与 B_j 的唯一公共元素.系统 π 满足 PP2 公理.

(3) $k = n + 1 \geqslant 3$.任取 $s_i \in S$,s_i 至少出现在 3 个区组中,设其中之一为 B_{i_1}.该区组中除去 s_i 外至少还有两个元素,其中之一记为 s_j.类似地,包含 s_j 的区组除去 B_{i_1} 外至少还有两个,其中之一记为 B_{i_2}.显然,$s_i \notin B_{i_2}$.B_{i_2} 中除 s_j 以外至少还有两个元素,其中之一记为 s_k.包含 s_i, s_k 的区组记为 B_{i_3}.包含 s_k 的区组除了 B_{i_2},B_{i_3} 外还有 B_{i_4},而 B_{i_4} 与 B_{i_1} 的公共元素为 s_l.此外,B_{i_4} 中还有元素 s_m.即

$$B_{i_1} = \{\cdots, s_i, s_j, s_l, \cdots\} \quad (s_k, s_m \notin B_{i_1}),$$
$$B_{i_2} = \{\cdots, s_j, s_k, \cdots\} \quad (s_i, s_m \notin B_{i_2}),$$
$$B_{i_3} = \{\cdots, s_i, s_k, \cdots\} \quad (s_j, s_m \notin B_{i_3}),$$
$$B_{i_4} = \{\cdots, s_k, s_l, s_m, \cdots\} \quad (s_i, s_j \notin B_{i_4}).$$

不难看出,s_i, s_j, s_k, s_m 中任何三个元素不在同一个区组中.所以,系统 π 满足 PP3 公理.

由上面的讨论即得:

定理 10.3.2 n 阶射影平面和 $(n^2 + n + 1, n + 1, 1)$-SBIBD 是等价的,它们的数学结构相同.

下面将介绍如何用有限域来构造射影平面.为此,我们先复习关于有限域的基本知识.

代数系统 $(F, +, \cdot)$ 中,如果 $(F, +)$ 为交换群,$(F - \{0_F\}, \cdot)$ 为交换群,并且 "$\cdot$" 对 "$+$" 满足分配律,则称 $(F, +, \cdot)$ 为域.F 的零元和单位元分别记作 0_F 和 1_F.若 F 是有限集合,则称 F 为有限域.

在有限域中,所有非零元素的加阶相同且为素数 p,并且称 p 为有限域的特征.特征为 p 的有限域中有 p^n 个元素.对任何素数 p 和正整数 n,都存在 p^n 阶有限

域,记作 F_{p^n}.

对于 $F_p = \{[0], [1], \cdots, [p-1]\}$,定义
$$[a] + [b] = [a+b], \quad [a] \cdot [b] = [a \cdot b].$$
为了书写方便,下面我们用 i 代替 $[i]$.

例如,$F_3 = \{0,1,2\}$,见表 10.3.1.$F_5 = \{0,1,2,3,4\}$,见表 10.3.2.

表 10.3.1

(a)				(b)			
+	0	1	2	$\cdot$	0	1	2
0	0	1	2	0	0	0	0
1	1	2	0	1	0	1	2
2	2	0	1	2	0	2	1

表 10.3.2

(a)					(b)				
+	0	1	2	3	4	$\cdot$	0	1	2	3	4
0	0	1	2	3	4	0	0	0	0	0	0
1	1	2	3	4	0	1	0	1	2	3	4
2	2	3	4	0	1	2	0	2	4	1	3
3	3	4	0	1	2	3	0	3	1	4	2
4	4	0	1	2	3	4	0	4	3	2	1

对于 $n \geqslant 2$,构造 F_{p^n} 要利用 F_p 上的多项式环 $F_p[x]$.令 $F_p[x]$ 表示以 F_p 中元素为系数的多项式全体.令 $f(x), g(x) \in F_p[x]$,其中
$$f(x) = \sum_{i=0}^{n} a_i x^i, \quad g(x) = \sum_{i=0}^{m} b_i x^i,$$
定义 $F_p[x]$ 上的"+"与"·"运算为
$$f(x) + g(x) = \sum_{i=0}^{\max(m,n)} (a_i + b_i) x^i,$$
$$f(x) \cdot g(x) = \sum_{k=0}^{m+n} c_k x^k \quad \left(c_k = \sum_{i+j=k} a_i b_j \right),$$
则 $(F_p[x], +, \cdot)$ 为多项式环.如果 $F_p[x]$ 上的 n 次多项式 $f(x)$ 不能分解成两个低次(非零次)多项式之积,则称 $f(x)$ 是 $F_p[x]$ 上的 n 次不可约多项式.令 a 是 $f(x) = 0$ 的根,即 $f(a) = 0$,定义
$$F_{p^n} = \{\alpha_0 + \alpha_1 a + \cdots + \alpha_{n-1} a^{n-1} \mid \alpha_0, \alpha_1, \cdots, \alpha_{n-1} \in F_p\}.$$

例 1 构造 F_4.

解 这里，$p = 2, n = 2. F_2 = \{0, 1\}$，见表 10.3.3.

表 10.3.3

(a)		
+	0	1
0	0	1
1	1	0

(b)		
·	0	1
0	0	0
1	0	1

$F_2[x]$ 上的 2 次不可约多项式为 $f(x) = x^2 + x + 1$. 设 a 是 $f(x) = 0$ 的一个根，即 $a^2 = a + 1$，则

$$F_4 = \{\alpha_0 + \alpha_1 a \mid \alpha_0, \alpha_1 \in F_2\}$$
$$= \{0, 1, a, 1 + a\}.$$

F_4 上的运算表见表 10.3.4.

表 10.3.4

(a)				
+	0	1	a	$1+a$
0	0	1	a	$1+a$
1	1	0	$1+a$	a
a	a	$1+a$	0	1
$1+a$	$1+a$	a	1	0

(b)				
·	0	1	a	$1+a$
0	0	0	0	0
1	0	1	a	$1+a$
a	0	a	$1+a$	1
$1+a$	0	$1+a$	1	a

例 2 构造 F_8.

解 这里，$p = 2, n = 3. F_2[x]$ 上的 3 次不可约多项式为 $f(x) = x^3 + x + 1$. 令 a 是 $f(x) = 0$ 的一个根，即 $a^3 = a + 1$，则

$$F_8 = \{\alpha_0 + \alpha_1 a + \alpha_2 a^2 \mid \alpha_0, \alpha_1, \alpha_2 \in F_2\}$$
$$= \{0, 1, a, a^2, 1 + a, a + a^2, 1 + a^2, 1 + a + a^2\}$$
$$= \{0, 1, a, a^2, a^3, a^4, a^5, a^6\}.$$

a 称为是 F_8 的本原元素.

例 3 构造 F_{16}.

解 这里，$p = 2, n = 4. F_2[x]$ 上的 4 次不可约多项式为 $f(x) = x^4 + x^3 + x^2 + x + 1$. 设 a 是 $f(x) = 0$ 的一个根，即 $a^4 = a^3 + a^2 + a + 1$，则

$$F_{16} = \{\alpha_0 + \alpha_1 a + \alpha_2 a^2 + \alpha_3 a^3 \mid \alpha_0, \alpha_1, \alpha_2, \alpha_3 \in F_2\}$$
$$= \{0, 1, a, a^2, a^3, 1 + a, 1 + a^2, 1 + a^3,$$

$$a + a^2, \ a + a^3, \ a^2 + a^3, \ 1 + a + a^2,$$
$$1 + a + a^3, \ 1 + a^2 + a^3, \ a + a^2 + a^3,$$
$$1 + a + a^2 + a^3\}$$
$$= \{0, \ 1, \ 1 + a, \ (1 + a)^2, \ \cdots, \ (1 + a)^{14}\}.$$

所以,$1 + a$ 是 F_{16} 的本原元素.

用有限域 F 构造射影平面的过程如下:

设 F 是有限域,$|F| = n$.V 是域 F 上的三维向量空间,V^* 是 V 中的非零元素全体,即

$$V^* = \{(a_0, a_1, a_2) \mid a_0, a_1, a_2 \in F, (a_0, a_1, a_2) \neq (0, 0, 0)\}.$$

显然,$|V^*| = n^3 - 1$.在 V^* 中建立等价关系 R:如果存在 $\alpha \in F, \alpha \neq 0$,使得 $(a_0, a_1, a_2) = \alpha(b_0, b_1, b_2)$,则称 (a_0, a_1, a_2) 与 (b_0, b_1, b_2) 等价,记为 $(a_0, a_1, a_2) \ R \ (b_0, b_1, b_2)$.$(a_0, a_1, a_2)$ 所在的等价类记为 $[a_0, a_1, a_2]$.不难看出,$|[a_0, a_1, a_2]| = n - 1$,关系 R 将 V^* 分成 $n^2 + n + 1$ 个等价类.

射影平面 $P^2[F]$ 中的点就是 V^* 中的全部等价类.等价类 $[a_0, a_1, a_2]$ 称为 $P^2[F]$ 的一个射影点.$P^2[F]$ 的直线 $\langle x_0, x_1, x_2 \rangle$($x_0, x_1, x_2 \in F$,且不同时为零)由满足

$$a_0 x_0 + a_1 x_1 + a_2 x_2 = 0$$

的全部射影点 $[a_0, a_1, a_2]$ 组成.显然,对于 $\alpha \in F, \alpha \neq 0$,有

$$\langle x_0, x_1, x_2 \rangle = \langle \alpha x_0, \alpha x_1, \alpha x_2 \rangle.$$

下面要说明如此定义的 $P^2[F]$ 是射影平面,也就是证明 $P^2[F]$ 满足射影平面的 3 个公理.

设 $P = [a_0, a_1, a_2], Q = [b_0, b_1, b_2]$ 是 $P^2[F]$ 的两个不同点.考虑以 x_0, x_1, x_2 为变量的方程组

$$\begin{cases} a_0 x_0 + a_1 x_1 + a_2 x_2 = 0, \\ b_0 x_0 + b_1 x_1 + b_2 x_2 = 0, \end{cases}$$

存在向量 (x_0, x_1, x_2) 与 $(a_0, a_1, a_2), (b_0, b_1, b_2)$ 垂直,且 $(x_0, x_1, x_2) \neq (0, 0, 0)$,当且仅当 $(a_0, a_1, a_2) \neq \alpha(b_0, b_1, b_2)$,即 $[a_0, a_1, a_2]$ 与 $[b_0, b_1, b_2]$ 是不同的射影点.所以,该方程组有非零解 x_0, x_1, x_2.称直线 $\langle x_0, x_1, x_2 \rangle$ 过 P, Q 两点.

两条不同直线交于一点的证明类似.

可以验证,$[0, 0, 1], [0, 1, 0], [1, 0, 0]$ 及 $[1, 1, 1]$ 这四个点中的任意三点不在一条直线上.

例 4　用 $F_2 = \{0, 1\}$ 构造 2 阶射影平面.

解 $P^2[F_2]$ 的点为 $[0,0,1],[0,1,0],[1,0,0],[0,1,1],[1,0,1],[1,1,0]$,
$[1,1,1]$,直线为 $\langle 0,0,1\rangle,\langle 0,1,0\rangle,\langle 1,0,0\rangle,\langle 0,1,1\rangle,\langle 1,0,1\rangle,\langle 1,1,0\rangle,\langle 1,1,1\rangle$.

直线 $\langle 1,0,0\rangle$ 上的点 $[a_0,a_1,a_2]$ 是方程 $a_0=0$ 的解,故 $[0,0,1],[0,1,0]$,
$[0,1,1]$ 三点在直线 $\langle 1,0,0\rangle$ 上.

直线 $\langle 1,1,0\rangle$ 上的点 $[a_0,a_1,a_2]$ 是方程 $a_0+a_1=0$ 的解,故 $[1,1,0],[1,1,$
$1],[0,0,1]$ 三点在直线 $\langle 1,1,0\rangle$ 上.

直线 $\langle 1,1,1\rangle$ 上的点 $[a_0,a_1,a_2]$ 是方程 $a_0+a_1+a_2=0$ 的解,故 $[1,1,0]$,
$[1,0,1],[0,1,1]$ 三点在直线 $\langle 1,1,1\rangle$ 上.

如此分析下去,得到图 10.3.9(a),它和 $(7,3,1)$-SBIBD 等价.若将 $P^2[F_2]$ 的
点 $[0,0,1],[0,1,0],[0,1,1],[1,0,0],[1,0,1],[1,1,0],[1,1,1]$ 分别记作 $1,2$,
$3,4,5,6,7$,则从图 10.3.9(a) 得到 10.3.9(b).那么,$S=\{1,2,\cdots,7\}$ 上的 $(7,3,$
$1)$-SBIBD 为

$$\mathcal{B}=\{\{1,2,3\},\{1,4,5\},\{1,6,7\},\{2,4,6\},$$
$$\{2,5,7\},\{3,4,7\},\{3,5,6\}\}.$$

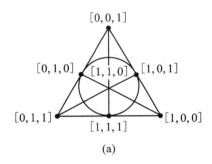
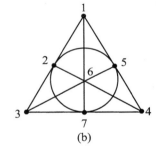

(a)　　　　　　　　　　(b)

图 10.3.9

由上面的讨论可知,对任何 $n=p^m$,均存在 n 阶射影平面,即存在
$(n^2+n+1,n+1,1)$-SBIBD.

10.3.3　仿射平面

1. 仿射平面的定义和性质

定义 10.3.2　在一个射影平面 π 中去掉一条直线及其上的点,剩下的那些点
和直线保持原有的关联关系,这些点和直线组成的系统叫作从射影平面 π 导出的
仿射平面 π',若 π 是 n 阶射影平面,则 π' 叫作 n 阶仿射平面.

与 n 阶射影平面 π 相对应的是 $(n^2+n+1,n+1,1)$-SBIBD.以由 π 导出的

n 阶仿射平面 π' 中的点作为基集,直线作为区组,则这些区组是基集上的一个区组设计.由剩余设计的定义不难看出,该区组设计是 $(n^2+n+1,n+1,1)$-SBIBD 的剩余设计,所以它为 $(n^2+n,n^2,n+1,n,1)$-BIBD.由此得到下面的定理:

定理 10.3.3　设 π' 是 n 阶仿射平面,那么:

(1) π' 恰好有 n^2 个点;

(2) π' 恰好有 n^2+n 条直线;

(3) π' 的每条直线上恰有 n 个点;

(4) π' 的每点恰在 $n+1$ 条直线上;

(5) π' 的每对不同点恰在一条直线上.

反过来,上述 5 个性质完全刻画出了仿射平面.

定理 10.3.4　由若干点和直线组成的系统 π',它满足定理10.3.3中的 5 个性质,则 π' 是一个 n 阶仿射平面.

证明　首先证明 π' 满足平行公理,即在直线外一点有且仅有一条直线与它平行.

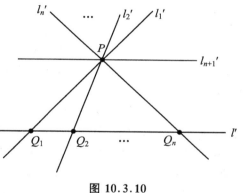

图 10.3.10

如图 10.3.10所示,令 l' 是 π' 中的任意一条直线,由(3)知其上恰有 n 个点,设为 $Q_1,Q_2,\cdots,Q_n$.令 P 是 l' 外任意一点,由(5)知过点 P 和 Q_i 恰有一条直线 $l_i'(1\leqslant i\leqslant n)$.显然,$l_i' \neq l'(1\leqslant i\leqslant n)$,且 $l_i' \neq l_j'(i\neq j)$.由(4)知过点 P 恰有 $n+1$ 条直线,故过点 P 还有一条直线 l_{n+1}',它与 l' 没有公共点,即称 l_{n+1}' 与 l' 平行.从而得出:过已知直线 l' 外一点P,有且仅有一条直线与 l' 平行.

再证 π' 具有"彼此平行"性质,即与同一条直线平行的两条直线是彼此平行的.

假设 l_1' 和 l_2' 与直线 l' 平行,且 l_1' 与 l_2' 有公共点P.这样,显然点 P 不在直线 l' 上,且过点 P 有两条直线与 l' 平行,这与上面的平行公理矛盾,故不可能.所以,与 l' 平行的两条直线 l_1' 和 l_2' 是彼此平行的.

除去 l' 上的 n 个点以外,π' 中还有 n^2-n 个点.从中选取一点 $\tilde{P}$,过 $\tilde{P}$ 且与 l' 平行的直线上有 n 个点,如此进行下去,知与 l' 平行的直线有 $n-1$ 条,这 n 条相互平行的直线构成一个平行线族.从而,π' 中的 n^2+n 条直线组成了 $n+1$ 个平行线

族 $\mathscr{F}_1, \mathscr{F}_2, \cdots, \mathscr{F}_{n+1}$.

现取 $n+1$ 个点 $P_1, P_2, \cdots, P_{n+1} \notin \pi'$,它们构成直线 l_∞. 把 P_i 点添加到平行线族 $\mathscr{F}_i$ 的每条直线上 $(1 \leqslant i \leqslant n+1)$,使仿射平面中的直线 l' 变成直线 l. 于是,我们得到的新系统 π 中的点由 π' 中的点加上 $P_1, P_2, \cdots, P_{n+1}$ 组成,直线由用上述方法得到的 l 及 l_∞ 组成. π 就是一个 n 阶射影平面,这是因为:

(1) 过 π 中任何两点有且仅有一条直线. 若两点都属于 π',则由(5)知它们恰在 π' 的一条直线上,这条直线同时也是 π 的直线. 若一点 $Q \in \pi'$,另一点为 P_i,那么平行线族中包含点 Q 的那条直线在 π 中也过点 P_i. 若两点为 P_i, P_j,则 l_∞ 是过这两点的直线.

(2) π 中任意两条直线必有一个公共点. 若两条直线的其中一条为 l_∞,另一条为 $\mathscr{F}_i$ 中的直线,则公共点为 P_i. 若两条直线都是 $\mathscr{F}_i$ 中的直线,则 P_i 为它们的公共点. 若两条直线分别是 $\mathscr{F}_i$ 和 $\mathscr{F}_j$ 中的直线 l_i, l_j,去掉 l_i 和 l_j 中的 P_i 与 P_j 点,就是 π' 中的直线 l_i', l_j'. 由于 l_i' 和 l_j' 分属两个平行线族,故它们有公共点 Q. 显然,Q 也是 l_i 和 l_j 的公共点.

(3) 因 $n \geqslant 2$,所以 π' 的平行线族的个数大于或等于 3. 我们在 l_∞ 上取两点 P_1 和 P_2,在 $\mathscr{F}_3$ 的任意一条直线上任取两点,则这四点中任意三点不在一条直线上.

综合上述分析,满足定理 10.3.3 中 5 个性质的系统是由某个 n 阶射影平面 π 抽掉一条直线及其上的点所得到的,所以它就是 n 阶仿射平面.

我们把 $(n^2+n, n^2, n+1, n, 1)$-BIBD 的各区组看成直线,把基集的元素看成点,则由这些点和直线构成的系统满足定理 10.3.3 中的 5 条性质. 由此可知,n 阶仿射平面与 $(n^2+n, n^2, n+1, n, 1)$-BIBD 是等价的.

在定理 10.3.4 的证明中,包含了如下结论:n 阶仿射平面中的 n^2+n 条直线可以分成 $n+1$ 个平行线族,每一平行线族由 n 条彼此平行的直线组成.

反过来也可以证明:

定理 10.3.5 令 $S = \{1, 2, \cdots, n^2\}$ 是 n^2+n 个子集的并,这些子集组成子集族 $\mathscr{B}$. 如果 $\mathscr{B}$ 可以分解成子族 $\mathscr{F}_1, \mathscr{F}_2, \cdots, \mathscr{F}_{n+1}$,它们满足条件:

(1) 每个子集的元素个数为 n;

(2) 每个子族中子集的个数都为 n;

(3) 每个子族中的任意两个子集没有公共元素;

(4) 不同子族的两个子集恰好有一个公共元素.

那么子集族 $\mathscr{B}$ 是一个 $(n^2+n, n^2, n+1, n, 1)$-BIBD.

2. 用有限域构造仿射平面

设 F 是有限域，$|F| = n$. $A^2[F]$ 是 F 上的二维向量空间，叫作 F 上的仿射平面. (a_1, a_2) $(a_1, a_2 \in F)$ 叫作 $A^2[F]$ 的仿射点. 如果 $a_0, a_1, a_2 \in F$，且 a_1, a_2 不同时为零，则方程

$$a_0 + a_1 x + a_2 y = 0 \tag{10.3.1}$$

的全部解 (x, y) 组成 $A^2[F]$ 的仿射直线 $\langle a_0, a_1, a_2 \rangle$. 不难看出，$A^2[F]$ 上有 n^2 个仿射点. 当 $a_1 \neq 0$ 时，方程 (10.3.1) 变成 $x = ky + l$ $(k, l \in F)$；当 $a_1 = 0$ $(a_2 \neq 0)$ 时，方程 (10.3.1) 变成 $y = l$ $(l \in F)$，所以 $A^2[F]$ 上有 $n^2 + n$ 条直线，并且每条直线上有 n 个点. 给定仿射点 (x_0, y_0)，它在 $y = y_0$ 和 $x = ky + (x_0 - ky_0)$ $(k \in F)$ 这 $n+1$ 条直线上. 给定两个仿射点 (x_1, y_1) 和 (x_2, y_2)，当 $y_1 = y_2$ 时，这两点在直线 $y = y_1 (= y_2)$ 上；当 $y_1 \neq y_2$ 时，这两点在直线 $x = ky + l$ 上，其中，$k = \dfrac{x_1 - x_2}{y_1 - y_2}$，$l = \dfrac{y_1 x_2 - y_2 x_1}{y_1 - y_2}$. 即 $A^2[F]$ 中任意两点恰在一条直线上.

例 5　构造 $A^2[F_2]$.

解　$A^2[F_2]$ 的点集合
$$V = \{(0,0), (0,1), (1,0), (1,1)\},$$
$A^2[F_2]$ 见表 10.3.5.

表 10.3.5

直　线	直 线 上 的 点	
$x = 0$	$(0,0)$	$(0,1)$
$x = 1$	$(1,0)$	$(1,1)$
$x = y$	$(0,0)$	$(1,1)$
$x = y + 1$	$(0,1)$	$(1,0)$
$y = 0$	$(0,0)$	$(1,0)$
$y = 1$	$(0,1)$	$(1,1)$

图 10.3.11(a) 和 (b) 都是 2 阶仿射平面，只是图 10.3.11(b) 更直观地反映它是从 2 阶射影平面抽掉一条直线及其上的 3 个点后得到的.

例 6　构造 $A^2[F_3]$.

解　$A^2[F_3]$ 的点集合
$$\begin{aligned} V = \{&(0,0), (0,1), (0,2), (1,0), (1,1), \\ &(1,2), (2,0), (2,1), (2,2)\}, \end{aligned}$$
$A^2[F_3]$ 见表 10.3.6.

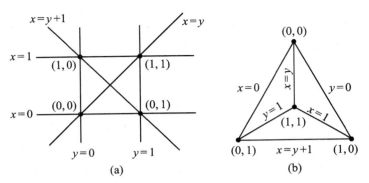

图 10.3.11

表 10.3.6

直　线	直　线　上　的　点		
$x = 0$	$(0,0)$	$(0,1)$	$(0,2)$
$x = 1$	$(1,0)$	$(1,1)$	$(1,2)$
$x = 2$	$(2,0)$	$(2,1)$	$(2,2)$
$x = y$	$(0,0)$	$(1,1)$	$(2,2)$
$x = y + 1$	$(1,0)$	$(2,1)$	$(0,2)$
$x = y + 2$	$(2,0)$	$(0,1)$	$(1,2)$
$x = 2y$	$(0,0)$	$(2,1)$	$(1,2)$
$x = 2y + 1$	$(1,0)$	$(0,1)$	$(2,2)$
$x = 2y + 2$	$(2,0)$	$(1,1)$	$(0,2)$
$y = 0$	$(0,0)$	$(1,0)$	$(2,0)$
$y = 1$	$(0,1)$	$(1,1)$	$(2,1)$
$y = 2$	$(0,2)$	$(1,2)$	$(2,2)$

10.4　正交拉丁方

10.4.1　拉丁方及正交拉丁方

定义 10.4.1　如果 n 阶方阵 A 的每行、每列都是 $\{1,2,\cdots,n\}$ 的全排列,则称

A 为 n 阶拉丁方.

例如,$\begin{pmatrix} 1 & 2 \\ 2 & 1 \end{pmatrix}$ 和 $\begin{pmatrix} 2 & 1 \\ 1 & 2 \end{pmatrix}$ 都是 2 阶拉丁方,$\begin{pmatrix} 1 & 3 & 2 \\ 3 & 2 & 1 \\ 2 & 1 & 3 \end{pmatrix}$ 和 $\begin{pmatrix} 3 & 1 & 2 \\ 2 & 3 & 1 \\ 1 & 2 & 3 \end{pmatrix}$ 都是 3 阶

拉丁方.

定义 10.4.2　设 $A = (a_{ij})$,$B = (b_{ij})$ 是两个 n 阶拉丁方.如果
$$\{1, 2, \cdots, n\}^2 = \{(a_{ij}, b_{ij}) \mid 1 \leqslant i, j \leqslant n\},$$
则称 A 与 B 是一对正交的 n 阶拉丁方.

换句话说,A 与 B 是一对正交的 n 阶拉丁方,当且仅当对任意有序偶 (k, l),$1 \leqslant k, l \leqslant n$,有唯一确定的位置 (i, j),使 $a_{ij} = k$,$b_{ij} = l$.或者说,不存在两个位置 (i_1, j_1) 和 (i_2, j_2) $(i_1 \neq i_2$ 或 $j_1 \neq j_2)$,使得 $(a_{i_1 j_1}, b_{i_1 j_1}) = (a_{i_2 j_2}, b_{i_2 j_2})$.

例如,$A = \begin{pmatrix} 1 & 2 \\ 2 & 1 \end{pmatrix}$ 和 $B = \begin{pmatrix} 2 & 1 \\ 1 & 2 \end{pmatrix}$ 不是一对正交的 2 阶拉丁方,其原因是
$$\{(a_{ij}, b_{ij}) \mid 1 \leqslant i, j \leqslant 2\} = \{(1,2), (2,1)\} \neq \{1, 2\}^2.$$

而 $A = \begin{pmatrix} 1 & 3 & 2 \\ 3 & 2 & 1 \\ 2 & 1 & 3 \end{pmatrix}$ 和 $B = \begin{pmatrix} 3 & 1 & 2 \\ 2 & 3 & 1 \\ 1 & 2 & 3 \end{pmatrix}$ 是一对正交的 3 阶拉丁方.

引理 10.4.1　设 A, B 是两个 n 阶正交拉丁方,则对 A 和 B 施行下列变换,既不影响 A, B 是拉丁方,也不影响 A 与 B 的正交性:

(1) 对 A 中元素集合 $\{1, 2, \cdots, n\}$ 施行一个置换;

(2) 对 B 中元素集合 $\{1, 2, \cdots, n\}$ 施行一个置换;

(3) 对 A 与 B 同步施行行交换或列交换.

证明　对两个 n 阶正交拉丁方 A 和 B 施行变换 (1),(2),(3) 后,每行、每列仍是 $\{1, 2, \cdots, n\}$ 的全排列,所以它们不影响 A, B 是拉丁方.对一对正交拉丁方 A 和 B 施行变换 (3),只是把 (i, j) 位置的元素对 (a_{ij}, b_{ij}) 变换到 (k, l) 位置,所以它不改变 A 和 B 的正交性.

设 σ 为 $\{1, 2, \cdots, n\}$ 上的一个置换,记 $\sigma(A) = (\sigma(a_{ij}))$.假设 $\sigma(A)$ 与 B 不正交,即存在两个位置 (i_1, j_1) 和 (i_2, j_2) $(i_1 \neq i_2$ 或 $j_1 \neq j_2)$,使得
$$(\sigma(a_{i_1 j_1}), b_{i_1 j_1}) = (\sigma(a_{i_2 j_2}), b_{i_2 j_2}),$$
则
$$\sigma(a_{i_1 j_1}) = \sigma(a_{i_2 j_2}), \quad b_{i_1 j_1} = b_{i_2 j_2}.$$
而 σ 是一一映射,故由 $\sigma(a_{i_1 j_1}) = \sigma(a_{i_2 j_2})$ 可推出 $a_{i_1 j_1} = a_{i_2 j_2}$.于是
$$(a_{i_1 j_1}, b_{i_1 j_1}) = (a_{i_2 j_2}, b_{i_2 j_2}).$$

这与 A,B 的正交性矛盾,故不可能.于是,$\sigma(A)$ 与 B 是正交的.

由该引理知,若 σ,τ 是 $\{1,2,\cdots,n\}$ 上的置换,且 A 与 B 是一对正交的 n 阶拉丁方,则 $\sigma(A)$ 和 $\tau(B)$ 仍是正交的.

定理 10.4.1 设 $A_1,A_2,\cdots,A_m$ 是一组 n 阶正交拉丁方,则 $m \leqslant n-1$.

证明 设 A_i 的第一行为 $\tau_i(1),\tau_i(2),\cdots,\tau_i(n)$,则 $\tau_i^{-1}(A_i)$ 的第一行为 $1,2,\cdots,n$ $(1 \leqslant i \leqslant m)$.因 $A_1,A_2,\cdots,A_m$ 是一组正交的 n 阶拉丁方.所以 $\tau_1^{-1}(A_1),\tau_2^{-1}(A_2),\cdots,\tau_m^{-1}(A_m)$ 仍是一组正交的 n 阶 拉丁方.$\tau_1^{-1}(A_1),\tau_2^{-1}(A_2),\cdots,\tau_m^{-1}(A_m)$ 的第 2 行、第 1 列的元素只能取 $2,3,\cdots,n$,即第 2 行、第 1 列位置的值至多有 $n-1$ 种可能性,而且必须取值不同,所以 $m \leqslant n-1$.

例如,设

$$A_1 = \begin{bmatrix} 3 & 2 & 1 \\ 2 & 1 & 3 \\ 1 & 3 & 2 \end{bmatrix}, \quad A_2 = \begin{bmatrix} 3 & 1 & 2 \\ 2 & 3 & 1 \\ 1 & 2 & 3 \end{bmatrix},$$

则 A_1 与 A_2 是正交的.令 $\tau_1 = (13),\tau_2 = (132)$,则

$$\tau_1^{-1}(A_1) = \begin{bmatrix} 1 & 2 & 3 \\ 2 & 3 & 1 \\ 3 & 1 & 2 \end{bmatrix}, \quad \tau_2^{-1}(A_2) = \begin{bmatrix} 1 & 2 & 3 \\ 3 & 1 & 2 \\ 2 & 3 & 1 \end{bmatrix}.$$

当 $m = n-1$ 时,即若 $A_1,A_2,\cdots,A_{n-1}$ 是一组 n 阶正交拉丁方,则称它们是 **n 阶正交拉丁方完备组**.上面的 A_1 和 A_2 就是 3 阶正交拉丁方完备组.

10.4.2 用有限域构造正交拉丁方完备组

设 $\langle F, +, \cdot \rangle$ 是一个有限域,其中 $F = \{a_0,a_1,\cdots,a_{q-1}\}$,$|F| = q = p^n, a_0 = 0, a_1 = 1$.构造 $A^{(1)},A^{(2)},\cdots,A^{(q-1)}$ 为

$$A^{(e)} = (a_{ij}^{(e)}) \quad (1 \leqslant e \leqslant q-1),$$

其中

$$a_{ij}^{(e)} = a_e \cdot a_i + a_j \quad (0 \leqslant i,j \leqslant q-1; 1 \leqslant e \leqslant q-1).$$

下面证明 $A^{(1)},A^{(2)},\cdots,A^{(q-1)}$ 是正交拉丁方完备组.

首先证明 $A^{(e)}$ 是拉丁方,即证明 $A^{(e)}$ 的每行、每列元素两两互不相同.若 $a_{ij_1}^{(e)} = a_{ij_2}^{(e)}$,由

$$a_e \cdot a_i + a_{j_1} = a_e \cdot a_i + a_{j_2},$$

推出 $a_{j_1} = a_{j_2}$,所以 $j_1 = j_2$.若 $a_{i_1 j}^{(e)} = a_{i_2 j}^{(e)}$,由

$$a_e \cdot a_{i_1} + a_j = a_e \cdot a_{i_2} + a_j,$$

推出

$$a_e \cdot (a_{i_1} - a_{i_2}) = 0.$$

而 a_e 是 F 中的非零元素,故存在 a_e^{-1},于是得到 $a_{i_1} = a_{i_2}$,故 $i_1 = i_2$.所以,$\boldsymbol{A}^{(e)}$ 是拉丁方.

再证明 $\boldsymbol{A}^{(e)}$ 与 $\boldsymbol{A}^{(f)}$ ($e \neq f$) 是正交的,即不存在两个位置,相应元素组成的二维数组相同.若

$$(a_{ij}^{(e)}, a_{ij}^{(f)}) = (a_{kl}^{(e)}, a_{kl}^{(f)}),$$

则

$$a_{ij}^{(e)} = a_{kl}^{(e)}, \quad a_{ij}^{(f)} = a_{kl}^{(f)},$$

即

$$a_e \cdot a_i + a_j = a_e \cdot a_k + a_l,$$
$$a_f \cdot a_i + a_j = a_f \cdot a_k + a_l.$$

两式相减,得到

$$(a_e - a_f) \cdot a_i = (a_e - a_f) \cdot a_k.$$

因 $a_e \neq a_f$,故 $a_e - a_f$ 是非零元素,有逆,由此推出 $a_i = a_k$,所以 $i = k$.将 $a_i = a_k$ 代入上式,得到 $a_j = a_l$,所以 $j = l$.故 $\boldsymbol{A}^{(e)}$ 与 $\boldsymbol{A}^{(f)}$ ($e \neq f$) 正交.

综上,$\boldsymbol{A}^{(1)}, \boldsymbol{A}^{(2)}, \cdots, \boldsymbol{A}^{(q-1)}$ 是一组正交拉丁方完备组.

例 1　构造 3 阶正交拉丁方完备组.

解　$\boldsymbol{F}_3 = \{0, 1, 2\}$,且其"+"和"·"运算如表 10.4.1 所示.

表 10.4.1

+	0	1	2	·	0	1	2
0	0	1	2	0	0	0	0
1	1	2	0	1	0	1	2
2	2	0	1	2	0	2	1

计算出

$$\boldsymbol{A}^{(1)} = \begin{pmatrix} 0 & 1 & 2 \\ 1 & 2 & 0 \\ 2 & 0 & 1 \end{pmatrix}, \quad \boldsymbol{A}^{(2)} = \begin{pmatrix} 0 & 1 & 2 \\ 2 & 0 & 1 \\ 1 & 2 & 0 \end{pmatrix}.$$

分别用 $1, 2, 3$ 替换 $0, 1, 2$,则

$$\boldsymbol{A}_1 = \begin{pmatrix} 1 & 2 & 3 \\ 2 & 3 & 1 \\ 3 & 1 & 2 \end{pmatrix}, \quad \boldsymbol{A}_2 = \begin{pmatrix} 1 & 2 & 3 \\ 3 & 1 & 2 \\ 2 & 3 & 1 \end{pmatrix}.$$

定理 10.4.2 设 $A_1, A_2, \cdots, A_k$ 是一组 n 阶正交拉丁方, $B_1, B_2, \cdots, B_k$ 是一组 m 阶正交拉丁方. 记

$$A_p = (a_{ij}^{(p)}), \quad B_q = (b_{ij}^{(q)}) \quad (1 \leqslant p, q \leqslant k),$$

构造 k 个 mn 阶矩阵 $C_1, C_2, \cdots, C_k$ 为

$$C_r = \begin{pmatrix} (a_{11}^{(r)}, B_r) & (a_{12}^{(r)}, B_r) & \cdots & (a_{1n}^{(r)}, B_r) \\ (a_{21}^{(r)}, B_r) & (a_{22}^{(r)}, B_r) & \cdots & (a_{2n}^{(r)}, B_r) \\ \vdots & \vdots & \vdots & \vdots \\ (a_{n1}^{(r)}, B_r) & (a_{n2}^{(r)}, B_r) & \cdots & (a_{nn}^{(r)}, B_r) \end{pmatrix} \quad (1 \leqslant r \leqslant k),$$

其中

$$(a_{ij}^{(r)}, B_r) = \begin{pmatrix} (a_{ij}^{(r)}, b_{11}^{(r)}) & (a_{ij}^{(r)}, b_{12}^{(r)}) & \cdots & (a_{ij}^{(r)}, b_{1m}^{(r)}) \\ (a_{ij}^{(r)}, b_{21}^{(r)}) & (a_{ij}^{(r)}, b_{22}^{(r)}) & \cdots & (a_{ij}^{(r)}, b_{2m}^{(r)}) \\ \vdots & \vdots & \vdots & \vdots \\ (a_{ij}^{(r)}, b_{m1}^{(r)}) & (a_{ij}^{(r)}, b_{m2}^{(r)}) & \cdots & (a_{ij}^{(r)}, b_{mm}^{(r)}) \end{pmatrix},$$

则 $C_1, C_2, \cdots, C_k$ 是一组 mn 阶正交拉丁方.

证明 C_r 的每个元素是个有序偶, 且其任一行或任一列的两个元素中, 或者第一分量不同, 或者第二分量不同, 所以每行、每列元素均两两互不相同. 故 C_1, $C_2, \cdots, C_k$ 是拉丁方.

若 C_r 和 $C_l (1 \leqslant r \neq l \leqslant k)$ 中两个相应位置元素组成的二维数组相同, 即

$$((a_{ij}^{(r)}, b_{fg}^{(r)}), (a_{ij}^{(l)}, b_{fg}^{(l)})) = ((a_{pq}^{(r)}, b_{uv}^{(r)}), (a_{pq}^{(l)}, b_{uv}^{(l)})),$$

亦即

$$\begin{cases} (a_{ij}^{(r)}, b_{fg}^{(r)}) = (a_{pq}^{(r)}, b_{uv}^{(r)}), \\ (a_{ij}^{(l)}, b_{fg}^{(l)}) = (a_{pq}^{(l)}, b_{uv}^{(l)}). \end{cases}$$

所以

$$\begin{cases} (a_{ij}^{(r)}, a_{ij}^{(l)}) = (a_{pq}^{(r)}, a_{pq}^{(l)}), \\ (b_{fg}^{(r)}, b_{fg}^{(l)}) = (b_{uv}^{(r)}, b_{uv}^{(l)}). \end{cases}$$

由于 A_r 与 A_l, B_r 与 B_l 正交, 推出

$$i = p, j = q, \quad \text{且} f = u, g = v.$$

这说明 C_r 与 C_l 正交, 故 $C_1, C_2, \cdots, C_k$ 是正交拉丁方组.

定理 10.4.3 存在 n 阶正交拉丁方完备组, 当且仅当存在 n 阶射影平面.

证明 必要性 令 $A_1, A_2, \cdots, A_{n-1}$ 是 n 阶正交拉丁方完备组, 构造矩阵

$$\widetilde{M} = \begin{pmatrix} 1 & 1 \\ 1 & 2 \\ \vdots & \vdots \\ 1 & n \\ 2 & 1 \\ 2 & 2 \\ \vdots & \vdots \\ 2 & n \\ \vdots & \vdots \\ n & 1 \\ n & 2 \\ \vdots & \vdots \\ n & n \end{pmatrix} \begin{array}{ccc} & & \\ \widetilde{A}_1 & \widetilde{A}_2 & \cdots \quad \widetilde{A}_{n-1} \end{array},$$

其中,$\widetilde{A}_i$ 是由 A_i 的第 1 列,第 2 列,$\cdots\cdots$,第 n 列连接而成的. 记 $\widetilde{M} = (m_{i_j})_{n^2 \times (n+1)}$.
利用 $\widetilde{M}$ 构造 n 阶射影平面 π 如下:

π 中的点为

$$P_1, P_2, \cdots, P_{n^2}, Q_1, Q_2, \cdots, Q_{n+1};$$

π 中的直线为

$$L: Q_1 Q_2 \cdots Q_{n+1},$$
$$l_{kj} = \{Q_j\} \bigcup \{P_i \mid m_{ij} = k, 1 \leqslant i \leqslant n^2\}$$
$$(1 \leqslant k \leqslant n, 1 \leqslant j \leqslant n+1).$$

下面证明如此构造的 π 是射影平面.

(1) π 中两个不同点在且仅在一条直线上. 当两点为 Q_i, Q_j 时,L 是它们所在的直线. 当两点为 P_i, Q_j 时,由 $m_{ij} = k$ 知它们在直线 l_{kj} 上. 当两点为 P_i, P_j 时,因为 $A_1, A_2, \cdots, A_{n-1}$ 两两正交,由 $\widetilde{M}$ 的构造知,存在唯一的 u,使 $m_{iu} = m_{ju} = k$,则 l_{ku} 是过 P_i, P_j 两点的直线.

(2) π 中两条不同直线有且仅有一个公共点. 当两条直线为 l_{kj} 和 L 时,Q_j 是它们的公共点. 当两条直线是 l_{pq} 和 l_{uv} 时,若 $q = v$,则 Q_q 是它们的公共点;若 $q \neq v$,必存在唯一的 i,使 $(m_{iq}, m_{iv}) = (p, u)$,则 P_i 是它们的公共点.

(3) 若 $m_{i3} = m_{j3}$,则取 P_i, P_j,那么 P_i, P_j, Q_1, Q_2 这四个点中任何三点不在一条直线上.

充分性 令 π 是 n 阶射影平面，L 是 π 中的一条直线，L 上的点记作 $Q_1, Q_2,$ $\cdots, Q_{n+1}$. 过 Q_j 的直线除 L 以外还有 n 条，分别用 $1, 2, \cdots, n$ 编号. 直线 L 外有 n^2 个点，它们是 $P_1, P_2, \cdots, P_{n^2}$，这些点都在过 Q_j 点的 n 条直线上. 令

$$\boldsymbol{M} = (m_{ij}) \quad (1 \leqslant i \leqslant n^2, 1 \leqslant j \leqslant n+1),$$

其中

$$m_{ij} = \text{过点 } P_i \text{ 和 } Q_j \text{ 的直线的编号} \quad (1 \leqslant m_{ij} \leqslant n).$$

在 $\boldsymbol{M}$ 的每列中显然有 n 个 1，n 个 2，$\cdots\cdots$，n 个 n.

$\boldsymbol{M}$ 中两个不同列的相应位置元素组成的 n^2 个二维数组两两互不相同. 如若不然，设

$$(m_{i_1 j_1}, m_{i_1 j_2}) = (m_{i_2 j_1}, m_{i_2 j_2}).$$

则由 $m_{i_1 j_1} = m_{i_2 j_1}$ 推出 $P_{i_1}, P_{i_2}, Q_{j_1}$ 在同一条直线上，由 $m_{i_1 j_2} = m_{i_2 j_2}$ 推出 P_{i_1}, P_{i_2}, Q_{j_2} 在同一条直线上，从而 $P_{i_1}, P_{i_2}, Q_{j_1}, Q_{j_2}$ 在同一条直线上，即点 P_{i_1}, P_{i_2} 在 L 上，产生矛盾，故不可能.

对上面得到的矩阵 $\boldsymbol{M}$ 进行行交换，得到

$$\widetilde{\boldsymbol{M}} = \begin{pmatrix} 1 & 1 \\ 1 & 2 \\ \vdots & \vdots \\ 1 & n \\ 2 & 1 \\ 2 & 2 \\ \vdots & \vdots \\ 2 & n \\ \vdots & \vdots \\ n & 1 \\ n & 2 \\ \vdots & \vdots \\ n & n \end{pmatrix} \quad \underbrace{}_{\widetilde{\boldsymbol{A}}_1} \quad \underbrace{}_{\widetilde{\boldsymbol{A}}_2} \quad \cdots \quad \underbrace{}_{\widetilde{\boldsymbol{A}}_{n-1}} \quad .$$

将 $\widetilde{\boldsymbol{A}}_i$ 分成 n 段，每段 n 个元素，分别构成 $\boldsymbol{A}_i$ 的第 $1, 2, \cdots, n$ 列. 下面证明得到的 $\boldsymbol{A}_1, \boldsymbol{A}_2, \cdots, \boldsymbol{A}_{n-1}$ 就是所求的 n 阶正交拉丁方完备组.

首先证明 $\boldsymbol{A}_i$ 是拉丁方. $\widetilde{\boldsymbol{M}}$ 的第 1 列和第 $i+2$ 列相应元素组成的二维数组两两互不相同，故 $\widetilde{\boldsymbol{A}}_i$ 的最前面 n 个元素必是 $\{1, 2, \cdots, n\}$ 的一个全排列，它构成 $\boldsymbol{A}_i$ 的

第 1 列. 对 A_i 的其他列也可以做同样讨论. 再由 $\widetilde{M}$ 的第 2 列和第 $i+2$ 列相应元素组成的二维数组两两互不相同, 与 1 对应的元素必是 $\{1,2,\cdots,n\}$ 的一个全排列, 它构成 A_i 的第 1 行. 对 A_i 的其他行也可以做同样的讨论. 所以, A_i 是拉丁方.

又因由 $\widetilde{A}_i,\widetilde{A}_j$ 对应位置元素组成的二维数组是两两互不相同的, 从而 A_i 与 A_j 是正交的.

例 2　利用例 1 中得到的 3 阶正交拉丁方完备组

$$A_1 = \begin{pmatrix} 1 & 2 & 3 \\ 2 & 3 & 1 \\ 3 & 1 & 2 \end{pmatrix}, \quad A_2 = \begin{pmatrix} 1 & 2 & 3 \\ 3 & 1 & 2 \\ 2 & 3 & 1 \end{pmatrix},$$

构造 3 阶射影平面.

解　3 阶射影平面的点为

$$P_1, P_2, \cdots, P_9, Q_1, \cdots, Q_4;$$

3 阶射影平面的直线为

$$L: Q_1 Q_2 Q_3 Q_4,$$

$$l_{11}: Q_1 P_1 P_2 P_3, \quad l_{21}: Q_1 P_4 P_5 P_6, \quad l_{31}: Q_1 P_7 P_8 P_9,$$

$$l_{12}: Q_2 P_1 P_4 P_7, \quad l_{22}: Q_2 P_2 P_5 P_8, \quad l_{32}: Q_2 P_3 P_6 P_9,$$

$$l_{13}: Q_3 P_1 P_6 P_8, \quad l_{23}: Q_3 P_2 P_4 P_9, \quad l_{33}: Q_3 P_3 P_5 P_7,$$

$$l_{14}: Q_4 P_1 P_5 P_9, \quad l_{24}: Q_4 P_3 P_4 P_8, \quad l_{34}: Q_4 P_2 P_6 P_7.$$

矩阵

$$\widetilde{M} = \begin{pmatrix} 1 & 1 & 1 & 1 \\ 1 & 2 & 2 & 3 \\ 1 & 3 & 3 & 2 \\ 2 & 1 & 2 & 2 \\ 2 & 2 & 3 & 1 \\ 2 & 3 & 1 & 3 \\ 3 & 1 & 3 & 3 \\ 3 & 2 & 1 & 2 \\ 3 & 3 & 2 & 1 \end{pmatrix}.$$

回想本章到目前为止所讲过的内容, 其核心是用有限域构造射影平面、仿射平面和正交拉丁方完备组. 射影平面和仿射平面又分别等价于某类对称设计和平衡不完全区组设计. 与此同时, 我们还分析了射影平面、仿射平面以及正交拉丁方完备组之间的关系. 它们可归纳成图 10.4.1.

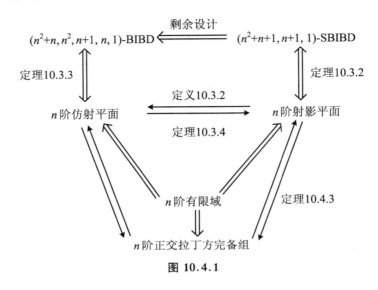

图 10.4.1

10.5 Hadamard 矩阵

Hadamard 矩阵与对称设计有着密切的联系. 事实上, 一个 $4t$ 阶的 Hadamard 矩阵就等价于一个 $(4t-1, 2t-1, t-1)$-SBIBD 对称设计. 因此, 通常又把具有这种参数 $(v = 4t-1, k = 2t-1, \lambda = t-1)$ 的对称设计称为是 Hadamard 设计. 本节我们介绍 Hadamard 矩阵的基本概念和性质, 它的存在性条件以及它与对称设计的关系.

定义 10.5.1 若 n 阶方阵 H 的元素全为 1 或 -1, 且满足

$$HH^{\mathrm{T}} = nI_n, \tag{10.5.1}$$

则称 H 为一个 n 阶 **Hadamard 矩阵**. 其中, H^{T} 为 H 的转置, I_n 为 n 阶单位阵.

一个元素全为 ± 1 的 n 阶方阵 H 满足式(10.5.1)的充要条件是 H 的 n 个行两两正交. 另一方面, 因

$$HH^{\mathrm{T}} = nI_n \iff H^{\mathrm{T}}H = nI_n,$$

故 H 为 Hadamard 矩阵的充要条件是 H^{T} 为 Hadamard 矩阵. 从而也可以说, 一个

元素全为 ±1 的 n 阶方阵 H 是 Hadamard 矩阵的充要条件是它的 n 个列两两正交.

以下我们将 Hadamard 矩阵简称为 **H 矩阵**.

下面给出 n 阶 H 矩阵存在的一个必要条件:

定理 10.5.1　若存在 n 阶 H 矩阵,则或者 $n = 1$,或者 $n = 2$,或者 $n \equiv 0$ (mod 4).

证明　1 阶及 2 阶的 H 矩阵确实存在. 例如,可取

$$H_1 = (1) \quad 及 \quad H_2 = \begin{pmatrix} 1 & 1 \\ 1 & -1 \end{pmatrix}.$$

下面设 $n \geqslant 3$. 若 H 是一个 n 阶 H 矩阵,设 $H = (a_{ij})_{n \times n}$,由于 $HH^{\mathrm{T}} = nI_n$,所以

$$\sum_{k=1}^{n} a_{ik} a_{jk} = \begin{cases} 0 & (i \neq j), \\ n & (i = j), \end{cases}$$

于是有

$$\sum_{k=1}^{n} (a_{1k} + a_{2k})(a_{1k} + a_{3k})$$

$$= \sum_{k=1}^{n} a_{1k}^2 + \sum_{k=1}^{n} a_{1k} a_{2k} + \sum_{k=1}^{n} a_{1k} a_{3k} + \sum_{k=1}^{n} a_{2k} a_{3k} = n.$$

由于 a_{1k}, a_{2k}, a_{3k} 只能是 1 或 -1,所以 $a_{1k} + a_{2k}$ 和 $a_{1k} + a_{3k}$ 只能是 2,0 或 -2,故和式

$$\sum_{k=1}^{n} (a_{1k} + a_{2k})(a_{1k} + a_{3k})$$

的各项为 4,-4 或 0,因而总和是 4 的倍数. 所以,n 是 4 的倍数.

人们猜想,定理 10.5.1 中给出的 H 矩阵存在的必要条件也是充分的,即有:

Hadamard 矩阵的存在性猜想　对任意正整数 t,都存在 $4t$ 阶的 Hadamard 矩阵.

关于这一猜想的讨论是 Hadamard 矩阵理论的一个中心问题. 迄今为止这一猜想尚未获证,但也没有发现任何反例. 目前,对所有 $n = 4t \leqslant 400$ 的 4 的倍数 n,都已经确定了 n 阶 H 矩阵的存在性.

由 H 矩阵的定义易知,对一个 H 矩阵施行如下 4 种变换中的任意一种,或相继施行这些变换若干次,所得的矩阵仍然是一个 H 矩阵. 这 4 种变换是:

(1) 行换序;

(2) 列换序;

(3) 将某一行乘以 -1;

(4) 将某一列乘以 -1.

两个 H 矩阵若可经有限次 (1) ~ (4) 中的变换互相转化, 则称为是**等价的 H 矩阵**.

一个 H 矩阵是**规范的**, 若它的第 1 行和第 1 列的所有元素均为 1. 显然, 任意一个 n 阶 H 矩阵可经过有限次 (事实上, 不超过 $2n - 1$ 次的) (3), (4) 型变换化为一个规范的 H 矩阵. 由此可知, 任一 H 矩阵都等价于某个规范的 H 矩阵.

我们称一个对称设计 $(4t - 1, 2t - 1, t - 1)$-SBIBD 为 **Hadamard 设计**. 下面的定理说明了 Hadamard 矩阵与 Hadamard 设计之间的基本联系.

定理 10.5.2   存在参数为 $(4t - 1, 2t - 1, t - 1)$ 的 Hadamard 设计的充要条件是存在 $4t$ 阶的 Hadamard 矩阵.

证明   首先注意到, 存在 $4t$ 阶 H 矩阵的充要条件是存在 $4t$ 阶规范的 H 矩阵. 设 $\boldsymbol{H}$ 是一个元素全为 ± 1, 且第 1 行及第 1 列的元素全为 1 的 $4t$ 阶方阵, 记

$$\boldsymbol{H} = \begin{bmatrix} 1 & 1 & \cdots & 1 \\ 1 & & & \\ \vdots & & \boldsymbol{A}_1 & \\ 1 & & & \end{bmatrix} = \begin{bmatrix} 1 & \boldsymbol{e} \\ \boldsymbol{e}^{\mathrm{T}} & \boldsymbol{A}_1 \end{bmatrix},$$

其中, $\boldsymbol{e}$ 是元素全为 1 的 $4t - 1$ 维行向量, 则

$$\begin{aligned} \boldsymbol{H}\boldsymbol{H}^{\mathrm{T}} &= \begin{bmatrix} 1 & \boldsymbol{e} \\ \boldsymbol{e}^{\mathrm{T}} & \boldsymbol{A}_1 \end{bmatrix} \begin{bmatrix} 1 & \boldsymbol{e} \\ \boldsymbol{e}^{\mathrm{T}} & \boldsymbol{A}_1^{\mathrm{T}} \end{bmatrix} \\ &= \begin{bmatrix} 4t & \boldsymbol{e} + \boldsymbol{e}\boldsymbol{A}_1^{\mathrm{T}} \\ \boldsymbol{e}^{\mathrm{T}} + \boldsymbol{A}_1\boldsymbol{e}^{\mathrm{T}} & \boldsymbol{e}^{\mathrm{T}}\boldsymbol{e} + \boldsymbol{A}_1\boldsymbol{A}_1^{\mathrm{T}} \end{bmatrix}. \end{aligned}$$

于是, $\boldsymbol{H}$ 是一个 $4t$ 阶 H 矩阵的充要条件是其 $4t - 1$ 阶子矩阵 $\boldsymbol{A}_1$ 满足如下两个条件

$$\boldsymbol{A}_1\boldsymbol{J} = \boldsymbol{J}\boldsymbol{A}_1^{\mathrm{T}} = -\boldsymbol{J} \tag{10.5.2}$$

及

$$\boldsymbol{A}_1\boldsymbol{A}_1^{\mathrm{T}} = 4t\boldsymbol{I} - \boldsymbol{J}, \tag{10.5.3}$$

其中, $\boldsymbol{I}, \boldsymbol{J}$ 分别是 $4t - 1$ 阶单位矩阵和全 1 矩阵.

另一方面, 令

$$\boldsymbol{A} = \frac{1}{2}(\boldsymbol{A}_1 + \boldsymbol{J}),$$

则 $\boldsymbol{A}_1$ 是 ± 1 矩阵当且仅当 $\boldsymbol{A}$ 是 $(0, 1)$ 矩阵 (将 $\boldsymbol{A}_1$ 中的 -1 全换成 0 即得 $\boldsymbol{A}$; 反之, 将 $\boldsymbol{A}$ 中的 0 全换成 -1 即得 $\boldsymbol{A}_1$). 于是, $\boldsymbol{A}_1$ 满足式 (10.5.2) 相当于

$$(2\boldsymbol{A} - \boldsymbol{J})\boldsymbol{J} = \boldsymbol{J}(2\boldsymbol{A}^{\mathrm{T}} - \boldsymbol{J}) = -\boldsymbol{J},$$

即

$$2AJ = 2JA^{\mathrm{T}} = J^2 - J = (4t - 2)J,$$

亦即

$$AJ = JA^{\mathrm{T}} = (2t - 1)J. \tag{10.5.4}$$

而 A_1 满足式(10.5.3)则相当于

$$(2A - J)(2A^{\mathrm{T}} - J) = 4tI - J,$$

即

$$4AA^{\mathrm{T}} - 2AJ - 2JA^{\mathrm{T}} + J^2 = 4tI - J.$$

在 A_1 满足式(10.5.2)(即 A 满足式(10.5.4))的前提下,利用 $AJ = JA^{\mathrm{T}} = (2t-1)J$,上式又进一步等价于

$$4AA^{\mathrm{T}} = 4tI + (4t - 4)J,$$

亦即

$$AA^{\mathrm{T}} = tI + (t - 1)J. \tag{10.5.5}$$

由此可见,存在一个 $4t-1$ 阶的 ±1 矩阵 A_1 满足式(10.5.2)及式(10.5.3)的充要条件是存在一个 $4t-1$ 阶的 $(0,1)$ 矩阵 A 满足如下两个条件

$$AJ = JA^{\mathrm{T}} = (2t - 1)J \tag{10.5.6}$$

及

$$AA^{\mathrm{T}} = tI + (t - 1)J. \tag{10.5.7}$$

于是,我们有

存在一个 $4t$ 阶 H 矩阵

$\Longleftrightarrow$

存在一个 $4t$ 阶规范的 H 矩阵

$\Longleftrightarrow$

存在一个 $4t-1$ 阶的 ±1 矩阵 A_1 满足式(10.5.2)和式(10.5.3)

$\Longleftrightarrow$

存在一个 $4t-1$ 阶的 $(0,1)$ 矩阵 A 满足式(10.5.6)和式(10.5.7)

$\Longleftrightarrow$

存在一个 $(4t-1, 2t-1, t-1)$-SBIBD.

其中,最后一个等价关系式由定理 10.2.2 得到.

下面的讨论给出了一个递归地构造 H 矩阵的方法.

定义 10.5.2　设 $A = (a_{ij})$ 和 $B = (b_{st})$ 分别是 m 阶与 n 阶方阵,定义它们的直积 $A \times B$ 为具有如下分块形式的一个 mn 阶方阵

$$A \times B = \begin{bmatrix} a_{11}\boldsymbol{B} & \cdots & a_{1m}\boldsymbol{B} \\ \vdots & \vdots & \vdots \\ a_{m1}\boldsymbol{B} & \cdots & a_{mm}\boldsymbol{B} \end{bmatrix}.$$

显然,若 $\boldsymbol{A}$ 和 $\boldsymbol{B}$ 都是 ± 1 矩阵,则 $\boldsymbol{A} \times \boldsymbol{B}$ 也是 ± 1 矩阵.

由定义不难验证,矩阵的直积具有如下一些基本性质和运算规则:

(1) $(\boldsymbol{A} \times \boldsymbol{B}) \times \boldsymbol{C} = \boldsymbol{A} \times (\boldsymbol{B} \times \boldsymbol{C})$;

(2) $(\boldsymbol{A} + \boldsymbol{B}) \times \boldsymbol{C} = \boldsymbol{A} \times \boldsymbol{C} + \boldsymbol{B} \times \boldsymbol{C}, \boldsymbol{A} \times (\boldsymbol{B} + \boldsymbol{C}) = \boldsymbol{A} \times \boldsymbol{B} + \boldsymbol{A} \times \boldsymbol{C}$;

(3) 若 $\boldsymbol{A}, \boldsymbol{C}$ 为 m 阶方阵, $\boldsymbol{B}, \boldsymbol{D}$ 为 n 阶方阵,则

$$(\boldsymbol{A} \times \boldsymbol{B})(\boldsymbol{C} \times \boldsymbol{D}) = \boldsymbol{AC} \times \boldsymbol{BD};$$

(4) $(\boldsymbol{A} \times \boldsymbol{B})^{\mathrm{T}} = \boldsymbol{A}^{\mathrm{T}} \times \boldsymbol{B}^{\mathrm{T}}$.

利用直积可以得到 H 矩阵的一个简单的递归构造方法.

定理 10.5.3 若 $\boldsymbol{A}$ 和 $\boldsymbol{B}$ 分别是 m 阶和 n 阶的 H 矩阵,则它们的直积 $\boldsymbol{A} \times \boldsymbol{B}$ 是一个 mn 阶的 H 矩阵.

证明 因为 $\boldsymbol{A}, \boldsymbol{B}$ 均为 ± 1 矩阵,故 $\boldsymbol{A} \times \boldsymbol{B}$ 也是 ± 1 矩阵.另一方面,由直积的运算性质(3) 和(4),有

$$\begin{aligned} (\boldsymbol{A} \times \boldsymbol{B})(\boldsymbol{A} \times \boldsymbol{B})^{\mathrm{T}} &= (\boldsymbol{A} \times \boldsymbol{B})(\boldsymbol{A}^{\mathrm{T}} \times \boldsymbol{B}^{\mathrm{T}}) \\ &= \boldsymbol{AA}^{\mathrm{T}} \times \boldsymbol{BB}^{\mathrm{T}} \\ &= m\boldsymbol{I}_m \times n\boldsymbol{I}_n \\ &= mn\boldsymbol{I}_{mn}. \end{aligned}$$

于是, $\boldsymbol{A} \times \boldsymbol{B}$ 是 mn 阶的 H 矩阵.

推论 10.5.1 (1) 若存在 $m_1, \cdots, m_k$ 阶的 H 矩阵,则存在 $\prod_{i=1}^{k} m_i$ 阶的 H 矩阵;

(2) 对任意正整数 k,存在 2^k 阶的 H 矩阵.

证明 (1) 设 $\boldsymbol{A}_1, \cdots, \boldsymbol{A}_k$ 分别是 $m_1, \cdots, m_k$ 阶的 H 矩阵,则由定理 10.5.3 并对 k 用归纳法,它们的直积 $\boldsymbol{A}_1 \times \cdots \times \boldsymbol{A}_k$ 是一个 $\prod_{i=1}^{k} m_i$ 阶的 H 矩阵.

(3) 由定理 10.5.1 知存在 2 阶 H 矩阵,再在(1)中取 $m_1 = \cdots = m_k = 2$ 即得结论成立.

利用推论 10.5.1 可以说明这样一个事实:如果能证明对所有的奇数 t,都存在 $4t$ 阶的 H 矩阵,则 H 矩阵的存在性猜想为真.因为若 $n \equiv 0 \pmod 4$,则必存在某一奇数 t 及某一非负整数 k,使 n 可表示为

$$n = 2^k \cdot 4t.$$

由假设知,当 t 为奇数时,存在 $4t$ 阶的 H 矩阵,故由推论 10.5.1 知存在 $n = 2^k \cdot 4t$ 阶的 H 矩阵,因此上述断言成立.

10.6 用有限域构造 Hadamard 矩阵

若 p 为素数,则容易验证集合
$$\{0, 1, 2, \cdots, p-1\}$$
在运算"$+_{\mathrm{mod}\, p}$"及"$\times_{\mathrm{mod}\, p}$"下构成一个有限域. 我们将其记为 $GF(p)$.

设 α 是 $GF(p) - \{0\}$ 关于"$\times_{\mathrm{mod}\, p}$"循环群的生成元,即 $GF(p)$ 可写成
$$GF(p) = \{0, \alpha^0, \alpha^1, \cdots, \alpha^{p-2}\}.$$
若 p 为素数,$p+1$ 大于 3,且为 4 的倍数,则 p 为奇数,所以有
$$\alpha^{p-1} - 1 = (\alpha^{\frac{p-1}{2}} - 1)(\alpha^{\frac{p-1}{2}} + 1) \equiv 0 \,(\mathrm{mod}\, p).$$
因为
$$\alpha^{\frac{p-1}{2}} \not\equiv \alpha^0 = 1 \,(\mathrm{mod}\, p),$$
所以
$$\alpha^{\frac{p-1}{2}} \equiv -1 \,(\mathrm{mod}\, p).$$

定义 10.6.1 对于 $\beta \in GF(p)$,定义函数
$$\chi(\beta) = \begin{cases} 0 & (\beta = 0), \\ (-1)^i & (\beta = \alpha^i). \end{cases}$$

例 1 设 $GF(19) = \{0,1,2,\cdots,18\}$,则 2 是 $GF(19)$ 的生成元,在 mod 19 下有
$$2^0 = 1,\ 2^1 = 2,\ 2^2 = 4,\ 2^3 = 8,\ 2^4 = 16,$$
$$2^5 \equiv 13,\ 2^6 \equiv 7,\ 2^7 \equiv 14,\ 2^8 \equiv 9,\ 2^9 \equiv 18,$$
$$2^{10} \equiv 17,\ 2^{11} \equiv 15,\ 2^{12} \equiv 11,\ 2^{13} \equiv 3,\ 2^{14} \equiv 6,$$
$$2^{15} \equiv 12,\ 2^{16} \equiv 5,\ 2^{17} \equiv 10,\ 2^{18} \equiv 1,$$
所以
$$\chi(0) = 0,\ \chi(1) = 1,\ \chi(2) = -1,\ \chi(3) = -1,$$
$$\chi(4) = 1,\ \chi(5) = 1,\ \chi(6) = 1,\ \chi(7) = 1,$$
$$\chi(8) = -1,\ \chi(9) = 1,\ \chi(10) = -1,\ \chi(11) = 1,$$
$$\chi(12) = -1,\ \chi(13) = -1,\ \chi(14) = -1,\ \chi(15) = -1,$$

$$\chi(16) = 1, \chi(17) = 1, \chi(18) = -1.$$

$\chi(\beta)$ 函数具有如下性质:

(1) $\chi(\alpha\beta) = \chi(\alpha)\chi(\beta)$.

证明　此结论显然成立.

(2) $\sum\limits_{\beta \in GF(p)} \chi(\beta) = 0$.

证明　因

$$\sum_{\beta \in GF(p)} \chi(\beta) = \chi(0) + \sum_{i=0}^{p-2} \chi(\alpha^i) = \sum_{i=0}^{p-2} (-1)^i,$$

由于 p 为奇数,故上式显然成立.

(3) 若 β 为 $GF(p)$ 中的非零元素,则有

$$\sum_{\alpha \in GF(p)} \chi(\alpha)\chi(\alpha + \beta) = -1.$$

证明　设 $\alpha \neq 0$,则

$$\alpha + \beta = \alpha(1 + \alpha^{-1}\beta),$$

所以

$$\chi(\alpha)\chi(\alpha + \beta) = [\chi(\alpha)]^2 \chi(1 + \alpha^{-1}\beta)$$
$$= \chi(1 + \alpha^{-1}\beta).$$

令 $\gamma = 1 + \alpha^{-1}\beta$,则当 α 遍历 $GF(p)$ 中的所有非零元素时,γ 遍历 $GF(p)$ 中的所有非 1 元素,所以

$$\sum_{\alpha \in GF(p)} \chi(\alpha)\chi(\alpha + \beta) = \sum_{\substack{\alpha \in GF(p) \\ \alpha \neq 0}} \chi(1 + \alpha^{-1}\beta) = \sum_{\substack{\gamma \in GF(p) \\ \gamma \neq 1}} \chi(\gamma)$$
$$= \sum_{\gamma \in GF(p)} \chi(\gamma) - \chi(1)$$
$$= -1.$$

(4) $\chi(-1) = -1$($p + 1$ 为 4 的倍数时).

证明　当 $p + 1$ 为 4 的倍数,即 $p = 4k - 1$ 时,有

$$\frac{p - 1}{2} = \frac{4k - 2}{2} = 2k - 1,$$

即 $\frac{1}{2}(p - 1)$ 是奇数.而

$$\alpha^{p-1} \equiv \alpha^0 = 1,$$

又 α 是 $GF(p)$ 的生成元,故

$$\alpha^{\frac{p-1}{2}} \not\equiv \alpha^{p-1} \equiv 1,$$

所以 $\alpha^{\frac{p-1}{2}} \equiv -1$（这里的"$\equiv$"都是在 mod p 的意义下相等）. 由此可得

$$\chi(-1) = \chi(\alpha^{\frac{p-1}{2}}) = (-1)^{\frac{p-1}{2}} = -1.$$

定理 10.6.1　若 p 为素数, 且 $p+1$ 是 4 的倍数, 则 $p+1$ 阶方阵

$$H = \begin{pmatrix} 1 & 1 & 1 & 1 & 1 & \cdots & 1 \\ 1 & -1 & \chi(1) & \chi(2) & \chi(3) & \cdots & \chi(p-1) \\ 1 & \chi(p-1) & -1 & \chi(1) & \chi(2) & \cdots & \chi(p-2) \\ 1 & \chi(p-2) & \chi(p-1) & -1 & \chi(1) & \cdots & \chi(p-3) \\ \vdots & \vdots & \vdots & \vdots & \vdots & \vdots & \vdots \\ 1 & \chi(1) & \chi(2) & \chi(3) & \chi(4) & \cdots & -1 \end{pmatrix}$$

为 Hadamard 矩阵.

证明　显然, 矩阵 H 的所有元素都是 1 或 -1.

下面只要证明 H 的任意两行的内积为零就可以了. 首先, 第 1 行与任意一行的内积为

$$1 - 1 + \sum_{i=1}^{p-1} \chi(i) = \sum_{i=1}^{p-1} \chi(i).$$

由于 $\chi(0) = 0$, 所以

$$\sum_{i=1}^{p-1} \chi(i) = \sum_{\alpha \in GF(p)} \chi(\alpha) = 0.$$

这就证明了第 1 行与其他任何一行都正交.

其次证明第 2 行与其他各行正交. 两行分别为

$$1 \quad -1 \quad \chi(1) \quad \chi(2) \quad \cdots \quad \chi(k) \quad \cdots \quad \chi(-1)$$

及

$$1 \quad \chi(-k) \quad \chi(1-k) \quad \chi(2-k) \quad \cdots \quad -1 \quad \cdots \quad \chi(-1-k),$$

其内积为

$$1 - \chi(-k) - \chi(k) + \sum_{i=1}^{p-1} \chi(i)\chi(i-k)$$

$$= 1 - \chi(-1)\chi(k) - \chi(k) + \sum_{\alpha \in GF(p)} \chi(\alpha)\chi(\alpha+\beta)$$

$$= 1 - 1 = 0.$$

这就证明了第 2 行与其他各行正交.

第 3 行与其他各行正交可同样证明. 其余类推.

例 2　根据 $GF(19)$ 内各元素 β 的 $\chi(\beta)$, 可得 20 阶 H 矩阵

$$H = \begin{pmatrix}
1 & 1 & 1 & 1 & 1 & 1 & 1 & 1 & 1 & 1 & 1 & 1 & 1 & 1 & 1 & 1 & 1 & 1 & 1 & 1 \\
1 & -1 & 1 & -1 & -1 & 1 & 1 & 1 & 1 & -1 & 1 & -1 & 1 & -1 & -1 & -1 & -1 & 1 & 1 & -1 \\
1 & -1 & -1 & 1 & -1 & -1 & 1 & 1 & 1 & 1 & -1 & 1 & -1 & 1 & -1 & -1 & -1 & -1 & 1 & 1 \\
1 & 1 & -1 & -1 & 1 & -1 & -1 & 1 & 1 & 1 & 1 & -1 & 1 & -1 & 1 & -1 & -1 & -1 & -1 & 1 \\
1 & 1 & 1 & -1 & -1 & 1 & -1 & -1 & 1 & 1 & 1 & 1 & -1 & 1 & -1 & 1 & -1 & -1 & -1 & 1 \\
1 & -1 & 1 & 1 & -1 & -1 & 1 & -1 & -1 & 1 & 1 & 1 & 1 & -1 & 1 & -1 & 1 & -1 & -1 & -1 \\
1 & -1 & -1 & 1 & 1 & -1 & -1 & 1 & -1 & -1 & 1 & 1 & 1 & 1 & -1 & 1 & -1 & 1 & -1 & -1 \\
1 & -1 & -1 & -1 & 1 & 1 & -1 & -1 & 1 & -1 & -1 & 1 & 1 & 1 & 1 & -1 & 1 & -1 & 1 & -1 \\
1 & -1 & -1 & -1 & -1 & 1 & 1 & -1 & -1 & 1 & -1 & -1 & 1 & 1 & 1 & 1 & -1 & 1 & -1 & 1 \\
1 & 1 & -1 & -1 & -1 & -1 & 1 & 1 & -1 & -1 & 1 & -1 & -1 & 1 & 1 & 1 & 1 & -1 & 1 & -1 \\
1 & -1 & 1 & -1 & -1 & -1 & -1 & 1 & 1 & -1 & -1 & 1 & -1 & -1 & 1 & 1 & 1 & 1 & -1 & 1 \\
1 & 1 & -1 & 1 & -1 & -1 & -1 & -1 & 1 & 1 & -1 & -1 & 1 & -1 & -1 & 1 & 1 & 1 & 1 & -1 \\
1 & -1 & 1 & -1 & 1 & -1 & -1 & -1 & -1 & 1 & 1 & -1 & -1 & 1 & -1 & -1 & 1 & 1 & 1 & 1 \\
1 & 1 & -1 & 1 & -1 & 1 & -1 & -1 & -1 & -1 & 1 & 1 & -1 & -1 & 1 & -1 & -1 & 1 & 1 & 1 \\
1 & 1 & 1 & -1 & 1 & -1 & 1 & -1 & -1 & -1 & -1 & 1 & 1 & -1 & -1 & 1 & -1 & -1 & 1 & 1 \\
1 & 1 & 1 & 1 & -1 & 1 & -1 & 1 & -1 & -1 & -1 & -1 & 1 & 1 & -1 & -1 & 1 & -1 & -1 & 1 \\
1 & 1 & 1 & 1 & 1 & -1 & 1 & -1 & 1 & -1 & -1 & -1 & -1 & 1 & 1 & -1 & -1 & 1 & -1 & -1 \\
1 & -1 & 1 & 1 & 1 & 1 & -1 & 1 & -1 & 1 & -1 & -1 & -1 & -1 & 1 & 1 & -1 & -1 & 1 & -1 \\
1 & -1 & -1 & 1 & 1 & 1 & 1 & -1 & 1 & -1 & 1 & -1 & -1 & -1 & -1 & 1 & 1 & -1 & -1 & 1 \\
1 & 1 & -1 & -1 & 1 & 1 & 1 & 1 & -1 & 1 & -1 & 1 & -1 & -1 & -1 & -1 & 1 & 1 & -1 & -1
\end{pmatrix}.$$

习　　题

1. 当 $k = 2$ 或 $v - 2$ 时，$\mathscr{B}$ 是 (b, v, r, k, λ)-BIBD，它的各参数应取何值?

2. 构造 $\text{ST}(21)$.

3. (1) 求 F_2 上全部次数不超过 4 的不可约多项式;

(2) 求 F_3 上全部次数为 2 的不可约多项式，并且构造 F_9.

4. (1) 在 $P^2[F_3]$ 中求直线 $\langle 1, 2, 0 \rangle$ 上的全部点;

(2) 在 $P^2[F_3]$ 中求直线 $\langle 1, 2, 0 \rangle$ 与 $\langle 1, 2, 2 \rangle$ 的公共点.

5. 构造 3 个彼此正交的 4 阶拉丁方.

6. 令 $L^{(k)} = (a_{ij}{}^{(k)})$，其中 $a_{ij}{}^{(k)} \equiv i + j \cdot k \pmod 9$ $(1 \leqslant i, j \leqslant 9)$，问 $L^{(1)}$, $L^{(2)}, \cdots, L^{(8)}$ 中哪些是拉丁方?$L^{(2)}$ 与 $L^{(5)}$ 是正交拉丁方吗?

7. 若 n 为奇数,证明必存在一对正交的 n 阶拉丁方.

8. 若 $4 \mid n$,则必存在一对正交的 n 阶拉丁方.

9. 试证明不可能存在 k 个两两正交的 k 阶拉丁方.

10. 试问下列区组是否为 BIBD?若是,试确定其对应的参数 b, v, r, k, λ:

(1) $B_1:1,2,3$; $B_2:2,3,4$; $B_3:3,4,5$; $B_4:1,4,5$; $B_5:1,2,5$.

(2) $B_1:1,2,3,4$; $B_2:1,3,4,5$; $B_3:1,2,4,5$; $B_4:1,2,3,5$; $B_5:2.3,4,5$.

(3) $B_1:1,2,3$; $B_2:4,5,6$; $B_3:7,8,9$; $B_4:1,4,7$; $B_5:2,5,8$; $B_6:3,6,9$; $B_7:1,5,9$; $B_8:2,6,7$; $B_9:3,4,8$; $B_{10}:1,6,8$; $B_{11}:2,4,9$; $B_{12}:3,5,7$.

11. 已知区组设计 $\mathscr{B}$ 为
$$B_1:1,2,3; \quad B_2:2,3,4; \quad B_3:3,4,1; \quad B_4:4,1,2.$$
试求 $\boldsymbol{A}\boldsymbol{A}^\mathrm{T}$,其中,$\boldsymbol{A}$ 是该区组设计的关联矩阵.

12. 设 $\boldsymbol{A}$ 是 n 元集合 S 上的一个 n 阶拉丁方,证明如下两个条件等价:

(1) 存在 S 上的另一个 n 阶拉丁方 $\boldsymbol{B}$ 与 $\boldsymbol{A}$ 正交;

(2) n 阶阵列 $\boldsymbol{A}$ 的 n^2 个位置的集合可以分解为 n 条两两不交的"对角线"D_1, $\cdots, D_n$(每条"对角线"是 n 阶阵列中两两不共行且两两不共列的 n 个位置所构成的位置子集),使 $\boldsymbol{A}$ 在每条"对角线"$D_i (i=1,2,\cdots,n)$ 上的 n 个元素均两两不同.

13. 设 $\boldsymbol{H}$ 是一个 $4m$ 阶的 Hadamard 矩阵.若存在整数 t,使 $\boldsymbol{H}\boldsymbol{J}=t\boldsymbol{J}$($\boldsymbol{J}$ 是元素全为 1 的矩阵),证明 m 必是一个完全平方数.

14. 证明:若存在 $(4u^2, 2u^2-u, u^2-u)$-SBIBD,则存在 $4u^2$ 阶的 Hadamard 矩阵.

15. 证明:存在无穷多个奇数 t,使 $4t$ 阶 Hadamard 矩阵存在.

16. 试用有限域构造一个 12 阶 Hadamard 矩阵.

17. 构造两个 7 阶的正交拉丁方.

18. 证明不存在 (b, v, r, k, λ)-BIBD,其参数为:

(1) $b=8, v=6, r=5, k=3, \lambda=2$;

(2) $b=22, v=22, r=7, k=7, \lambda=2$.

19. 试说明如何构造一个 21 阶的 Steiner 三连系.

20. 已知
$$\boldsymbol{H}_2 = \begin{pmatrix} 1 & 1 \\ 1 & -1 \end{pmatrix}, \quad \boldsymbol{H}_4 = \begin{pmatrix} 1 & 1 & 1 & 1 \\ 1 & 1 & -1 & -1 \\ 1 & -1 & 1 & -1 \\ 1 & -1 & -1 & 1 \end{pmatrix}$$

分别是 2 阶和 4 阶的 Hadamard 矩阵.试用 $\boldsymbol{H}_2$ 和 $\boldsymbol{H}_4$ 构造一个 8 阶的 Hadamard 矩

阵 H_8,并由此导出一个 (v,k,λ)-BIBD.

21. 如果一个射影平面中每一条线上有 4 个点,这个射影平面总共有多少个点?

22. 如果一个射影平面中每个点有 5 条线通过,这个射影平面总共有多少个点?

23. 给出下列每一个关于有限射影平面的命题(不一定为真)的对偶命题:

(1) 存在 9 条不同的线,其中没有 3 条线经过同一点;

(2) 存在位于每一条线上的点;

(3) 存在 4 条不同的线,使得每一点位于其中的一条线上;

(4) 存在 4 个不同的点,其中没有3个点位于同一条线上,使得每一条线经过其中的一个点.

24. 给出 mod 5 的加法表与乘法表.

25. 给出 mod 6 的加法表与乘法表.

26. 证明 $x^3 + x + 1$ 不是 F_2 域上的可约多项式.设 i 是 $x^3 + x + 1 = 0$ 的根,计算下列各式的值:

(1) $(1 + i) + (i + i^2)$;

(2) $i^2 \times (1 + i + i^2)$;

(3) $(1 + i)^{-1}$.

27. 构造一个 4 个元素的域 F,并构造出 $A^2(F)$.